全彩图解智能手机+手表/手环维修

贺　鹏
编著

化学工业出版社
·北京·

内容简介

本书采用全彩图解 + 视频讲解的方式，由浅入深地介绍并总结了智能手机、智能手表、智能手环等智能设备的关键故障检测点、故障维修流程图、故障快速诊断维修方法。本书分为三篇，共13章，讲解了电路图读图实战、专业维修工具使用实战、电子元器件好坏检测实战、BGA 芯片焊接实战及常用故障维修方法和维修思路，以及常见故障维修实战案例等内容。

本书可供智能电子设备维修爱好者、从事手机等智能设备维修的技术人员、智能手机企业售后培训人员阅读学习，同时也适合维修培训学校、技工学校、职业高中和职业院校教学使用。

图书在版编目（CIP）数据

全彩图解智能手机 + 手表 / 手环维修 / 贺鹏编著 . 北京 : 化学工业出版社 , 2025. 10. -- ISBN 978-7-122-48994-4

Ⅰ . TM925.07-64；TH714.520.7-64

中国国家版本馆 CIP 数据核字第 2025DM2324 号

责任编辑：耍利娜　万忻欣　　文字编辑：李亚楠
责任校对：宋　玮　　装帧设计：王晓宇

出版发行：化学工业出版社
（北京市东城区青年湖南街13号　邮政编码100011）
印　　装：天津裕同印刷有限公司
710mm×1000mm　1/16　印张14¼　字数281千字
2026年1月北京第1版第1次印刷

购书咨询：010-64518888　　售后服务：010-64518899
网　　址：http: //www.cip.com.cn
凡购买本书，如有缺损质量问题，本社销售中心负责调换。

定　　价：79.00元

PREFACE

前言

一、为什么写这本书

智能手机 / 手表 / 手环等智能设备是很多人日常使用的电子设备，而由于被摔、进水等情况时常发生，智能设备故障频发，因此对智能设备的维修需求非常大。如果你能掌握这些智能设备的维修技能，就可以拥有一个非常好的创业机会——开一家自己的智能设备维修店。

那么怎样才能快速成为智能设备维修行家呢?

由于智能手机 / 手表 / 手环等智能设备技术复杂，内部结构精密，要想熟练维修这些智能设备，就需要通过学习来掌握智能设备的维修基本功（包括专业工具使用技术、看电路图技术、电路元器件好坏检测技术、BGA 芯片焊接技术），还需要掌握智能设备维修检测的关键故障检测点、故障维修流程、快速诊断故障的方法，最重要的是要掌握这些智能设备常见故障（如不开机故障、不显示故障、不充电故障等）的维修技术及维修经验。

而学习维修技术需要一本好的、全的维修学习资料，这本资料不但要有智能设备的各种维修技术，还要有大量的维修实操案例用于增加读者的经验，这就是作者写本书的目的。

本书就是以上面这几方面内容为中心，详细总结智能手机 / 手表 / 手环维修的相关知识，供大家学习参考。本书强调动手能力和实用技能的培养，手把手地教你测量关键电路，同时结合大量实战案例，使读者可以快速掌握智能设备各种故障的维修检测技术，增强实战维修能力。

二、全书学习地图

本书分为三篇，共 13 章。其中第一篇共 5 章，分别讲解了电路图读图实战、专业维修工具使用实战、电子元器件好坏检测实战、BGA 芯片焊接实战、常用故障维修方法、维修思路和开机启动电流变化规律等。

第二篇共 6 章，讲解了智能手机常见故障的维修实战，包括不开机故障、不显示故障、触摸失灵故障、各种声音故障、无法联网故障、不充电故障、进水故障、照相异常故障、SIM 卡故障、指纹失灵故障等常见故障维修实战案例。

第三篇共 2 章，讲解了智能手表和智能手环常见故障的维修实战，包括智能手表 / 手环不开机故障、不显示故障、触摸失灵故障、按键失灵故障、不充电故障等常见故障维修实战案例。

三、本书特点

1. 全程图解，图文并茂

本书采用全程图解的方式讲解，图文并茂，手把手地教你测量智能手机 / 手表 / 手环电路板中各个芯片电路。让你边看边学，快速成为维修高手。

2. 内容全面，知识点多

本书不但讲解了电路图读图实战、专业维修工具使用实战、电子元器件好坏检测实战、BGA 芯片焊接实战等维修基本功，还详细归纳总结了大量的关键检测点、故障维修流程图、故障快速诊断维修方法，最重要的是总结了智能手机 / 手表 / 手环不开机故障、不显示故障、触摸失灵故障、各种声音故障、无法联网故障、不充电故障、进水故障、照相异常故障、SIM 卡故障、指纹失灵故障、按键失灵故障等常见故障的维修方法和大量维修实战案例。

3. 实操丰富，实战性强

本书以维修实战为主线，配有大量的实战操作内容。不但在维修基本功方面采用实战讲法，而且在各种故障维修方面也全部采用实战讲法，并结合了大量的实战案例来帮助读者积累维修经验。

由于作者水平有限，书中难免有疏漏和不足之处，恳请读者朋友提出宝贵意见。

编著者

扫码看视频

目录
CONTENTS

第一篇 电路板维修实用技术

第二篇 智能手机维修实战

第 6 章 图解智能手机不开机故障维修实战

第 7 章 图解手机液晶屏与触摸屏故障维修实战

第 8 章 图解手机不入网 / 无网络故障维修实战

第 9 章 图解手机声音故障维修实战

第三篇　智能手表 / 手环维修实战

第 12 章 图解智能手表故障维修实战

第 13 章 图解智能手环故障维修实战

第一篇 电路板维修实用技术

智能手机 / 手表 / 手环维修技能是一种综合技能，其不仅要求具有牢固的理论知识作为指导，还要求具有熟练的操作技术以完成故障排除。本篇包括电路图读图技术、专业工具使用技术、电子元器件好坏检测技术、BGA 芯片焊接技术及常用维修方法等内容。

以上都是特别实用的技术，而且技术含量很高。本篇将带您了解和掌握一些智能手机 / 手表 / 手环芯片级维修的专业实战知识。

第1章 电路图读图实战

在维修智能手机 / 手表 / 手环时，一般会对照故障设备的电路图来帮助查找故障元器件。因此学习智能手机 / 手表 / 手环故障的维修时，首先应掌握电路图的读图技巧。本章将详细讲解电路图读图实战的内容。

1.1 电路图读图基础

用各种图形符号表示电阻器、电容器、开关、集成电路等元器件，用线条把元器件和单元电路按工作原理的关系连接起来，就形成了电路图。

日常维修中经常用到的电路图主要是电路原理图，电路原理图就是用来体现电子电路的工作原理的一种电路图。在电路原理图中，用符号表示各种电子元器件，还给出了每个元器件的具体参数，为检测和更换元器件提供依据。另外，它给出了产品的电路结构、各单元电路的具体形式和连接方式。

1.1.1 电路图的组成

电路图主要由元器件符号、连线、结点、注释四大部分组成，如图 1-1 所示。

（1）元器件符号表示实际电路中的元器件，它的形状与实际的元器件不一定相似，甚至可能完全不一样。但是它一般都表示出了元器件的特点，而且引脚的数目和实际元器件保持一致。

（2）连线表示的是实际电路中的导线，在原理图中虽然是一根线，但在常用的印刷电路板中往往不是线而是各种形状的铜箔块，就像收音机原理图中的许多连线在印刷电路板中并不一定都是线形的，也可以是一定形状的铜膜。还要注意，在电路原理图中的总线的画法经常是采用一条粗线，在这条粗线上再分支出若干支线连到各处。

（3）结点表示几个元件引脚或几条导线之间的连接关系。所有和结点相连的元件引脚、导线，不论数目多少，都是导通的。不可避免，在电路中肯定会有交叉的现象，为了区别交叉相连和不相连，一般在电路图制作时，给相连的十字交叉点加实心圆点表示，不相连的十字交叉点不加实心圆点或绕半圆表示，也有个别的电路图是用空心圆来表示不相连的。

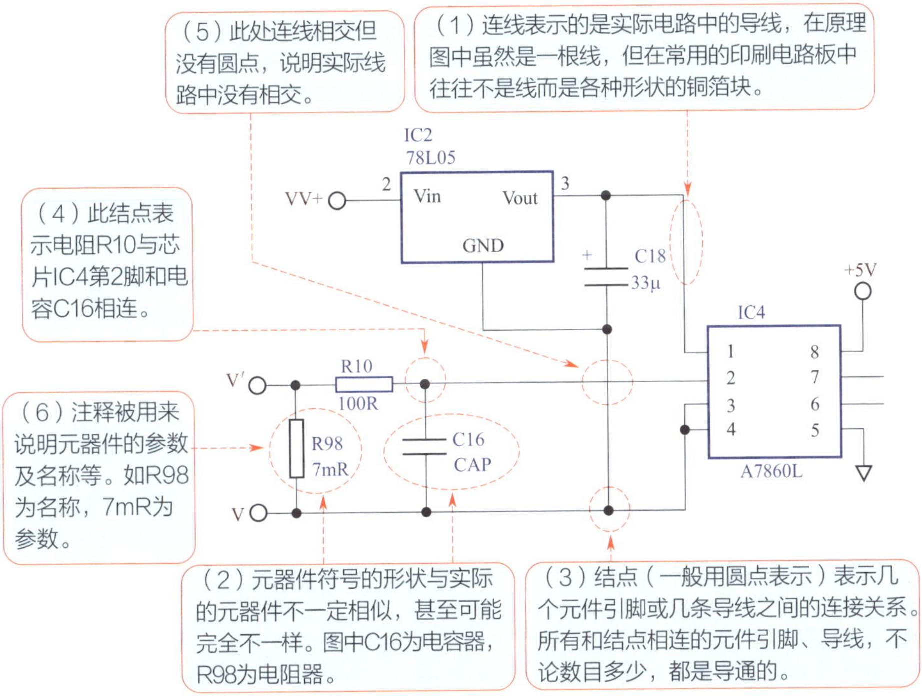

图 1-1　电路图组成元素

（4）注释在电路图中是十分重要的，电路图中所有的文字都可以归入注释一类。细看图 1-1 就会发现，在电路图的各个地方都有注释存在，它们被用来说明元件的名称、型号、参数等。

1.1.2　维修中用到的手机 / 手表 / 手环电路图

日常维修中经常用到的手机 / 手表 / 手环电路图主要有电路原理图、元器件位置图两种，下面详细分析。

1）电路原理图

电路原理图直接体现了电子电路的结构和工作原理，所以一般用在设计、分析电路中。如图 1-2 所示。

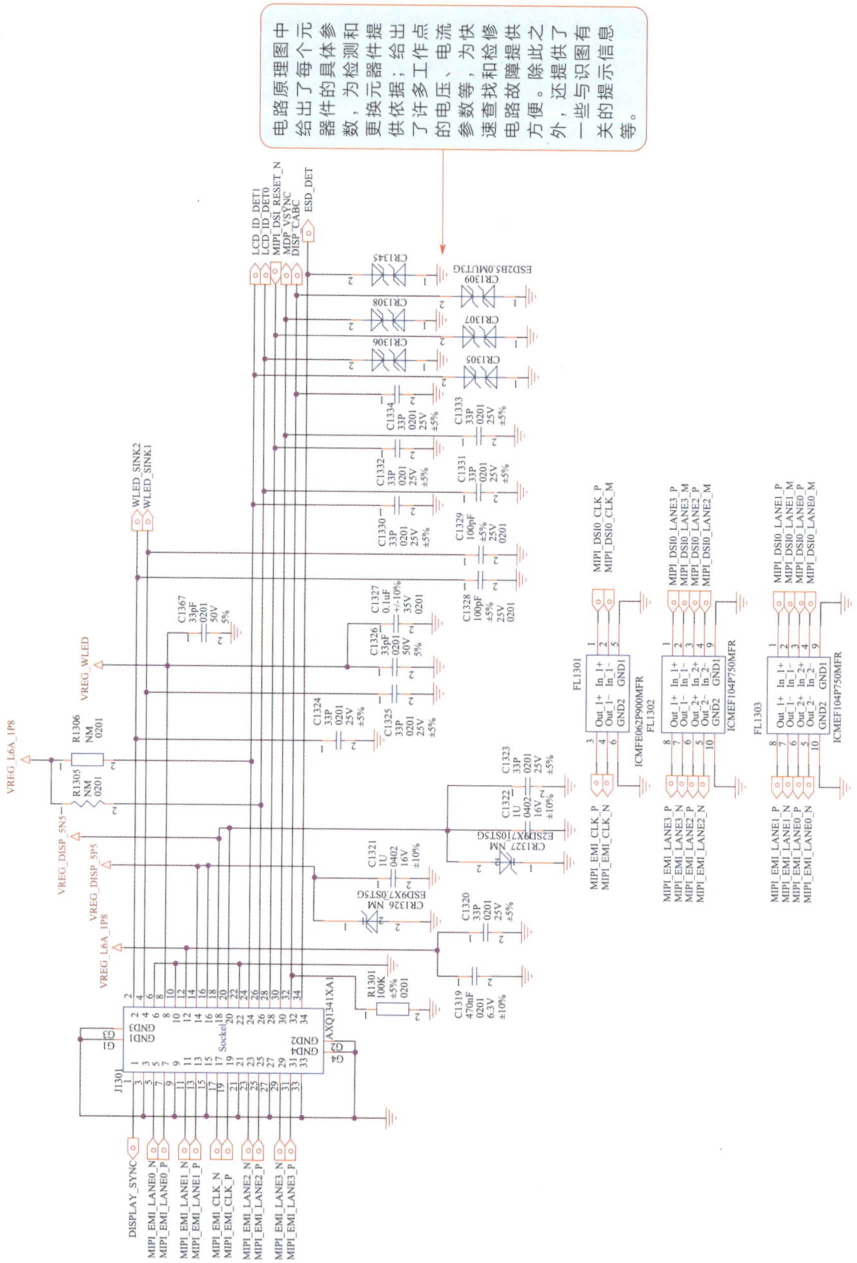
电路原理图中给出了每个元器件的具体参数，为检测和更换元器件提供依据；给出了许多工作点的电压、电流参数等，为快速查找和检修电路故障提供方便。除此之外，还提供了一些与识图有关的提示信息等。

图1-2 电路原理图

2）手机 / 手表 / 手环元器件位置图

电路元器件位置图是为进一步了解手机 / 手表 / 手环电路中各个元器件的名称和位置的图。由于手机 / 手表 / 手环是高度集成的电子设备，电路板上元器件比较密集，且没有标注元器件的符号名称，因此在维修时，需要结合位置图了解疑似故障元器件的名称。如图 1-3 所示。

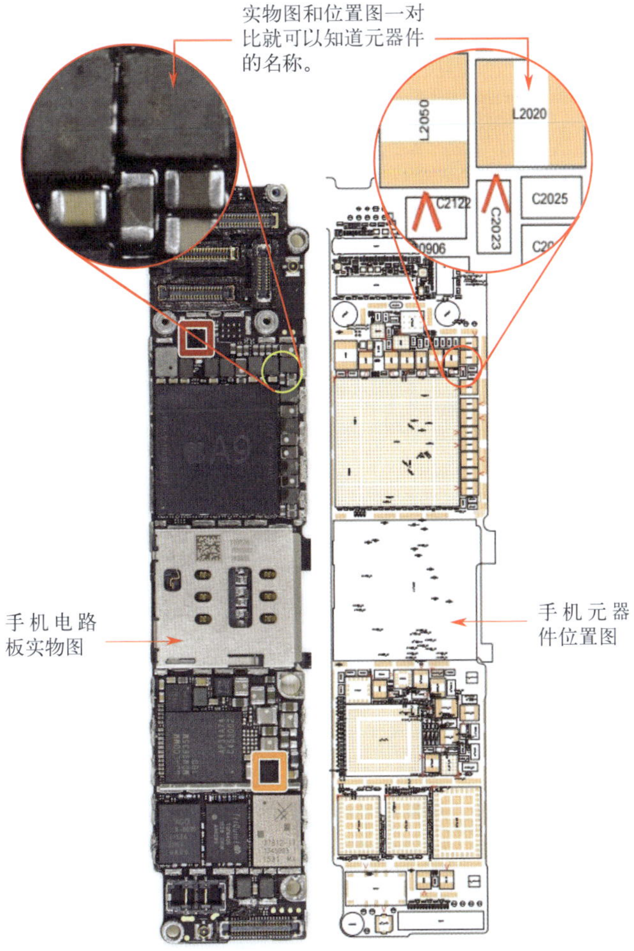

图 1-3　元器件位置图

1.1.3　手机 / 手表 / 手环电路图中相关名词解释

电路图中会涉及许多英文标识，这些标识主要起到辅助解图的作用，如果不了解它们就不知道它们的作用，也就不可能看得懂原理图。所以在这里我们会对主要的英文标识进行解释，如表 1-1 所示。

表 1-1　手机 / 手表 / 手环电路图中相关名词解释

英文标识	中文名称	英文标识	中文名称
ADC	数模转换器	BYTE	二进制
ADD	地址	CAMERA	照相机
ADDRESS	地址	CARD	卡
AFC	自动频率控制	CHANGE	改变
ALERTER	振铃	CHANNEL	频道
ANT	天线	CHARGING	充电
APC	自动功率控制	CHIP	芯片
AUDIO	音频	CLOCK	时钟
AVDD	模拟电压	COMPASS	罗盘
BACKLIGHT	背光灯	CANNECTAOR	连接器
BASEBAND	基带	CONTROL	控制
BIAS	偏置	CPU	中央处理器
BLUETOOTH	蓝牙	DATA	数据
DCS	1800MHz 频段	MIC	麦克风
DETECT	检测	MODE	模式
DIGITAL	数字	RF	射频
EARPHON	耳机	RX	接收
EN	使能	SEL	片选
ENABLE	使能	SELECT	选择
FLASH	闪存	SENSOR	传感器
FM	调频	SPEAKER	扬声器
GND	接地	SPK	扬声器
GSM	900MHz 频段	SPKN	扬声器负
HEADSET	送话器	SPKP	扬声器正
HORIZONTAL	水平	SYNC	同步
I/O	输入输出接口	SYS	系统
INTERRUPT	切断	TEST	测试
LCD	液晶屏	TORCH	手电筒
LDO	低压差线性稳压器	TOUCH PANEL(TP)	触摸屏
LED	发光二极管	TP	测试点
MEMORY	存储器	TX	发射

1.1.4　电路板与电路图结合查询元器件作用实战

在维修手机 / 手表 / 手环时，当根据故障现象检查出电路板上的疑似故障元器件后（比如有元器件发烫或外观有明显损坏），通常需要进一步了解故障元器件的功能，这时就需要先查到元器件的编号，然后根据元器件的编号，结合电路原理图来了解元器件的功能和作用。

电路板与电路图结合查询元器件作用方法如下。

第 1 步：首先在主板上找出疑似故障元器件，如图 1-4 所示。

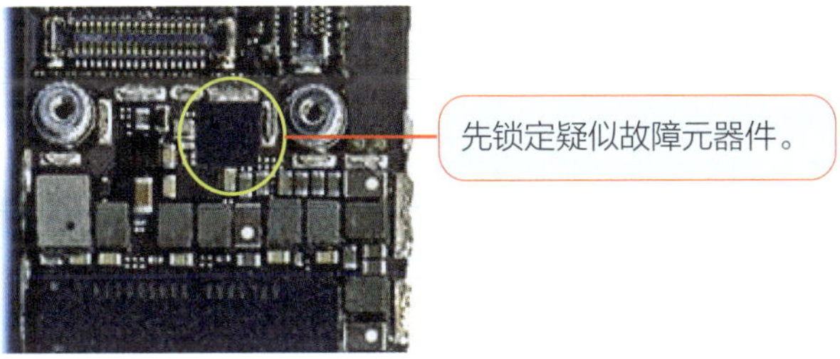

图 1-4　在主板找到疑似故障元器件

第 2 步：接着在元器件位置图中查询疑似故障元器件的编号，如图 1-5 所示。

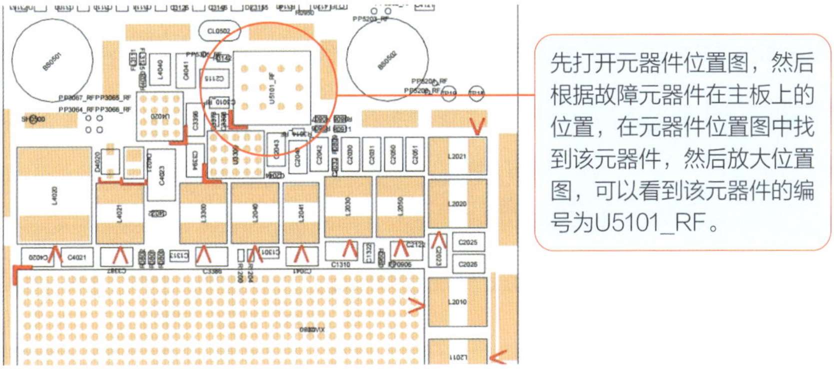

图 1-5　查询故障元器件的编号

第 3 步：根据元器件编号在电路原理图中查询该元器件所在的电路原理图，如图 1-6 所示。

第 4 步：根据图纸的标题栏判断元器件的功能，如图 1-7 所示。

1.1.5　根据电路原理图查找单元电路元器件实战

根据电路原理图找到故障相关电路元器件的编号（如无法充电，就查找充电电路的相关元器件），然后根据元器件位置图找到相关元器件的位置，再对照元器件位置图在电路板上进行检测。

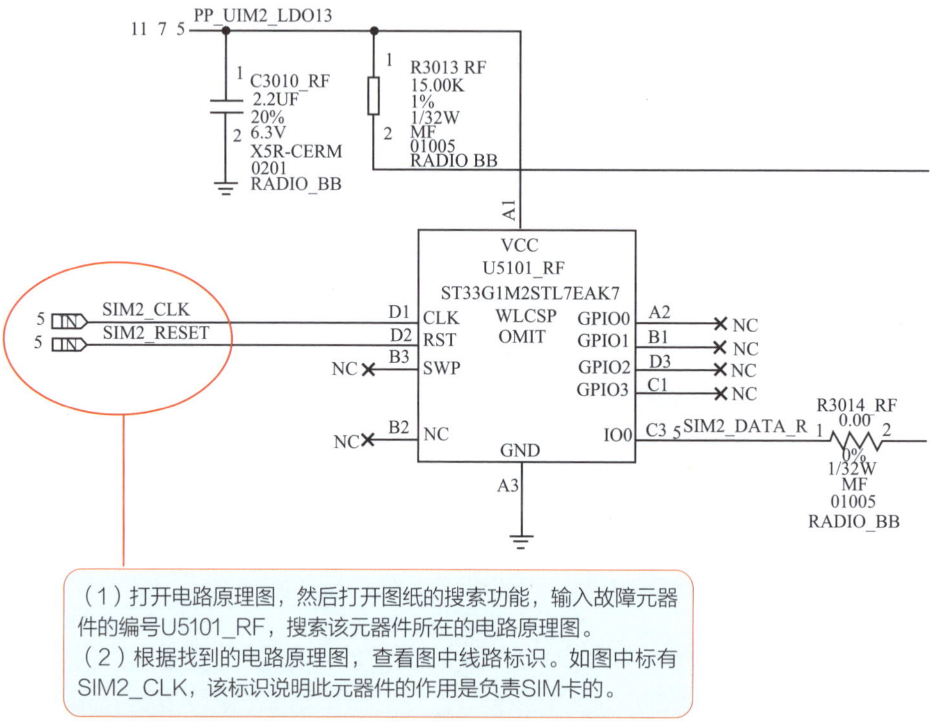

图 1-6　查询元器件的电路图

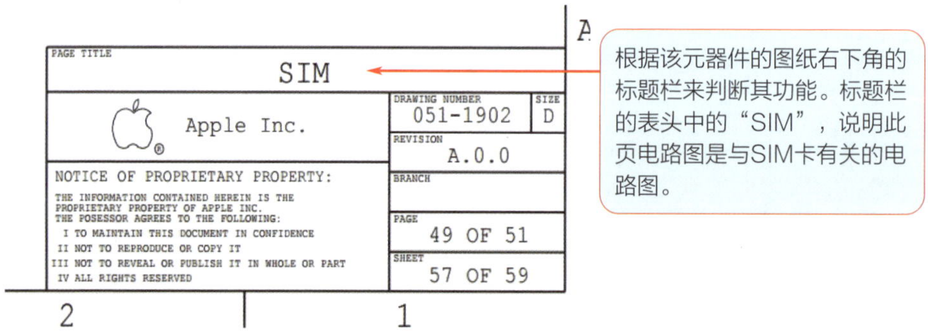

图 1-7　根据标题栏判断元器件功能

根据电路原理图查找单元电路元器件的方法如下（以充电故障为例）。

第 1 步：打开电路原理图，查看电路原理图的目录页（一般在第 1 页），根据故障电路的关键词找到相关目录项，如图 1-8 所示。

9	11	SOC:OWL
10	12	SOC:POWER (1/3)
11	13	SOC:POWER (2/3)
12	15	SOC:POWER (3/3)
13	20	NAND
14	21	SYSTEM POWER:PMU (1/3)
15	22	SYSTEM POWER:PMU (2/3)
16	23	SYSTEM POWER:PMU (3/3)
17	24	SYSTEM POWER:CHARGER
18	30	SYSTEM POWER:BATTERY CONN
19	31	SENSORS:MOTION SENSORS
20	32	CAMERA:FOREHEAD FLEX B2B
21	33	CAMERA:REAR CAMERA B2B
22	35	CAMERA:STROBE DRIVER

图 1-8　根据故障电路关键词查找

第 2 步：打开电路原理图的第 17 页，查看充电电路的原理图，如图 1-9 所示。

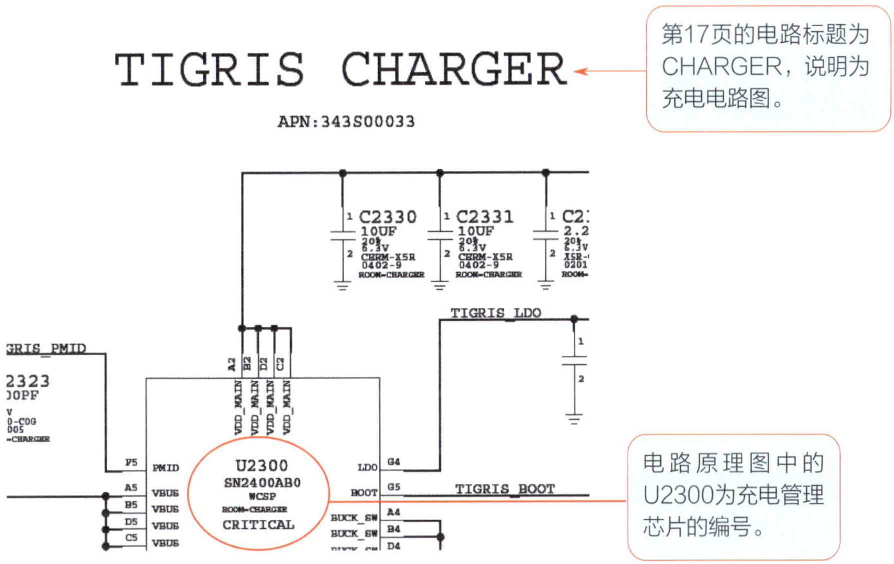

图 1-9　找到充电电路原理图

第 3 步：在元器件位置图中查找 U2300，并在电路板中找到相关元器件，如图 1-10 所示。

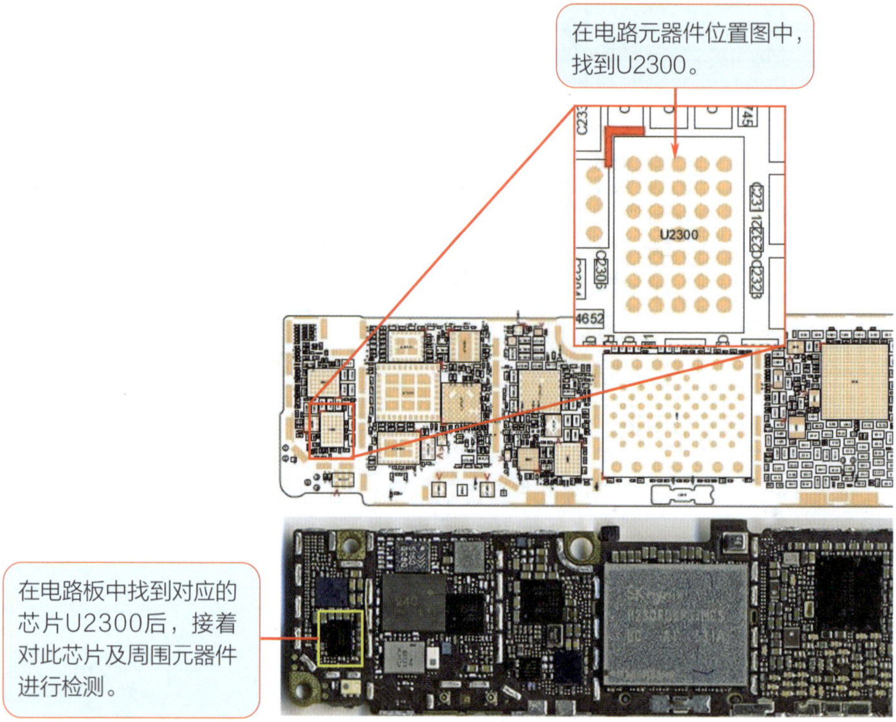

图 1-10 根据位置图中的元器件找到电路板中的该元器件

1.2 看懂电路原理图中的各种标识

读懂电路原理图，首先应建立图形符号与电气设备或部件的对应关系并明确文字标识的含义，才能了解电路图所表达的功能、连接关系等，如图 1-11 所示。

1.2.1 看懂线路连接页号提示

为了方便用户查找，在每一条非终端的线路上会标示与之连接的另一端信号的页码。根据线路信号的连接情况，可以了解电路的工作原理，如图 1-12 所示。

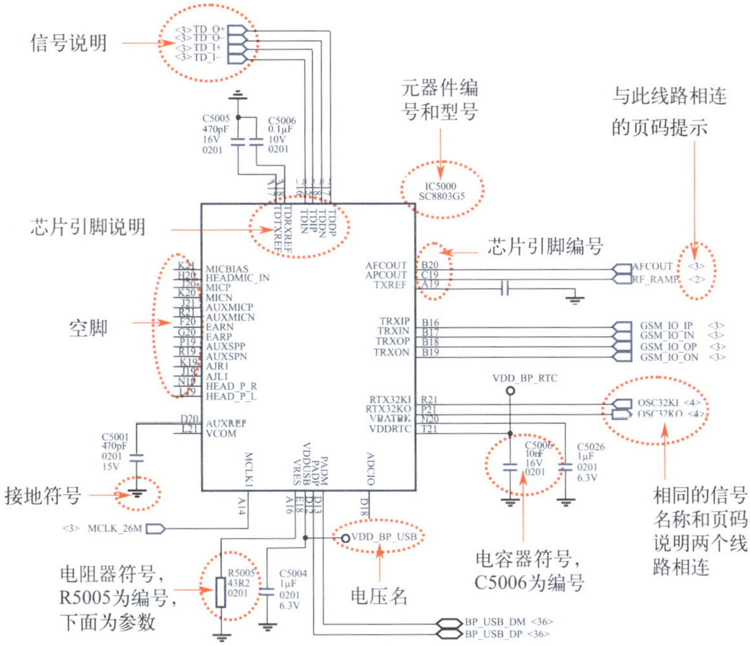

图 1-11　电路图中的各种标识

1.2.2　认识电路图中的接地点

电路图中的接地点如图 1-13 所示。

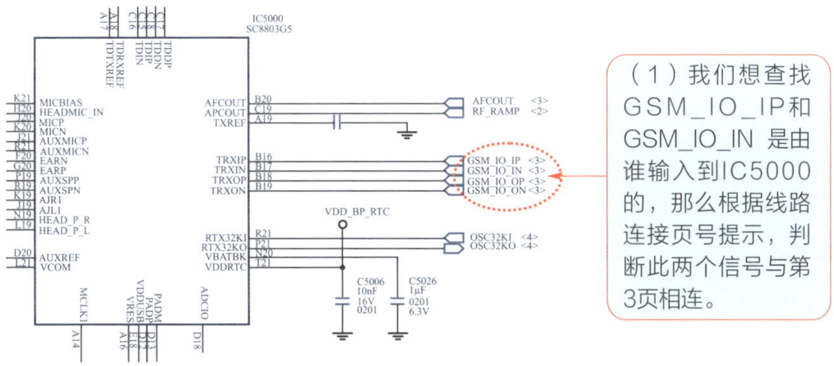

图 1-12

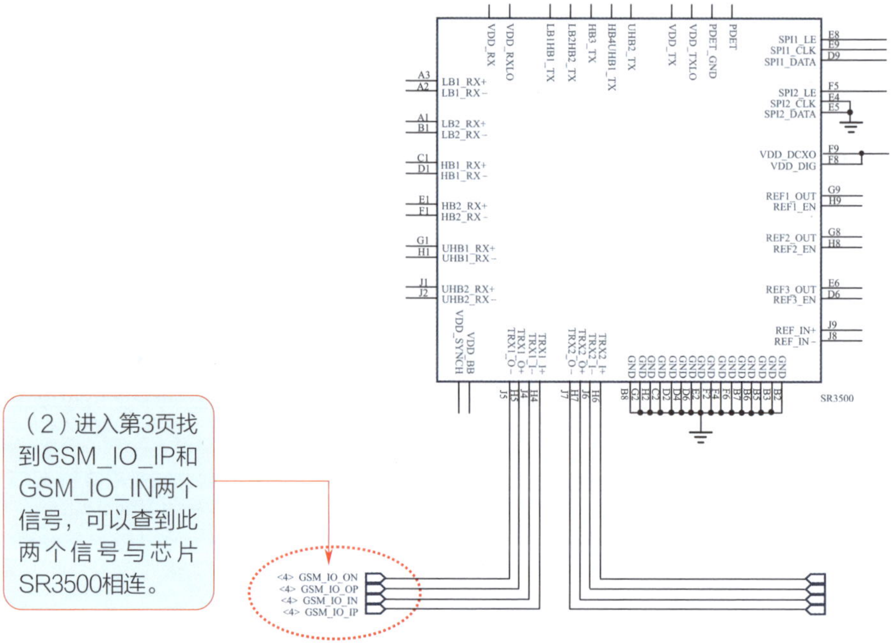

图 1-12 线路连接页号提示

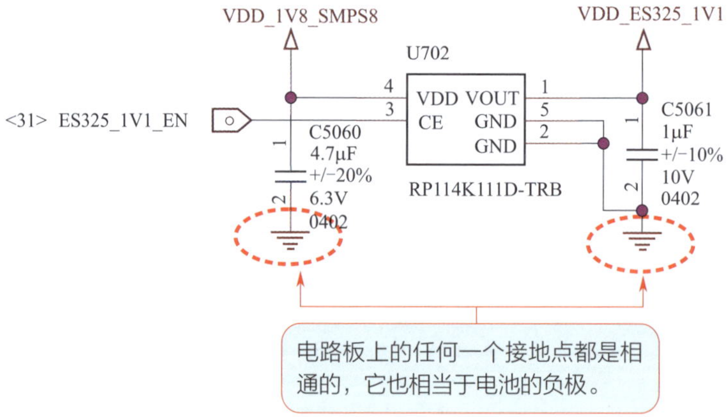

图 1-13 电路图中的接地点

1.2.3 看懂电路图中的信号说明

信号说明是对该线路传输的信号进行描述。信号说明如图 1-14 所示。

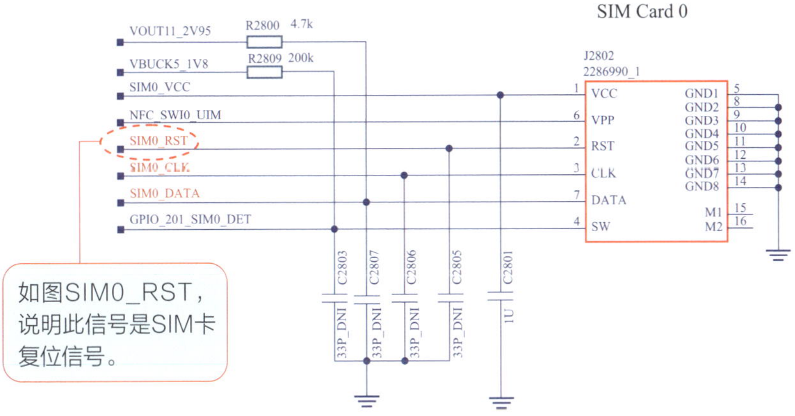

图 1-14　信号说明

1.2.4　线路化简标识

线路化简标识一般在批量线路走线时使用。线路化简标识如图 1-15 所示。

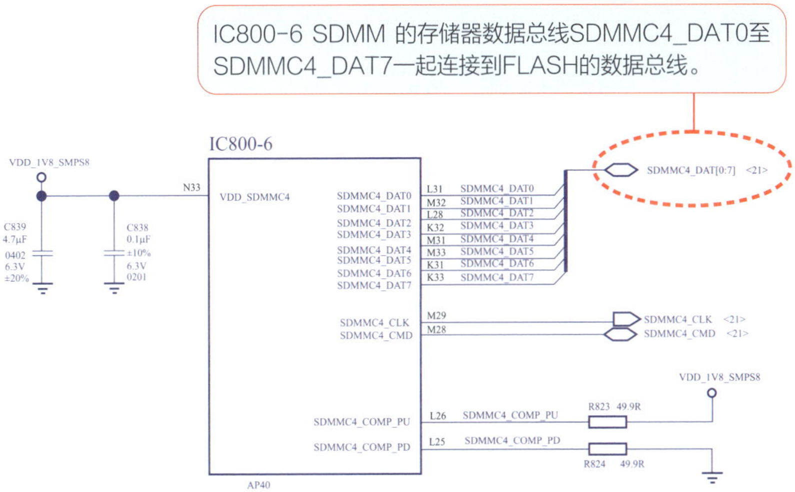

图 1-15　线路化简标识

1.2.5　看懂电路图中的元器件

1）电路图中电阻器

电阻器一般用字母 R 表示，其在电路图中的符号如图 1-16 所示。

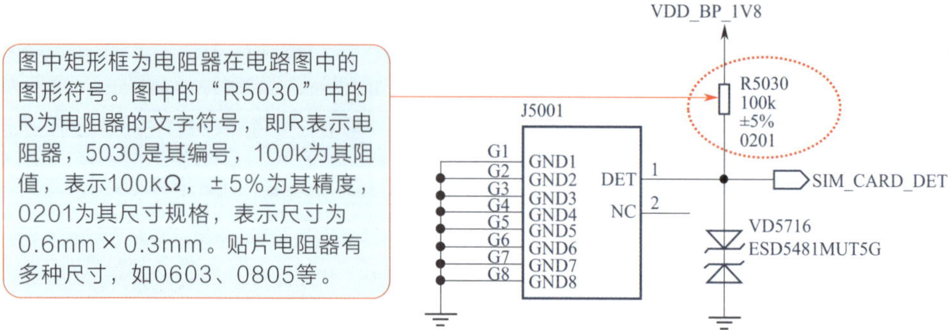

图1-16　电路图中的电阻器

注意：有些电路图中也用—W—表示电阻器。

2）电路图中电容器

电容器一般用字母C表示，其在电路图中的符号如图1-17所示。

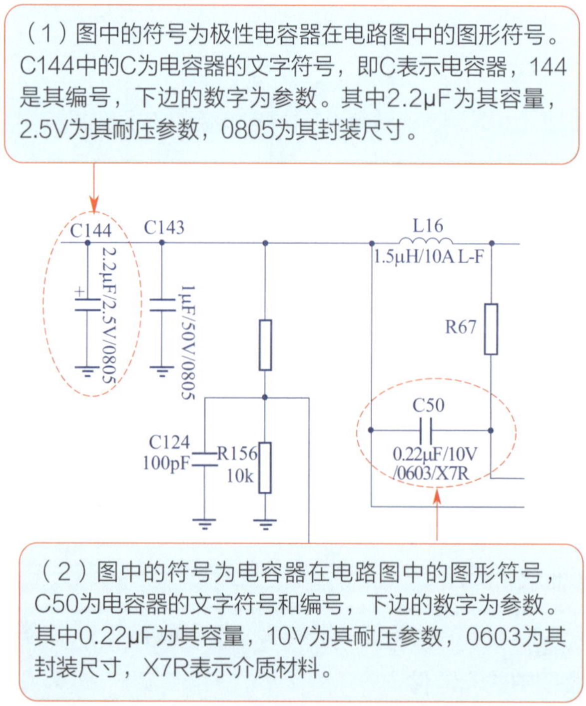

图1-17　电路图中的电容器

3）电路图中电感器

电感器一般用字母L表示，其在电路图中的符号如图1-18所示。

图中的符号为电感器在电路图中的图形符号。图中的“L16”中的L为电感器的文字符号，即L表示电感器，16是其编号。下边的数字为参数。其中1.5μH为其电感量，10A为其额定电流参数，L-F为误差。

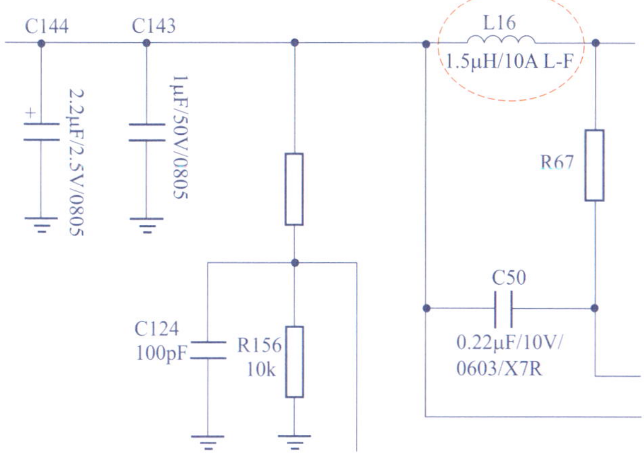

图 1-18　电路图中的电感器

4）电路图中二极管

二极管一般用字母 VD 表示，其在电路图中的符号如图 1-19 所示。

图中的符号为二极管在电路图中的图形符号。图中的“VD7”中的VD为二极管的文字符号，即VD表示二极管，7是其编号。“US1G”为其型号。

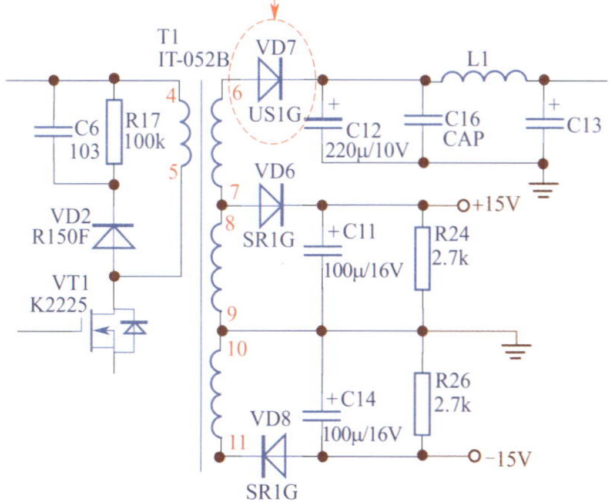

图 1-19　电路图中的二极管

5）电路图中三极管

三极管一般用字母 VT 表示，其在电路图中的符号如图 1-20 所示。

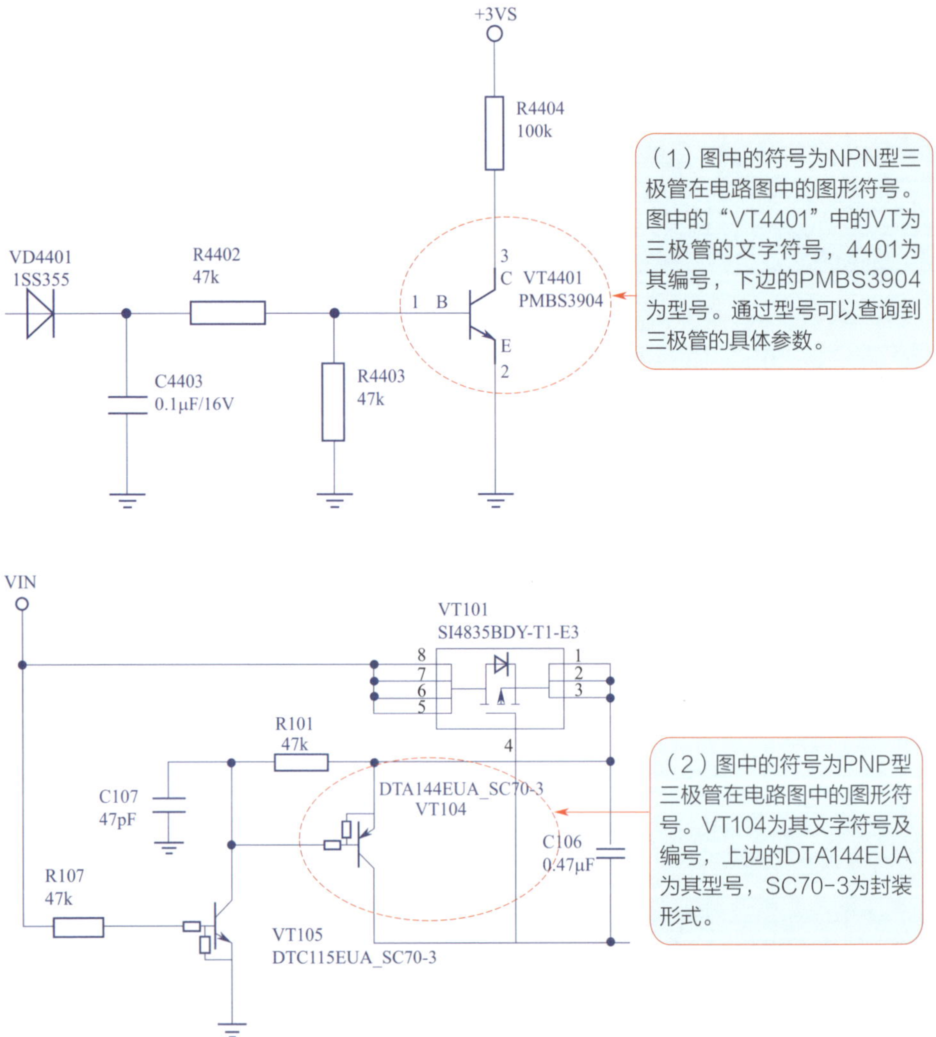

图 1-20　电路图中的三极管

6）电路图中场效应管

场效应管一般用字母 VT 表示，其在电路图中的符号如图 1-21 所示。

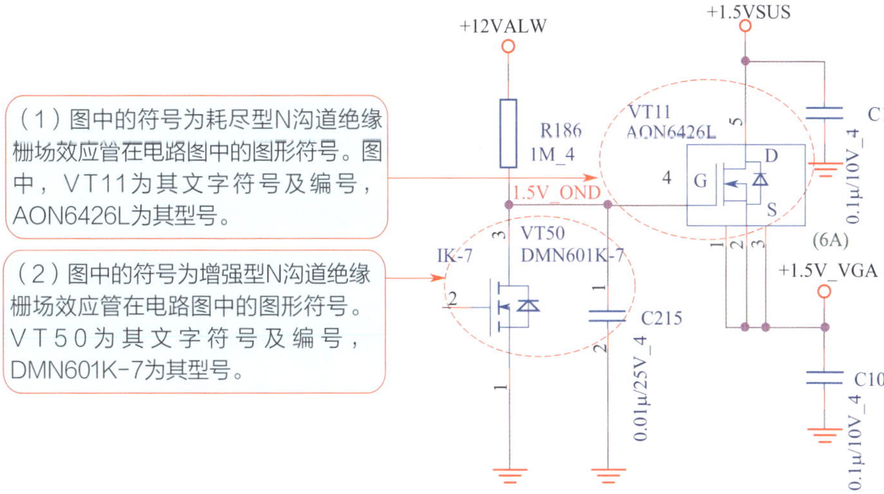

图 1-21　电路图中的场效应管

7）电路图中变压器

变压器一般用字母 T 表示，其在电路图中的符号如图 1-22 所示。

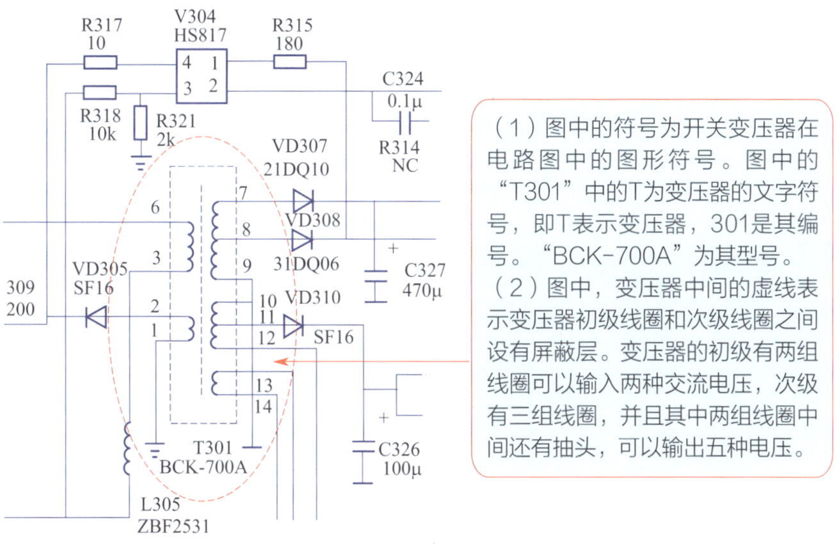

图 1-22　电路图中的变压器

8）电路图中晶振

晶振一般用字母 X 或 Y 表示，其在电路图中的符号如图 1-23 所示。

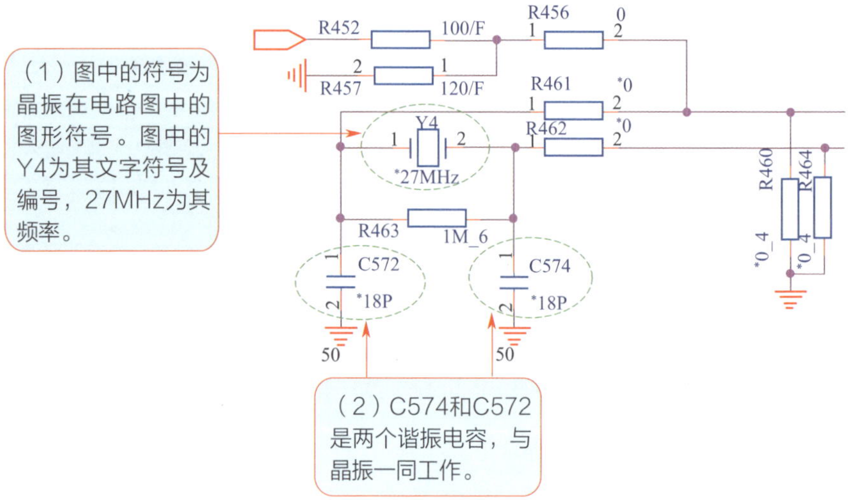

图 1-23　电路图中的晶振

9）电路图中集成电路

集成电路一般用字母 IC 表示，其在电路图中的符号如图 1-24 所示。

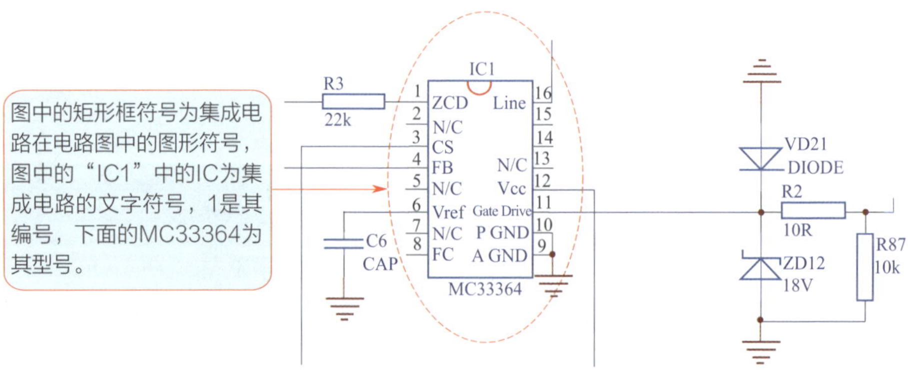

图 1-24　电路图中的集成电路

10）电路图中继电器

继电器一般用字母 K 表示，其在电路图中的符号如图 1-25 所示。

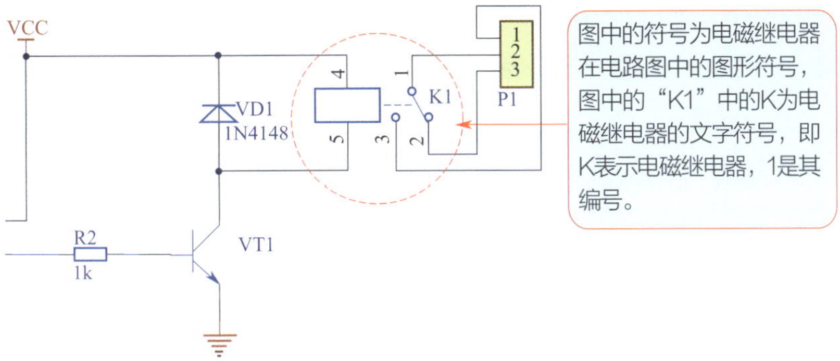

图 1-25　电路图中的继电器

第 2 章

芯片级维修工具使用实战

在维修智能手机 / 手表 / 手环时，经常要用到一些检测工具，这些工具在检测、维修时是必不可少的。了解、应用、保养好这些工具，对维修操作很有益处。本章将详细讲解智能手机 / 手表 / 手环维修时常用工具的使用操作实战。

2.1 万用表测量电路实战

万用表是一种多功能、多量程的测量仪表。万用表有很多种，目前常用的有指针万用表和数字万用表两种。万用表可测量直流电流、直流电压、交流电流、交流电压、电阻和音频电平等，是电工和电子维修中必备的测试工具。

2.1.1 数字万用表测量实战

1）看图识数字万用表

数字万用表的主要特征是有一块液晶显示屏。数字万用表具有显示清晰、读取方便、灵敏度高、准确度高、过载能力强、便于携带、使用方便等优点。数字万用表主要由液晶显示屏、挡位功能区、挡位选择钮、表笔插孔、三极管 / 电容插孔等组成，如图 2-1 所示。

> **提示**
>
> 有的万用表没有电源开关键，而是在功能区有 OFF 挡，将挡位旋钮调到 OFF 挡可以实现关机。
>
> 当测量电压、电阻、频率和温度时，将红表笔插入 VΩHz℃ 插孔；测量电流时，根据电流大小，将红表笔插入 A 插孔或 mA 插孔。

数字万用表的挡位比较多，在表盘上可以看到很多符号和挡位，表盘上的每一个圆点都对应一个挡位。数字万用表的挡位主要分为：欧姆挡、交流电压挡、直流电压挡、交流电流挡、直流电流挡、二极管挡、三极管挡、电容挡、温度挡、蜂鸣挡等挡位。一般二极管挡和蜂鸣挡在一个挡位，需要通过 SEL/HOLD 按键进行切换。如图 2-2 所示为数字万用表的挡位符号。

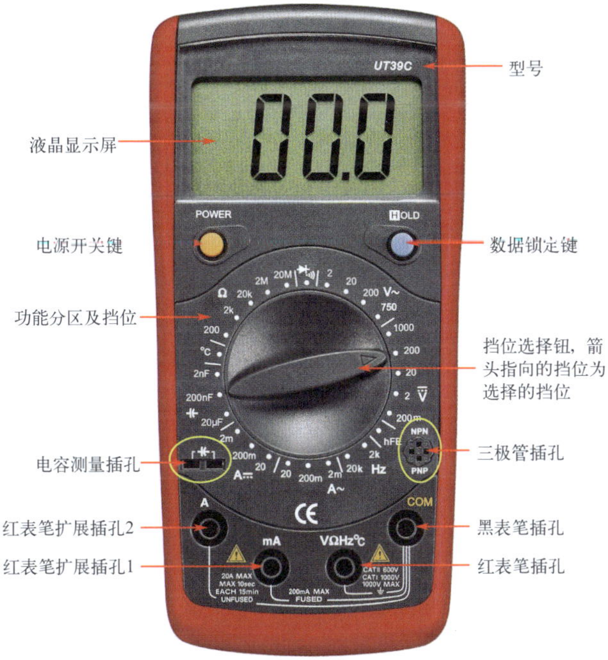

图 2-1　数字万用表

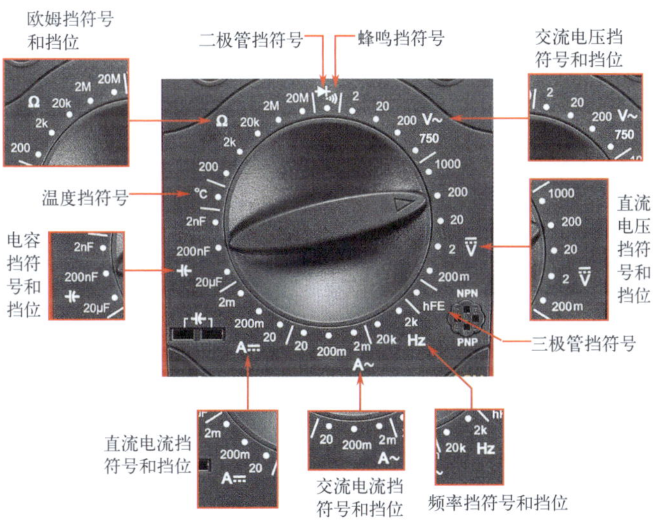

图 2-2　数字万用表的挡位符号

2）数字万用表测量电路通断实战

在检查电路板的线路是否发生断路故障时，可以使用数字万用表的蜂鸣挡来测量。具体方法如图 2-3 所示（每个型号的数字万用表挡位和插孔虽略有不同但用法基本相同）。

（1）将黑表笔插进万用表的COM插孔，将红表笔插进万用表的VΩμAmA℃插孔。

（2）将挡位旋钮调到蜂鸣挡。

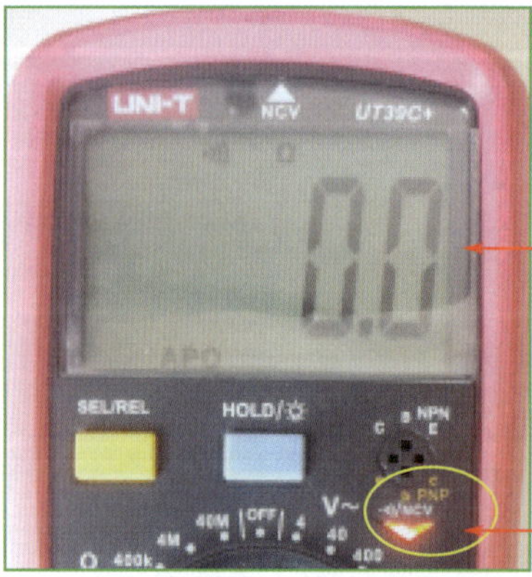

（3）将红黑两表笔分别接电路板中所测线路的两端。如果万用表发出“嘀嘀”的响声，同时蜂鸣指示灯点亮，说明所测线路是导通的，未发生断路故障，此时显示屏显示的数值接近零；如果万用表未发出“嘀嘀”的响声，蜂鸣指示灯也未被点亮，说明所测线路发生了断路故障，或所测线路内阻很大。

图 2-3　用数字万用表测量电路通断

3）数字万用表测量直流电压实战

用数字万用表测量直流电压的方法如图 2-4 所示（每个型号的数字万用表挡位和插孔虽略有不同但用法基本相同）。

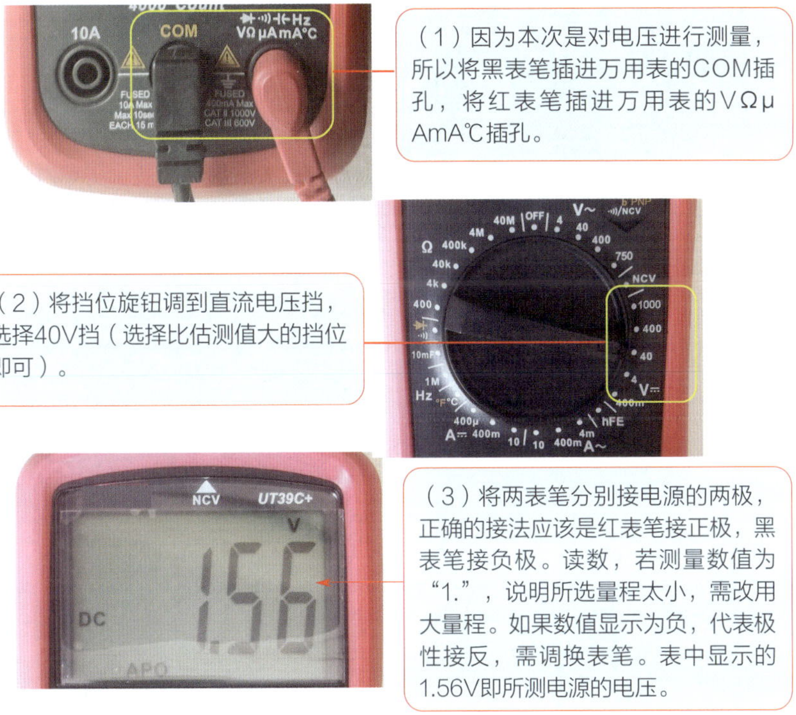

图 2-4　用数字万用表测量直流电压的方法

4）数字万用表测量二极管实战

一般测量二极管时，都用数字万用表的二极管挡测量二极管的管电压，通过管电压判断二极管的好坏。通常普通二极管正向压降为 0.4 ~ 0.8V，肖特基二极管的正向压降在 0.3V 以下，稳压二极管正向压降有可能在 0.8V 以上。如果测得的二极管正向压降超出这个范围，则二极管损坏。如果反向压降为 0，则二极管被击穿。

用数字万用表测量二极管的方法如图 2-5 所示。

2.1.2　指针万用表测量实战

1）看图识指针万用表

指针万用表的主要特征是带有刻度盘和指针。指针万用表可以显示出所测电路连续变化的情况，且指针万用表电阻挡的测量电流较大，特别适合在路检测元器件。

指针万用表主要由表盘、功能分区及量程挡、功能旋钮、欧姆调零旋钮、表笔插孔及三极管插孔等组成，如图 2-6 所示。

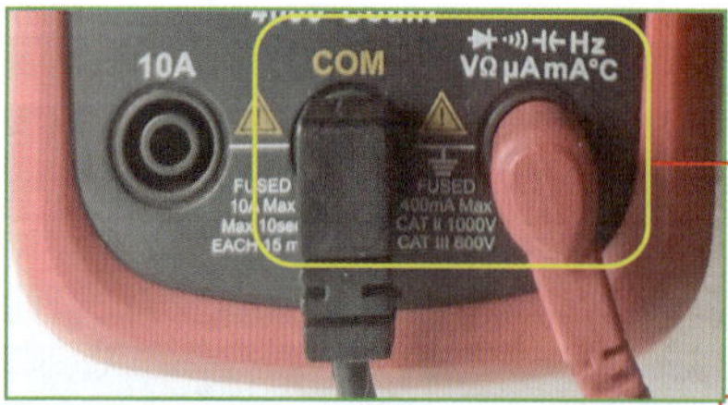

（1）将黑表笔插进万用表的COM插孔，将红表笔插进万用表的VΩμAmA℃插孔。

提示：当选择二极管挡后，会在显示屏上出现二极管的符号。

（2）将挡位旋钮调到二极管/蜂鸣挡，一般默认会选择蜂鸣挡，所以接着按“SEL/REL”按钮切换到二极管挡。

（3）将红表笔接二极管正极，黑表笔接二极管的负极（有横线的一端为负极），测量其压降。

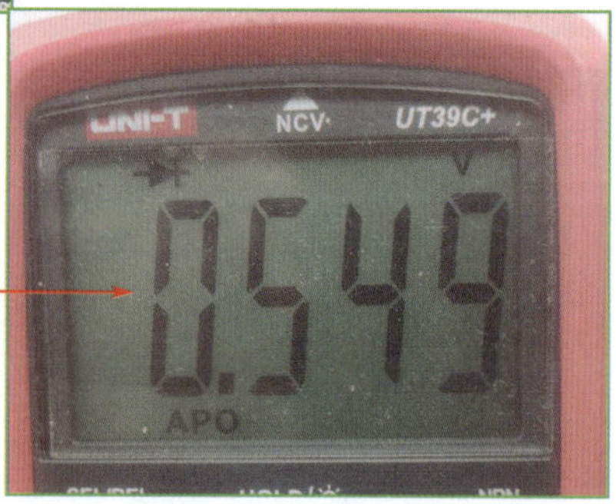

（4）显示屏显示的0.549V即所测二极管的正向压降。

图 2-5　用数字万用表测量二极管的方法

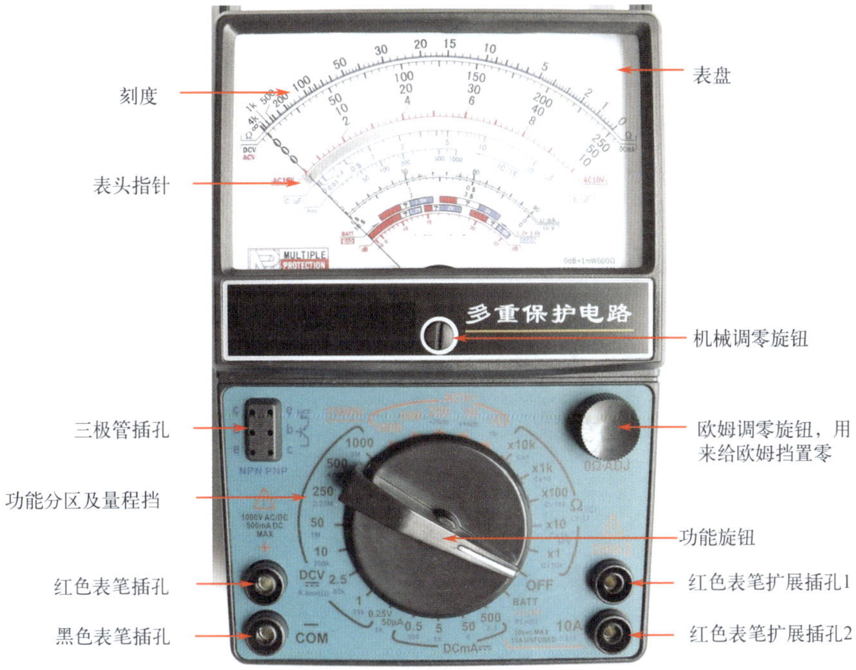

图 2-6　指针万用表

提示　测量 1000V 以下电压、电阻、500mA 以下电流时，红表笔插 + 插孔；测量 500mA 以上电流时，红表笔插 10A 插孔；测量 1000V 以上电压时，红表笔插 2500V 插孔。

指针万用表的挡位比较多，在功能区可以看到很多功能符号和挡位。指针万用表的挡位主要分为欧姆挡（Ω）、交流电压挡（ACV）、直流电压挡（DCV）、直流电流挡（DCmA）、三极管挡等。如图 2-7 所示为指针万用表的挡位符号。

如图 2-8 所示为指针万用表表盘，表盘由表头指针和刻度等组成。

2）调整指针万用表的量程实战

使用指针万用表测量时，第一步是选择合适的量程，这样才能测量得准确。指针万用表量程的选择方法如图 2-9 所示。

3）指针万用表欧姆调零实战

选准量程以后在正式测量之前必须调零，如图 2-10 所示。

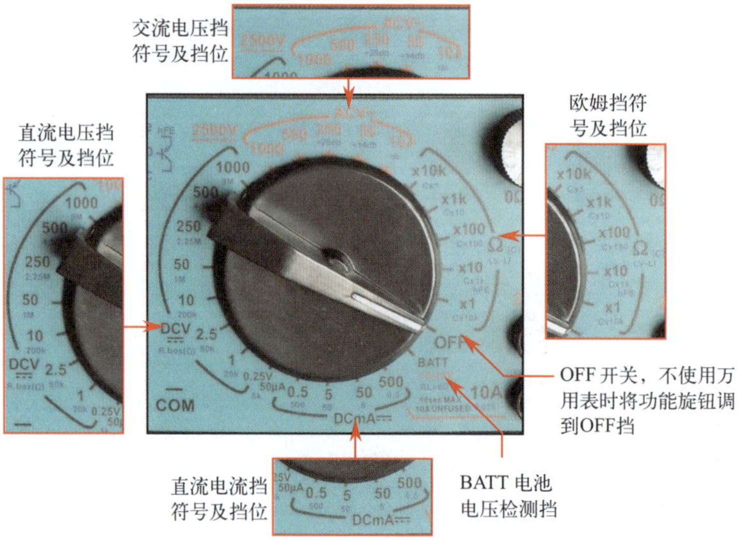

图 2-7　指针万用表的挡位符号

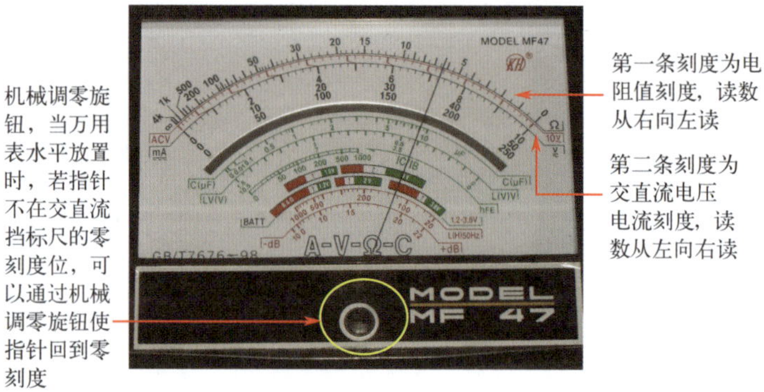

图 2-8　指针万用表表盘

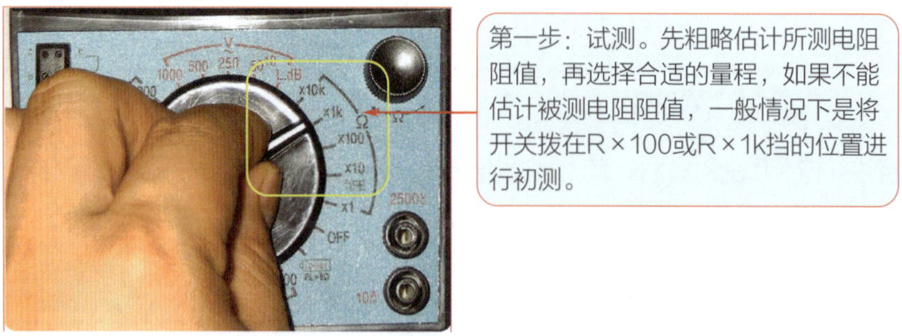

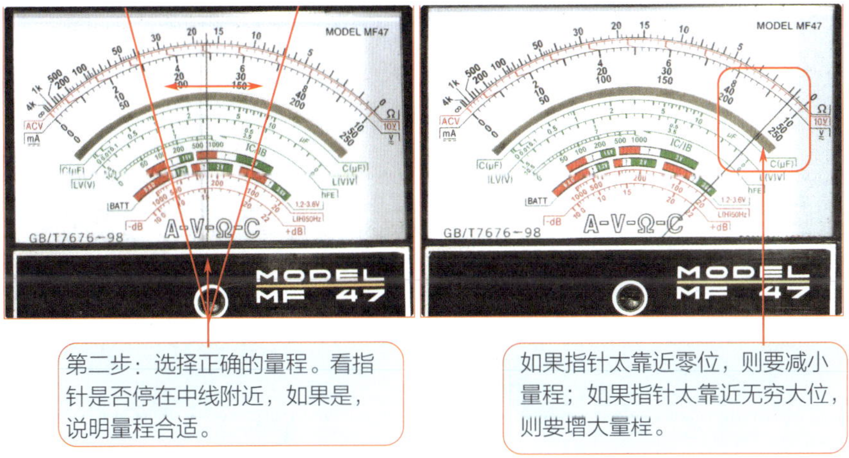

图 2-9　指针万用表量程的选择方法

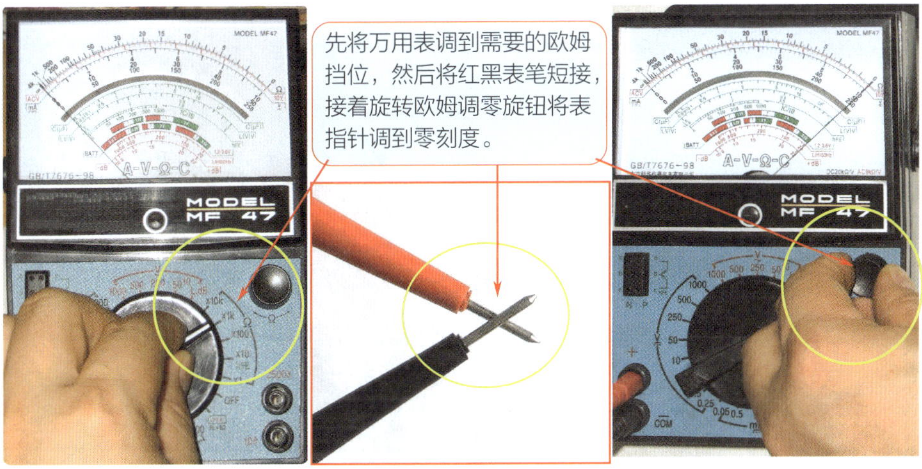

图 2-10　指针万用表的欧姆调零

注意：如果换挡，在测量之前必须重新调零。

4）指针万用表测电阻实战

用指针万用表测电阻的方法如图 2-11 所示。

5）指针万用表测量直流电压实战

测量电路的直流电压时，选择万用表的直流电压挡，并选择合适的量程。当被

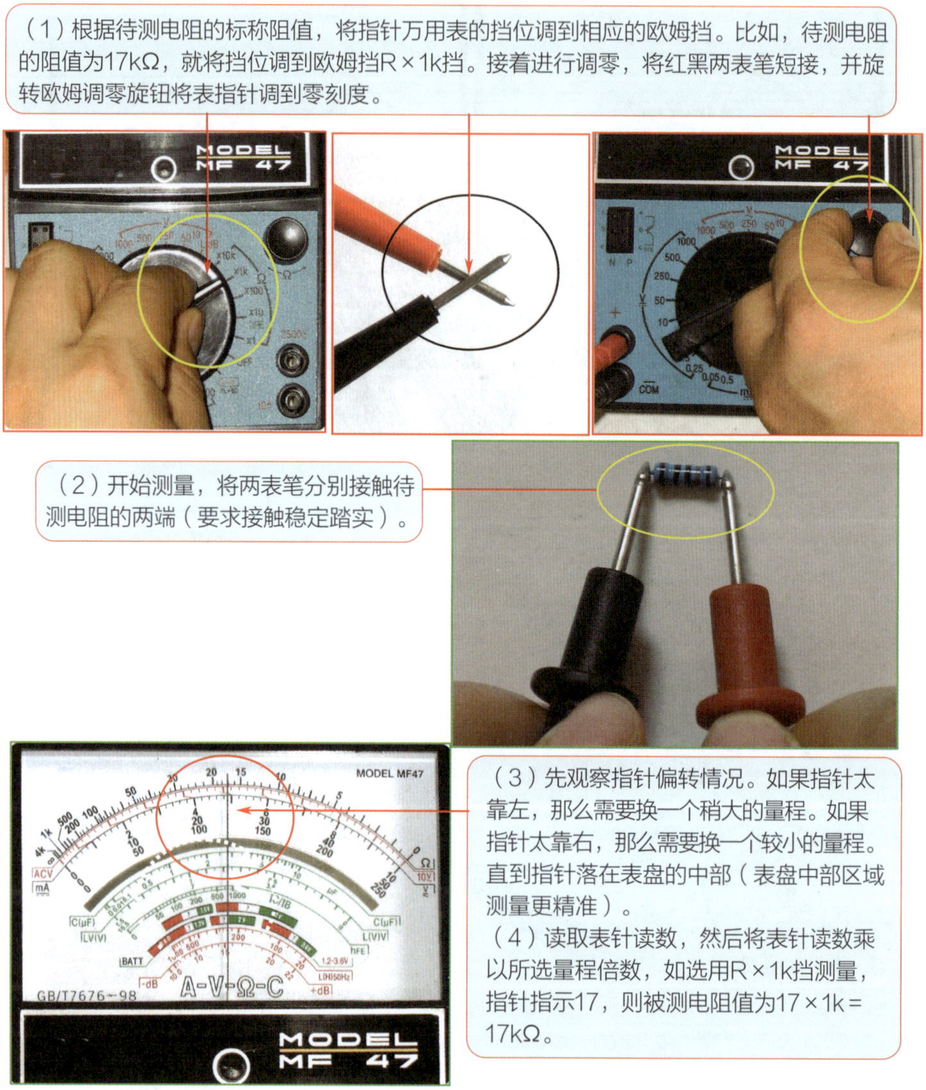

图 2-11　用指针万用表测电阻的方法

测电压数值范围不清楚时，可先选用较高的量程挡，不合适时再逐步选用低量程挡，使指针停在满刻度的 2/3 处附近为宜。

指针万用表测量直流电压的方法如图 2-12 所示。

图 2-12　指针万用表测量直流电压的方法

2.2 热风枪焊接芯片实战

热风枪是一种常用于电子焊接的手动工具，通过给焊料（通常指锡丝）供热，使其熔化，从而达到焊接或分开电子元器件的目的。热风枪主要由气泵、线性电路板、气流稳定器、外壳、手柄组件和风枪组成。热风枪外形如图 2-13 所示。

图 2-13　热风枪

2.2.1 热风枪焊接贴片小元器件实战

在进行焊接操作时，热风枪前端网孔中不得插入金属导体，尤其是在通电状态下，否则会导致发热体损坏甚至使人体触电，发生危险。另外在使用结束后要注意冷却机身，关电后不要迅速拔掉电源，应等待发热管吹出的短暂冷风结束后再断开电源，以免影响焊台使用寿命。

使用热风枪焊接贴片元器件（如贴片电阻、贴片电容等）的方法如图 2-14 所示。

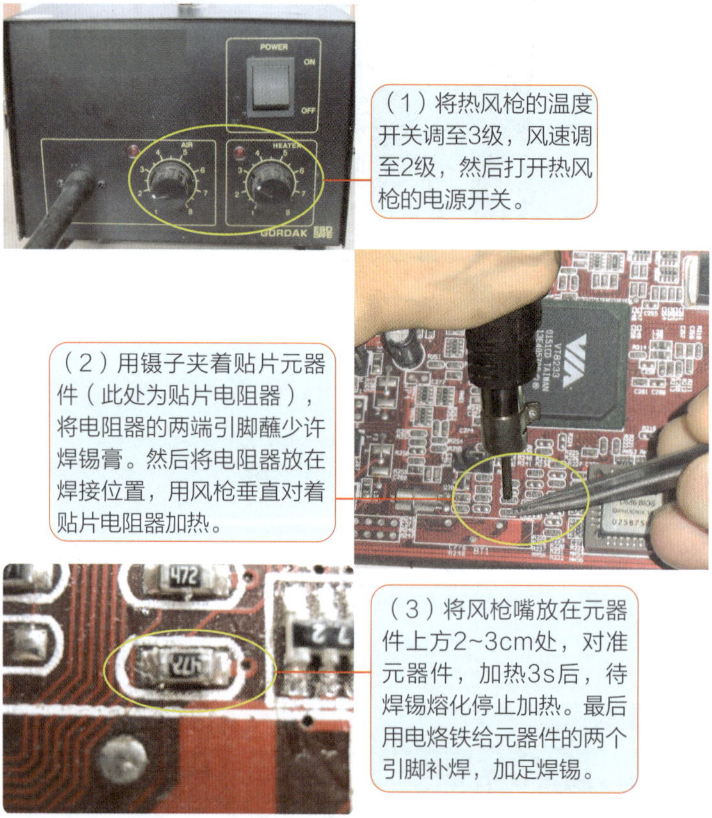

图 2-14 使用热风枪焊接贴片小元器件的方法

提示 对于贴片电阻器的焊接一般不用电烙铁。一方面，用电烙铁焊接时，由于两个焊点的焊锡不能同时熔化，可能会焊斜；另一方面，焊第二个焊点时，由于第一个焊点已经焊好，如果下压第二个焊点，可能会损坏电阻或第一个焊点。

提示 用电烙铁拆焊贴片电容时，要用两个电烙铁同时加热两个焊点使焊锡熔化，在焊点熔化状态下用烙铁尖向侧面拨动使焊点脱离，然后用镊子取下贴片电容。

2.2.2 热风枪拆卸多引脚芯片实战

热风枪拆卸多引脚贴片芯片的方法如图 2-15 所示。

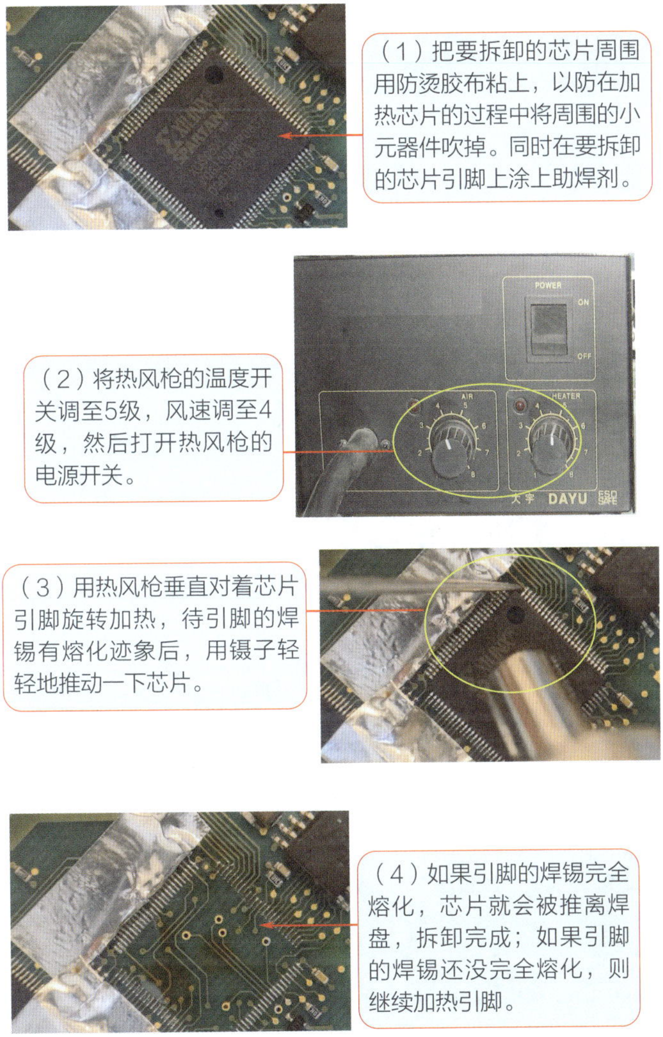

图 2-15 热风枪拆卸多引脚贴片芯片的方法

2.2.3 热风枪焊接多引脚芯片实战

热风枪焊接多引脚贴片芯片的方法如图 2-16 所示。

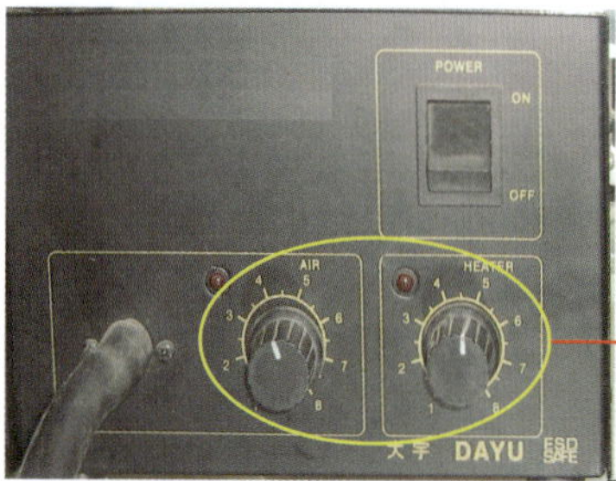

（1）首先将热风枪的温度开关调至5级，风速调至4级，然后打开热风枪的电源开关。

（2）在焊接芯片前，先将焊盘清理干净。用热风枪和吸锡带在焊盘上加热，将焊盘上原来的焊锡清理干净。

（3）再在焊盘上涂上一些助焊剂。

（4）在焊盘上涂抹少许焊锡膏。

（5）将要焊接的芯片放在电路板上的焊接位置，并微调芯片让其引脚正好对准焊盘对应的位置。

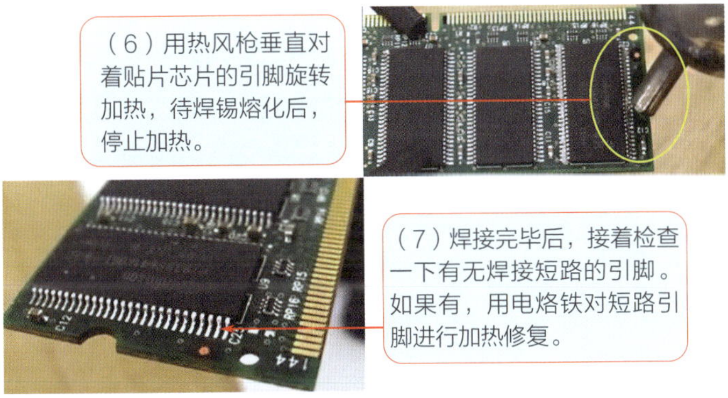

图 2-16　热风枪焊接多引脚贴片芯片的方法

2.3 可调直流稳压电源使用技巧

在检修过程中，直流可调稳压电源可代替电源适配器或可充电电池供电，是智能手机检修过程中一种必备的工具设备。

通常在检修故障智能手机的过程中，还可通过直流可调稳压电源显示的数据，判断电路工作状态，从而为故障分析提供相关依据或数据参考。如图 2-17 所示为常见的直流可调稳压电源。

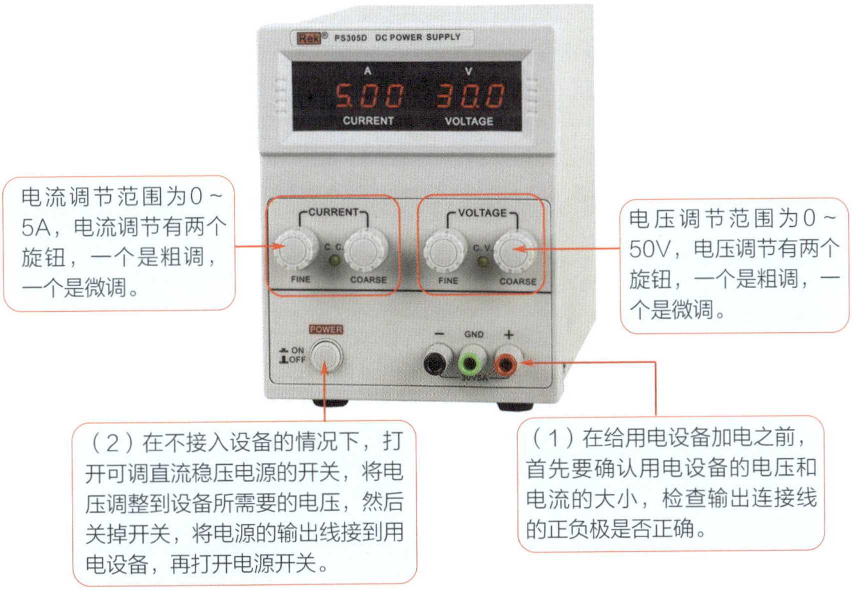

图 2-17　常见的直流可调稳压电源

注意：如果接入用电设备后发现电压值达不到设定值，这时要观察电流旋钮侧的电流指示灯是否亮，如果亮了，说明电流设定值太小，旋转电流调整旋钮，使电流指示灯熄灭。如果电流旋钮旋到底，电流指示灯仍然不熄灭，那就是用电设备的功率过大，或者是用电设备严重短路。这是可调稳压电源的过流保护功能。

第 3 章

智能手机 / 手表 / 手环元器件好坏检测实战

电子元器件是各种电路板的基本组成部件，电路板的故障都是由这些基本元器件故障引起的。维修智能手机 / 手表 / 手环的过程就是通过检测元器件，找到并更换损坏的元器件。因此在学习智能手机 / 手表 / 手环维修之前，应先掌握电子元器件好坏检测方法。

3.1 电阻器好坏检测实战

电阻器是电路元器件中应用最广泛的一种，在电子设备中约占元器件总数的30%。在电路中，电阻器的主要作用是稳定和调节电路中的电流和电压，即控制某一部分电路的电压和电流比例的作用。

3.1.1 智能手机 / 手表 / 手环中的贴片电阻器

智能手机 / 手表 / 手环中的电阻器主要是贴片电阻器，贴片电阻器是金属玻璃釉电阻器中的一种，它是将金属粉和玻璃釉粉混合，采用丝网印刷法印在基板上制成的电阻器。贴片电阻形状为矩形，颜色为黑色，如图 3-1 所示。

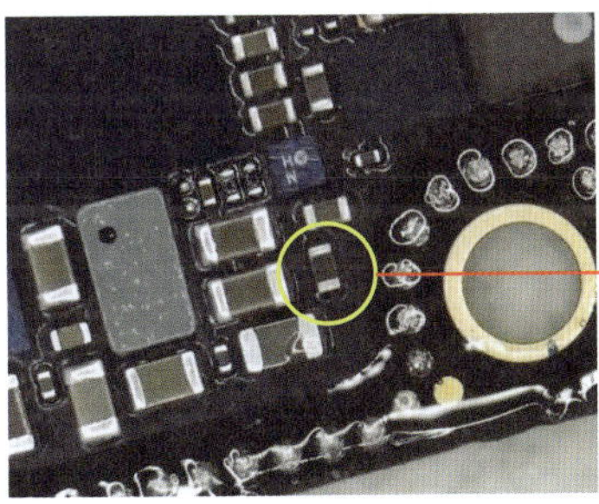

（1）贴片电阻耐潮湿、耐高温、温度系数小。贴片元件具有体积小、重量轻、安装密度高、抗振性强、抗干扰能力强、高频特性好等优点。

（2）贴片电阻的额定功率主要有1/20W、1/16W、1/8W、1/10W、1/4W、1/2W、1W等，以1/16W、1/8W、1/10W、1/4W应用最多，一般功率越大，电阻体积也越大，功率级别是随着尺寸逐步递增的。另外相同的外形，颜色越深，功率值越大。

图 3-1 贴片电阻器

贴片电阻的封装尺寸用4位数表示。前面两位表示贴片电阻的长度，后面两位表示贴片电阻的宽度。根据长度单位的不同有两种表示方法，即英制表示法和公制表示法。例如：0603是英制表示法，表示长度为0.06英寸[1]，宽度为0.03英寸。目前最小的贴片电阻为0201，最大的为2512。如表3-1所示为贴片电阻封装尺寸。

表3-1 贴片电阻封装尺寸

英制尺寸代码	公制尺寸代码	长（L）/mm	宽（W）/mm	高（T）/mm	正电极/mm	背电极/mm	功率/W
0201	0603	0.60±0.05	0.30±0.05	0.23±0.05	0.10±0.05	0.15±0.05	1/20
0402	1005	1.00±0.10	0.50±0.10	0.30±0.10	0.20±0.10	0.25±0.10	1/16
0603	1608	1.60±0.15	0.80±0.15	0.40±0.10	0.30±0.20	0.30±0.20	1/10
0805	2012	2.00±0.20	1.25±0.15	0.50±0.10	0.40±0.20	0.40±0.20	1/8
1206	3216	3.20±0.20	1.60±0.15	0.55±0.10	0.50±0.20	0.50±0.20	1/4
1210	3225	3.20±0.20	2.50±0.20	0.55±0.10	0.50±0.20	0.50±0.20	1/3
1812	4832	4.50±0.20	3.20±0.20	0.55±0.10	0.50±0.20	0.50±0.20	1/2
2010	5025	5.00±0.20	2.50±0.20	0.55±0.10	0.60±0.20	0.60±0.20	3/4
2512	6432	6.40±0.20	3.20±0.20	0.55±0.10	0.60±0.20	0.60±0.20	1

3.1.2 贴片电阻好坏检测实战

贴片电阻器的检测相对来说要简单一些，在实际维修中，通常先用万用表两表笔接电阻器的两端，进行简单的测量来判断电阻器是否损坏。贴片电阻的检测方法如图3-2所示。

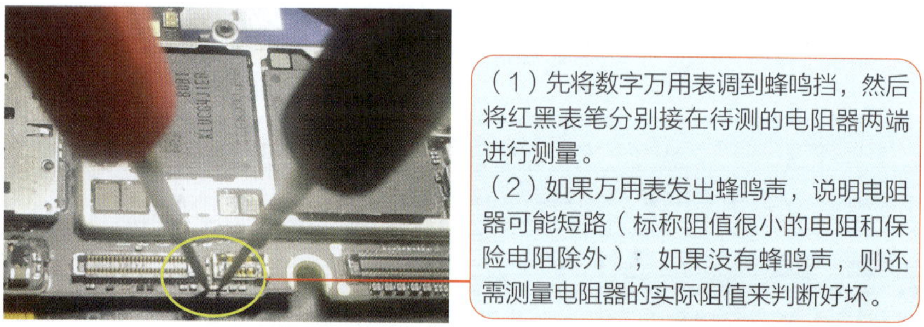

图3-2 测量贴片电阻

3.1.3 如何代换损坏的贴片电阻

贴片电阻的代换方法如图3-3所示。

[1] 1英寸（in）=25.4毫米（mm）。

贴片电阻损坏后代换时注意两点：一是贴片电阻的型号参数要相同（可以从电路图中查看贴片电阻的型号）；二是贴片电阻的尺寸要一样。

图 3-3　贴片电阻的代换方法

3.2 电容器好坏检测实战

电容器由两块相互靠近的导体极板中间夹一层绝缘介质构成，它是一种重要的储能元器件。电容器是在电路中广泛应用的一种元器件，打开一块智能手机 / 手表 / 手环，即可看到主板上大大小小、各式各样的贴片电容器。

3.2.1　智能手机 / 手表 / 手环中的贴片电容器

智能手机 / 手表 / 手环中的电容器主要是贴片电容器，贴片电容是手机电路板上应用数量较多的一种元件，形状为矩形，有黄色、青色、青灰色等，半透明浅黄色的（陶瓷电容）最常见。容量在皮法级的小容量电容器上一般无标识，容量在微法级的电容器才有标识。常用的电容器如图 3-4 所示。

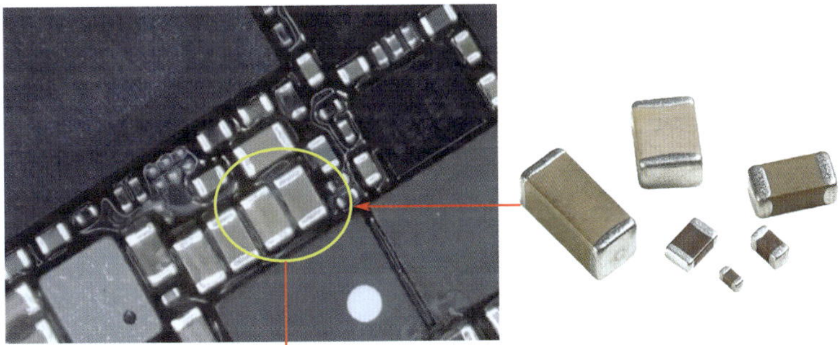

贴片电容也称为多层片式陶瓷电容器，无极性电容的封装尺寸有很多种，手机电路中常用的包括0805、0603、0402、0201等。在封装参数中，08表示长度是0.08 英寸（2mm）、05 表示宽度为 0.05 英寸（1.25mm）。

图 3-4　贴片电容器

智能手机 / 手表 / 手环中的贴片电容主要为无极性的（电容分为有极性电容和无极性电容，有极性电容有正负极，无极性电容没有正负极，体积较小）。

无极性电容最常见的是 0805、0603、0402、0201 等，数字表示电容的尺寸。贴片电容的封装尺寸用 4 位整数表示。前面两位表示贴片电容的长度，后面两位表示贴片电容的宽度。如表 3-2 所示为贴片电容封装尺寸。

表 3-2　贴片电容封装尺寸

尺寸代码	长（*L*）/mm	宽（*W*）/mm	高（*T*）/mm
0201	0.60±0.05	0.30±0.05	0.23
0402	1.00±0.05	0.50±0.05	0.55
0603	1.52±0.25	0.76±0.25	0.76
0805	2.00±0.20	1.25±0.20	1.40
1206	3.20±0.30	1.60±0.30	1.80
1210	3.20±0.30	2.50±0.30	2.20
1808	4.50±0.40	2.00±0.20	2.20
1812	4.50±0.40	3.20±0.30	3.10
2225	5.70±0.50	6.30±0.50	6.20

3.2.2　贴片电容器好坏检测实战

贴片电容由于容量较小（一般小于 0.01μF），用万用表进行检测，只能定性地检查其绝缘电阻，即有无漏电、内部短路或击穿现象，不能定量判定质量。检测时，先观察判断电容器是否有裂纹或烧黑的情况。

万用表检测贴片电容器的方法如图 3-5 所示。

将数字万用表挡位调到蜂鸣挡，两表笔分别接电容器的两个引脚，如果发出蜂鸣声，或显示的阻值很小，则说明电容器内部短路损坏。

图 3-5　检测贴片电容器

3.2.3　如何代换损坏的贴片电容

贴片电容的代换方法如图 3-6 所示。

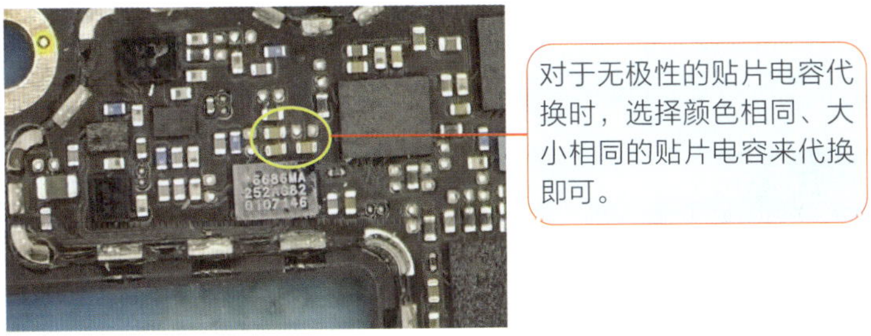

图 3-6　贴片电容的代换方法

3.3 电感器好坏检测实战

电感器是一种能够把电能转化为磁能并储存起来的元器件，它主要的功能是阻止电流的变化。当电流从小到大变化时，电感会阻止电流的增大；当电流从大到小变化时，电感会阻止电流减小。电感器常与电容器配合在一起工作，在电路中主要用于滤波（阻止交流干扰）、振荡（与电容器组成谐振电路）、波形变换等。

3.3.1 智能手机 / 手表 / 手环中的贴片电感器

智能手机 / 手表 / 手环电路以贴片电感器为主，贴片电感又被称为功率电感、大电流电感。贴片电感具有小型化、高品质、高能量储存和低电阻的特性，一般是在陶瓷或微晶玻璃基片上沉积金属导电层而制成的。

贴片电感有圆形、方形和矩形等封装形式，智能手机 / 手表 / 手环电路中一般为方形和矩形，颜色多为黑色和灰色。带铁芯电感（或圆柱形电感），从外形上看易于辨识。但有些矩形电感，从外形上看，更像是贴片电阻元件。电路中常用的电感器如图 3-7 所示。

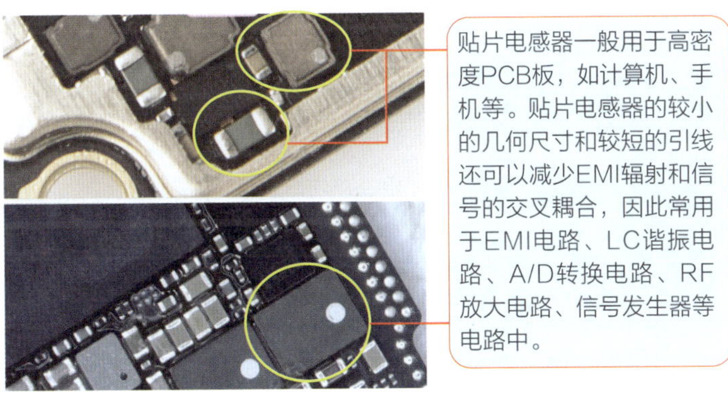

图 3-7　电路中常用的电感器

3.3.2 贴片电感器好坏检测实战

数字万用表测量电感器的方法如图 3-8 所示。

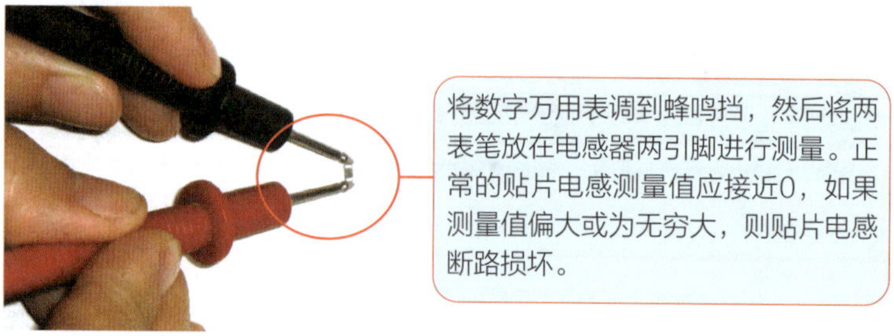

图 3-8　测量贴片电感器

3.3.3 如何代换损坏的贴片电感器

电感器损坏后，原则上应使用与其性能类型相同、主要参数相同、外形尺寸相近的电感器来更换。但若找不到同类型电感器，也可用其他类型的电感器代换。

贴片电感器的代换方法如图 3-9 所示。

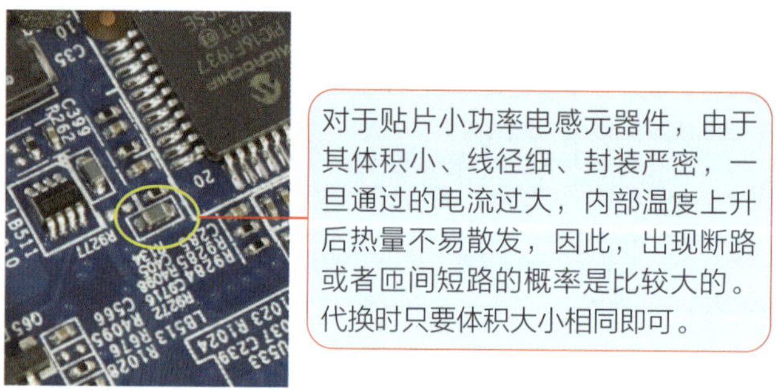

图 3-9　贴片电感器的代换方法

3.4 二极管好坏检测实战

二极管又称晶体二极管，它是常用的电子元器件。它的主要特性就是单向导电，在电路中，电流只能从二极管的正极流入，负极流出。利用二极管的单向导电性，可以把方向交替变化的交流电变换成单一方向的脉冲直流电。另外，二极管在正向电压作用下电阻很小，处于导通状态，在反向电压作用下，电阻很大，处于截止状态，如同一只开关。利用二极管的开关特性，可以组成各种电路（如整流电路、检波电路、稳压电路等）。

3.4.1 智能手机 / 手表 / 手环中的贴片二极管

智能手机 / 手表 / 手环电路中的二极管主要为贴片二极管，电路中常见的贴片二极管如图 3-10 所示。

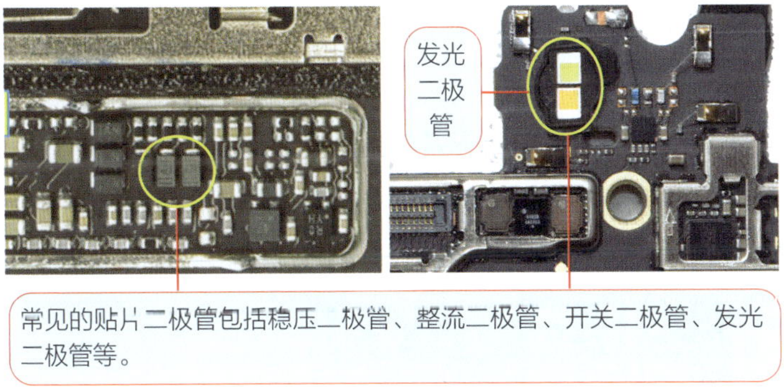

图 3-10 电路中的贴片二极管

3.4.2 贴片二极管好坏检测实战

贴片二极管的检测方法如图 3-11 所示。

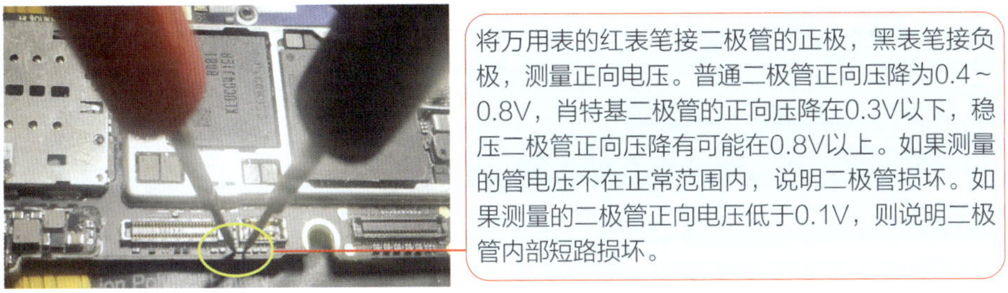

图 3-11 测量贴片二极管

3.4.3 如何代换损坏的贴片二极管

贴片二极管的代换方法如图 3-12 所示。

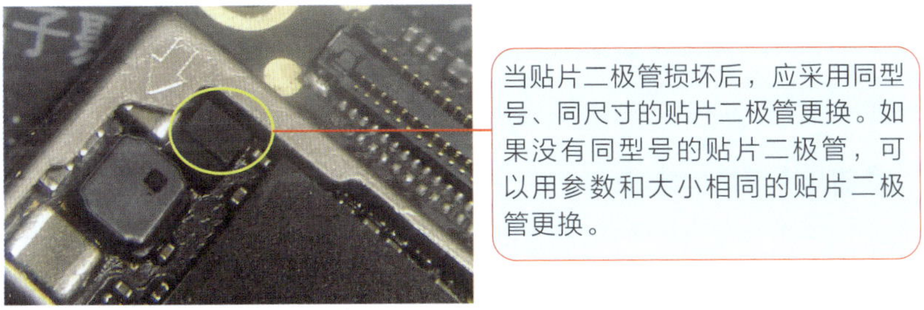

图 3-12 贴片二极管的代换方法

3.5 晶振好坏检测实战

晶振是晶体振荡器（有源晶振）和晶体谐振器（无源晶振）的统称，其作用在于产生原始的时钟频率，这个频率经过频率发生器的放大或缩小后就成了电路中各种不同的总线频率。

3.5.1 智能手机 / 手表 / 手环中的贴片晶振

智能手机 / 手表 / 手环中的晶振主要采用的是贴片晶振，一般电源管理芯片、Wi-Fi 芯片等芯片周围都会有晶振。如图 3-13 所示为电路中的贴片晶振。

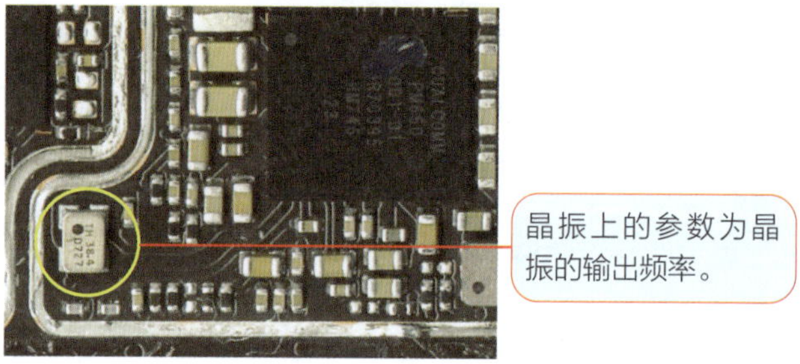

图 3-13　电路中常见的贴片晶振

3.5.2 贴片晶振好坏检测实战

检测晶振时，可以分别测量晶振两引脚的对地阻值，正常情况下晶振两引脚的对地阻值应为 0.3 ~ 0.8V。如果超过这一范围，说明晶振已损坏。如图 3-14 所示。

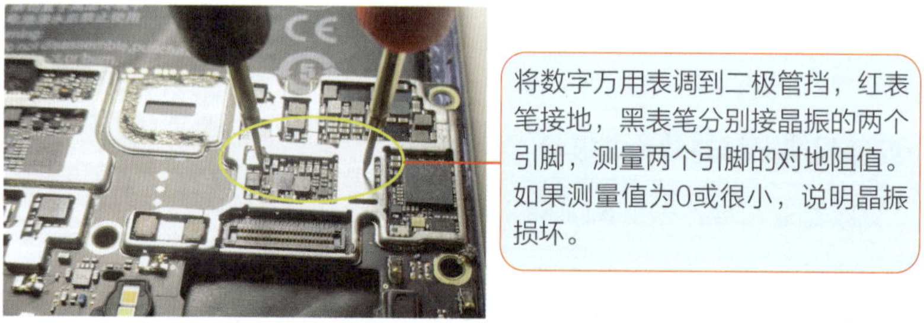

图 3-14　测量晶振对地阻值

3.5.3 如何代换损坏的晶振

由于晶振的工作频率及所处的环境温度普遍都比较高，因此晶振比较容易出现故障。因为相当一部分电路对晶振的要求都是非常严格的，所以通常在更换晶振时都要用同型号、同规格的晶振进行代换，否则将无法正常工作。

第 4 章

智能手机 / 手表 / 手环芯片焊接实战

在维修智能手机 / 手表 / 手环的过程中，有时需要补焊或更换电路板中的芯片等元器件，智能手机 / 手表 / 手环中使用的基本都是贴片元器件，焊接它们需要一定的技巧。本章将讲解智能手机 / 手表 / 手环主板中的屏蔽罩、贴片元器件等的拆焊方法，电路板焊盘清理方法，以及电路板中掉点、断线等问题的处理方法。

4.1 BGA 芯片焊接实战

维修智能手机 / 手表 / 手环时，焊接芯片是维修基本功，如果没能掌握芯片的焊接方法，就会导致很多故障无法维修。下面详细讲解一下智能手机 / 手表 / 手环芯片的焊接方法。

4.1.1 拆焊主板屏蔽罩实战

智能手机 / 手表 / 手环的主板上，一般都会对一些重要的电路加装屏蔽罩，在维修检测时，需要先拆掉主板屏蔽罩。拆焊主板屏蔽罩的方法如下。

（1）用热风枪对整个屏蔽罩旋转加热，如图 4-1 所示。

图 4-1　加热屏蔽罩

（2）等屏蔽罩边上的焊锡熔化后垂直将屏蔽罩拎起，如图 4-2 所示。

注意：因为拆屏蔽罩需要的温度较高，会导致主板上其他元器件产生松动，所以，取下屏蔽罩时主板不能移动，以免把板上的元件振动移位；取下屏蔽罩时要垂直拎起，以免把屏蔽罩内的元器件碰移位。

图 4-2　拆下屏蔽罩

提示　焊接屏蔽罩的方法与拆焊屏蔽罩类似，用同样的温度和风速，把屏蔽罩先放在主板上用热风枪顺着四周转圈加热，待焊锡熔化即可将屏蔽罩焊在主板上。也可以用烙铁选几个点将屏蔽罩焊在 PCB 板上。

4.1.2　拆焊 BGA 芯片实战

智能手机/手表/手环主板中的芯片通常采用BGA（ball grid array，球栅阵列）封装，而 BGA 芯片的拆焊与焊接可以说是维修中最大的技术难点，接下来具体讲解拆焊手机芯片的方法。

（1）看清手机芯片的定位，如图 4-3 所示。

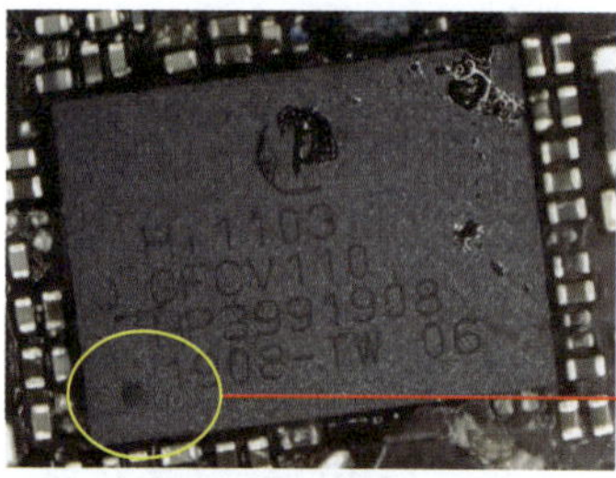

手机芯片多数为正方形和长方形，从芯片的正面看，正方形芯片的四条边朝哪个方向都一样，长方形芯片的两条长边（或短边）朝哪个方向都一样，在拆焊芯片之前，一定要看清楚芯片正面的字符的方向，打圆点的角在哪个方位，明确具体位置，否则在安装放置芯片时就容易搞错方向及位置，使芯片引脚安装的位置不正确，造成新的故障。

图 4-3　查看手机芯片定位

（2）看清芯片定位后，用热风枪拆焊芯片，如图 4-4 所示。

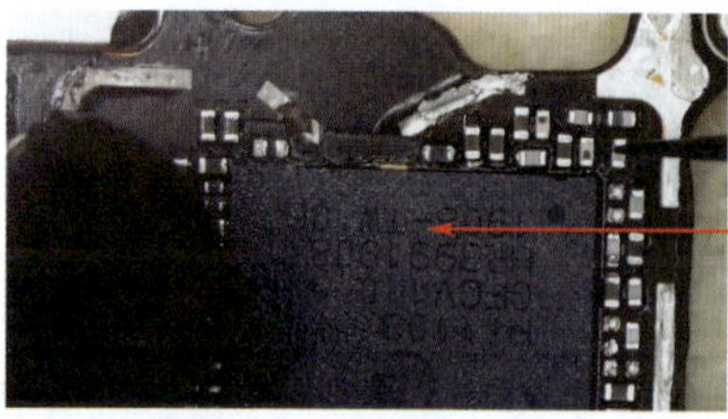

先在芯片四周涂一些焊油（可防止干吹，又可帮助芯片底部的焊点均匀熔化）。接着将热风枪温度调到350℃（3～4挡），风速开关调至2～3挡，然后在芯片上方2cm 处旋转吹热风，当看到芯片微微动时，芯片底部的焊锡就完全熔化了。这时用镊子轻轻推一下芯片，如果芯片可以移动，就用镊子夹起芯片。

图 4-4　用热风枪拆焊芯片

4.1.3 清理焊盘实战

将芯片取下后，接下来要对焊盘进行清理，除去多余的锡，然后清洁焊盘。

（1）用电烙铁整理焊盘，如图 4-5 所示。

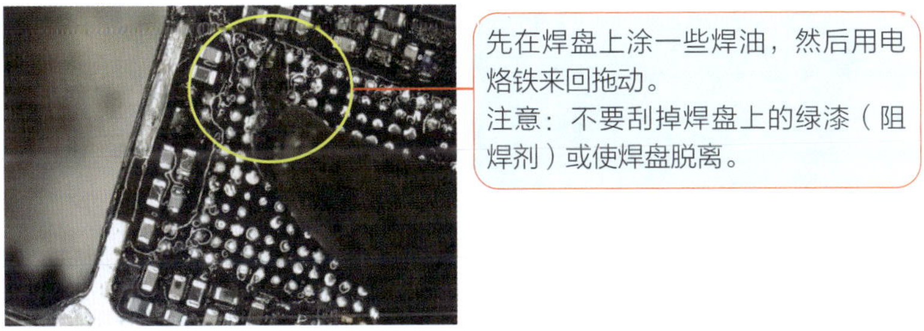

图 4-5　整理焊盘

（2）清除焊盘上的焊锡，如图 4-6 所示。

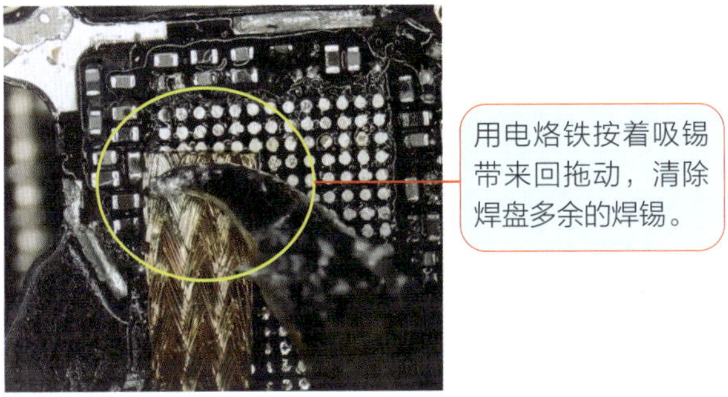

图 4-6　清除焊盘上的焊锡

（3）用洗板水清洗焊盘，如图 4-7 所示。

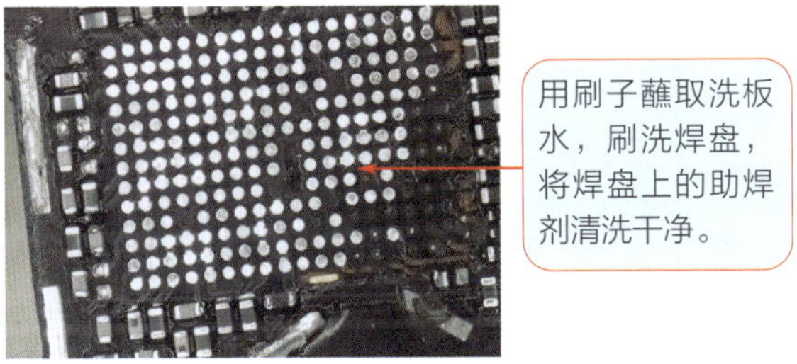

图 4-7　清洗焊盘

4.1.4 芯片植锡实战

清洁完焊盘后，接下来清洁一下芯片的焊点，然后开始给芯片植锡。

（1）清理芯片的焊点，如图 4-8 所示。

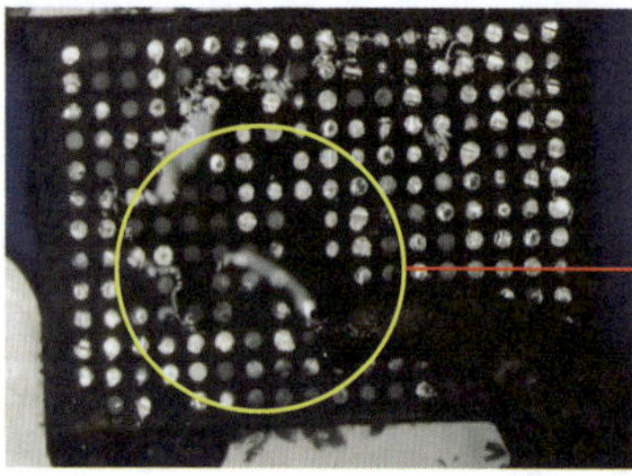

图 4-8 清理芯片焊点

（2）将芯片放在植锡板下面，对准芯片的焊点，然后在植锡板上涂抹锡浆，如图 4-9 所示。

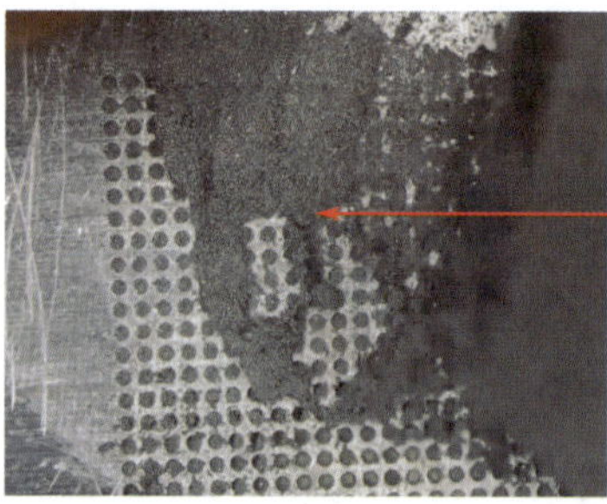

图 4-9 刮锡浆

（3）上完锡后用热风枪对植锡板加热，使锡浆熔化，如图 4-10 所示。

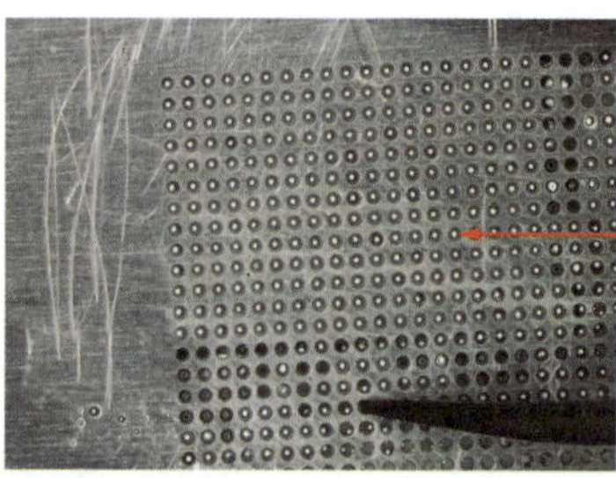

图 4-10 加热植锡板

（4）最后清理芯片周边无用的锡球，如图 4-11 所示。

4.1.5 焊接芯片实战

在清理完焊盘、给芯片植锡后，就可以将芯片安装到主板焊盘上了。

将芯片和植锡板分开，清理掉芯片周边无用的锡球。最后再用热风枪对着芯片上的焊点稍微吹一下，使没熔化好的焊点变得光滑。到此植锡完成。

图 4-11　清理无用的锡球

（1）首先在焊盘上涂上适量焊油，用热风枪轻轻吹一吹，使焊油均匀分布在焊盘的表面，然后将芯片按拆卸前的定位位置放到电路板的焊盘上，如图 4-12 所示。

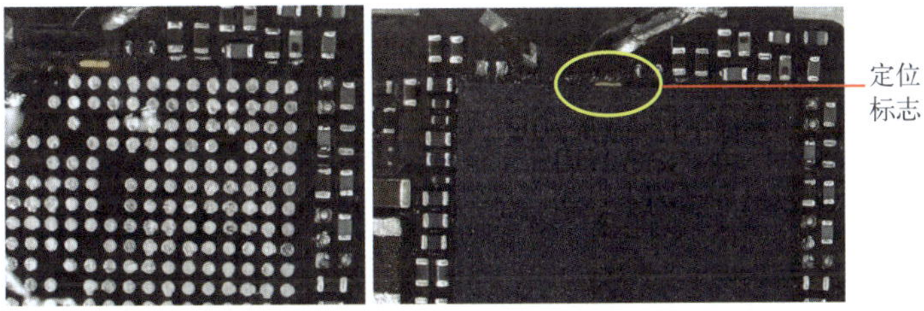

在焊油均匀分布在焊盘表面后，将芯片按拆卸前的定位位置放到电路板焊盘上，用手将芯片在定位框内前后左右来回移动并轻轻加压，当感觉到芯片像“爬到了坡顶”一样，此时芯片已与电路板上的焊点完全对正。另外，在焊盘上通常有一个定位标志，用于焊接时对准焊点。

图 4-12　将芯片放到焊盘上

（2）用热风枪来回加热芯片，将其焊接好，如图 4-13 所示。

将热风枪的温度调到350℃左右（3～4挡），风速调到2～3挡，然后将风嘴的中央对准芯片的中央位置，缓慢来回移动加热。当看到芯片往下一沉且四周有焊油溢出时，说明锡球已与电路板上的焊点熔合在一起。轻轻晃动热风枪继续均匀加热，由于表面张力的作用，芯片与电路板的焊点之间会自动对准定位，等焊锡熔化后停止加热。

图 4-13　加热芯片

（3）焊接时注意温度不要过高，风量不要过大，不要向下压芯片以免底部连锡造成短路。焊接完成后，要用洗板水将电路板清洗干净。

注意：拆焊芯片时，过高的温度可能会影响到旁边的一些芯片，造成新的故障。因此，在吹焊芯片时，要在旁边的芯片上面贴一层隔热膜，以保护旁边的芯片等元器件。

4.2 焊盘掉点问题修复方法

有些故障设备，由于损坏严重，可能会造成焊盘或芯片的焊点被损坏，这种情况通常称为掉点。对于焊盘或芯片掉点的故障，通常需要重新修复掉点后，才能正常使用，否则即使重新焊接了芯片，也无法修复故障。本节将讲解如何修复掉点问题。

4.2.1 在掉点处焊接导线

掉点的修复方法如下。

（1）首先在掉点的焊盘处涂一些焊油，然后用电烙铁清理焊盘上的焊锡，如图 4-14 所示。

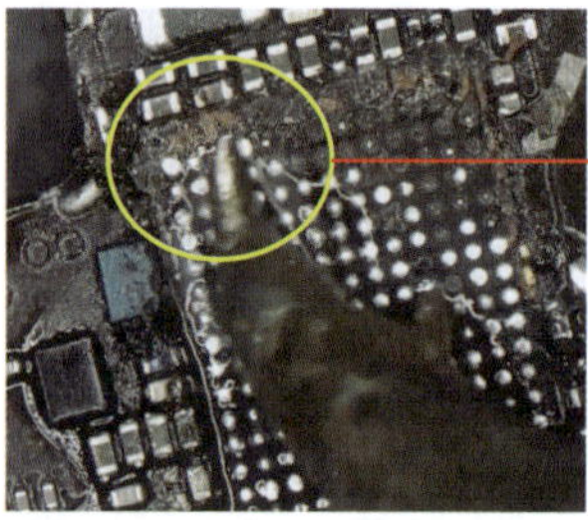

图 4-14　清理焊盘

（2）清理好焊盘后，用尖刀刮掉掉点处的绝缘层，如图 4-15 所示。

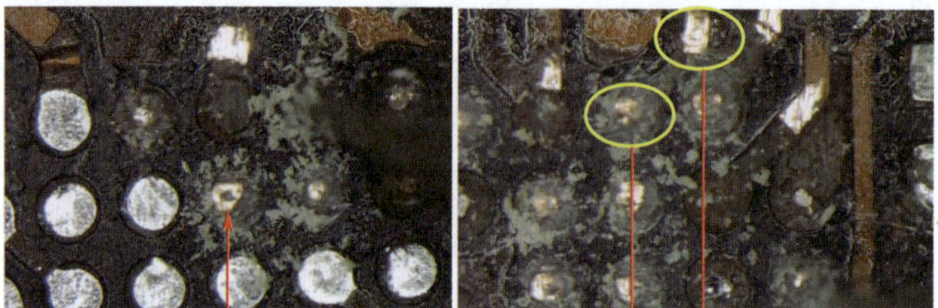

图 4-15　刮掉掉点处绝缘层

（3）在刮出的铜线上焊接导线，如图 4-16 所示。

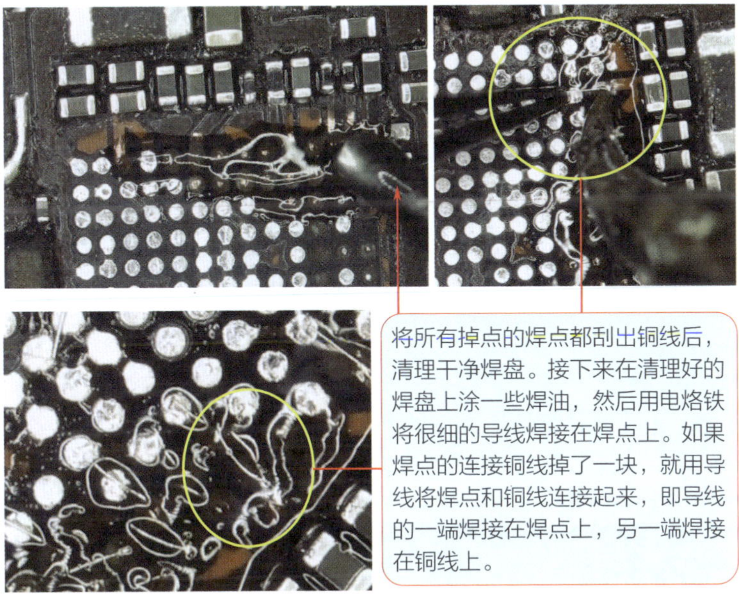

图 4-16　焊接导线

（4）焊接好全部掉点后，将焊接的导线在掉点的位置，弯成一个圈，如图 4-17 所示。

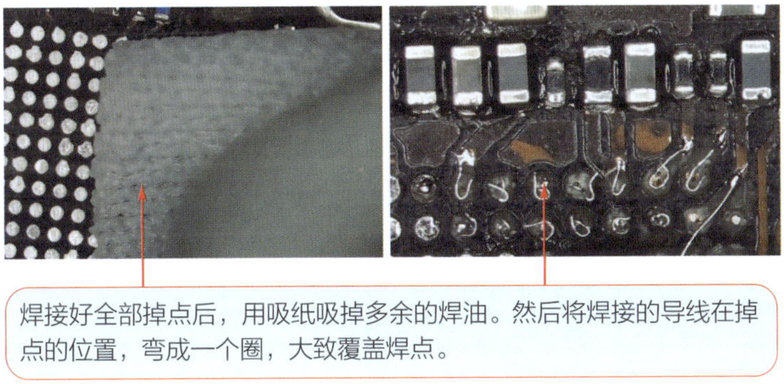

图 4-17　将导线弯成圈

4.2.2　对掉点做绝缘处理

在焊接好导线后，接下来涂抹绿漆对焊点做绝缘处理。

（1）在刚焊接的导线上涂一些绝缘绿漆，做绝缘处理，如图 4-18 所示。

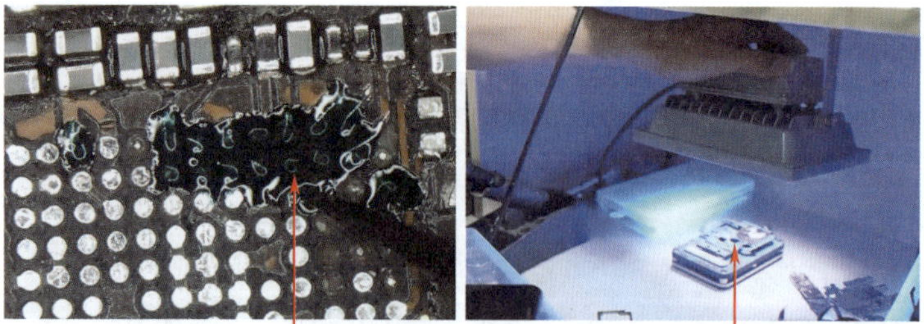

图 4-18　做绝缘处理

（2）刮掉焊点上方所焊导线上的绿漆，使导线露出来，作为焊点，如图 4-19 所示。

图 4-19　刮掉绿漆露出导线

4.3 虚焊芯片补焊实战

智能手机 / 手表 / 手环被摔后，经常会造成一些元器件出现虚焊的情况，从而导致运行不正常。对于虚焊故障，可以先对故障元器件进行补焊（加焊）处理，排除虚焊故障。

对于虚焊的芯片补焊（加焊）的方法如图 4-20 所示。

先在需要加焊的芯片周围涂一些焊油，然后将热风枪的温度调到350℃左右（3～4挡），风速调到2～3挡，接着将风嘴对准芯片的中央位置缓慢转圈加热。当看到芯片四周有焊油溢出时，说明锡球已经熔化，也可以在焊锡熔化状态下，用镊子轻轻碰一碰怀疑虚焊的元件，加强加焊效果。

图 4-20　加焊虚焊元器件

第 5 章 智能手机 / 手表 / 手环故障维修方法

智能手机 / 手表 / 手环结构精密，且使用频繁，在使用过程中经常移动，难免被按压、摔落或进水，很容易造成手机 / 手表 / 手环故障。在维修智能手机 / 手表 / 手环故障之前，最好掌握一些这类设备常用维修方法和维修思路等知识，本章将详细讲解这些维修内容。

5.1 智能手机 / 手表 / 手环常用维修方法

手机 / 手表 / 手环维修方法有很多，可以通过测量电阻值判断故障，也可以通过测量电压、电流来判断故障，下面本节主要讲解测对地阻值法、直观检查法、测电压法、测电流法、测电阻法、清洗法、补焊法等维修手机 / 手表 / 手环故障的方法。

5.1.1 测对地阻值法

测对地阻值法是指通过测量电路输出端或输入端的对地阻值来判断电路是否正常的方法。例如，当手机的电源供电电路中有元器件短路时，电源输出端的对地阻值必然会有较大的变化，通过测对地阻值就可以很容易地判定故障的所在。

测量对地阻值的具体方法如图 5-1 所示。

在实际测量中，如果测量的对地阻值较小（为 0 或小于 0.1V），则通常所测电路有短路的情况；如果测量的对地阻值为无穷大，则所测电路可能有断路情况，需要进一步检查所测电路。如果想通过对地阻值准确判断是否有问题，可以将所测对地阻值与正常电路的对地阻值进行比较，从所测对地阻值的变化中就可判断出故障所在。

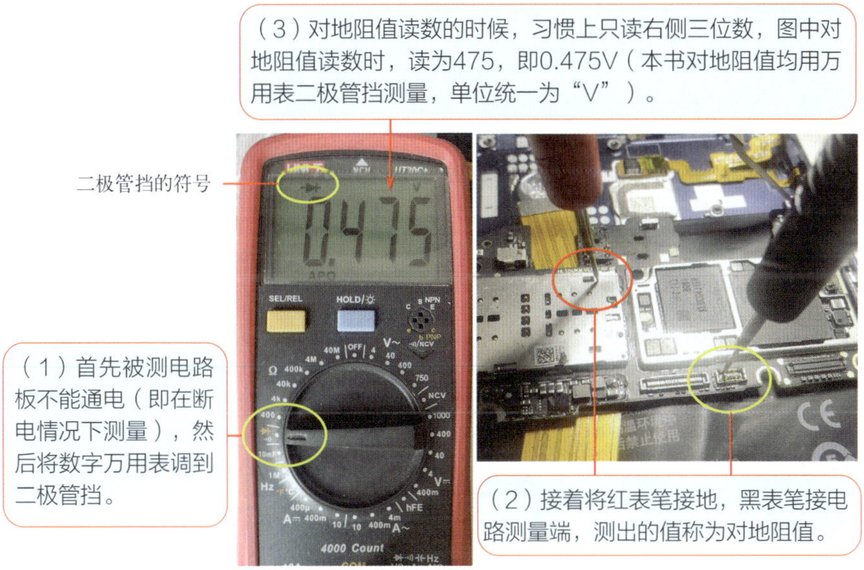

图 5-1　测量对地阻值的具体方法

5.1.2　直观检查法

经过询问后再进行直观检查，可以发现一些故障，如是否进水，是否被摔过，如图 5-2 所示。

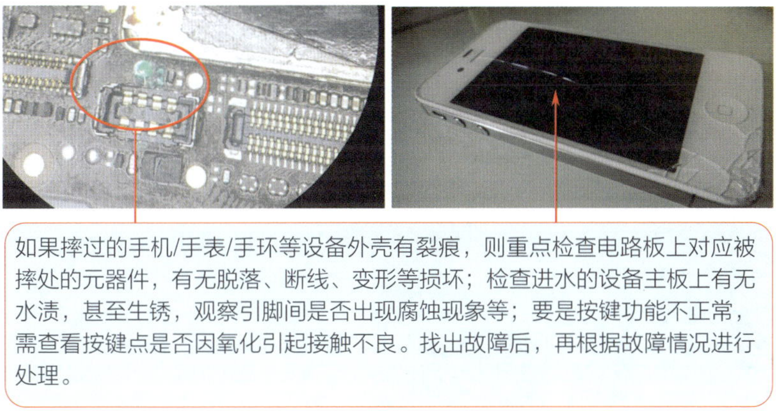

图 5-2　直观检查设备

5.1.3　测电压法

测量电压也是电路维修过程中常用且有效的方法之一。测电压法的原理是通过检测电路中某些测试点有无工作电压，以及所测电压是偏大还是偏小，来判断产生电压变化的原因（如电容器短路等），这个原因也就是故障的原因。

电路在正常工作时，各单元电路的工作电压值基本是唯一的，当电路出现断路、短路、元器件性能变化（如电阻阻值变小）等情况时，电压值必然会有相应的变化，测电压法就是要检测出这种变化情况，然后根据电压的变化情况和电路的工作原理做出推断，找出具体的故障原因。图 5-3 所示是用万用表检测元器件电压。

首先根据待测电压的电压值，将万用表调整到直流电压挡合适的量程（比如测量5V电压，调到直流电压20V挡），然后将红表笔接被测点的正极，黑表笔接地，测量电压值。这时所测出的电压值即待测点的电压值。之后将测量值与正常电路的电压值进行比较，判断是否有故障。

图 5-3　用万用表检测电压

5.1.4　测电流法

测电流法是智能手机 / 手表 / 手环维修中常用的方法，在维修这些设备黑屏不开机的故障时应用得最多。它是从可调直流稳压电源的电流表显示的电流变化来判断设备是否故障。

当智能手机/手表/手环等设备开机启动时，不同的工作状态（如搜网、待机等），手机等设备的输出电流会有所不同，这个电流可以通过连接的可调直流稳压电源中的电流表显示出来。也就是说，通过观察可调直流稳压电源的电流表的读数或指针变化，可以大致判断出故障的范围。测量手机开机电流如图 5-4 所示。

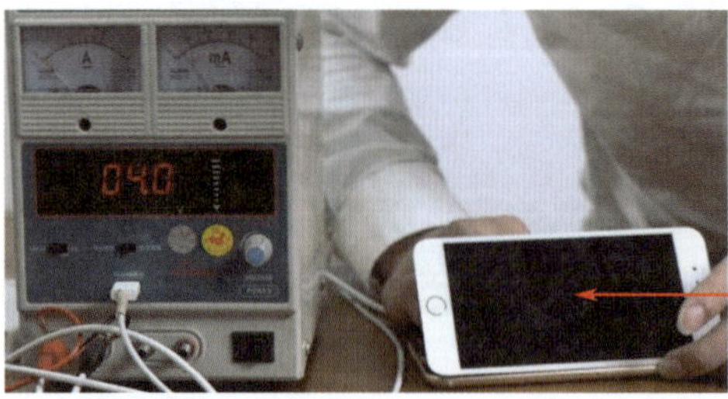

先将可调直流稳压电源的输出电压调到手机设备的供电电压（如3.8V或4V），然后将可调直流稳压电源的供电线连接设备的供电插座（如手机主板的电池插座）。之后按设备的开机键开机，并观察可调直流稳压电源电流表显示的电流变化，根据电流变化判断设备电路是否有短路故障。

图 5-4　测量手机开机电流

5.1.5　测电阻法

测电阻是电路维修过程中常用的方法之一，它主要是通过测量元器件阻值大小的方法来大致判断芯片和电子元器件的好坏，以及判断电路中是否出现严重短路或断路的情况。判断电路或元器件是否短路，粗略的方法是使用数字万用表的蜂鸣挡测量。一般阻值小于 20Ω 时蜂鸣挡会发出蜂鸣声。用万用表测量元器件电阻如图 5-5 所示。

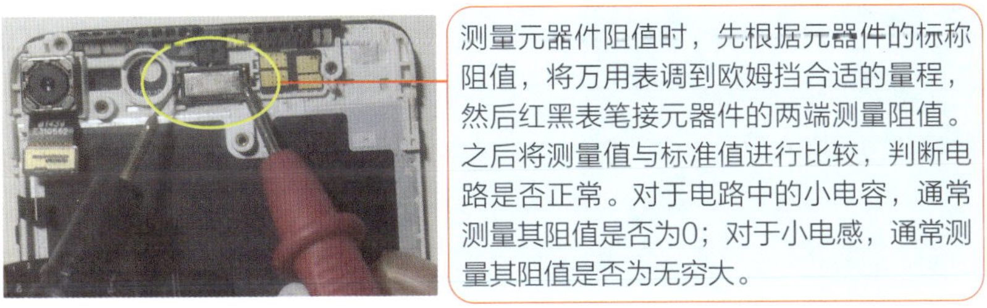

图 5-5　用万用表测量元器件电阻

5.1.6　清洗法

由于智能手机 / 手表 / 手环的结构不能做到全密闭，因此在使用过程中，内部的电路板容易受到外界水汽、酸性气体、汗液、灰尘的不良影响，甚至可能发生设备在使用过程中进水，导致内部电路板中的触点被氧化、接口被腐蚀、元器件进水短路，而造成元器件接触不良、短路损坏、腐蚀损坏等现象。

对于这类故障，通常用清洗法进行排除，清洗时可用刷子蘸取无水酒精、洗板水等刷洗，也可用超声波清洗机进行清洗，如图 5-6 所示。

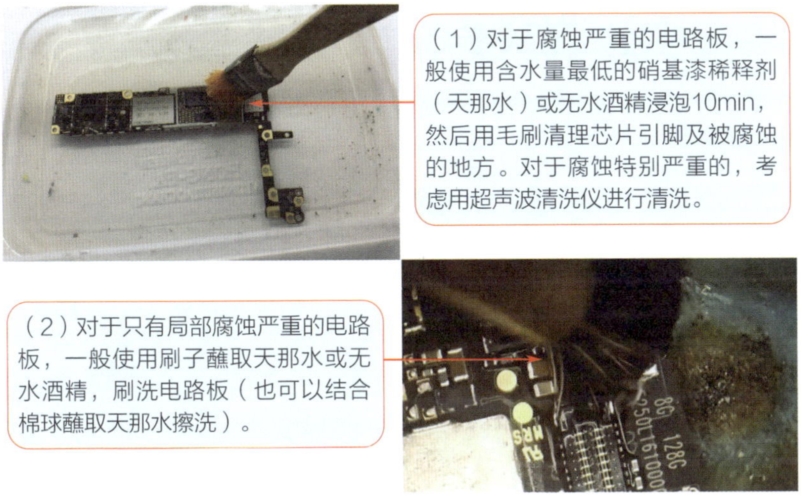

图 5-6　清洗电路板方法

5.1.7　补焊法

由于现在的智能手机 / 手表 / 手环电路的焊点面积很小，因此能够承受的机械应力很小，如果设备被摔导致焊点被挤压，极容易出现虚焊的故障，而且往往虚焊点难以用肉眼发现。采用补焊法可以方便排除故障，如图 5-7 所示。

补焊法是根据故障的现象，通过电路工作原理分析判断出故障可能在哪一单元电路，然后对该单元电路中的关键元器件进行补焊或重新焊接处理。即对相关的、可疑的焊接点均补焊一遍。比如，对电源控制芯片进行补焊时，先在电源控制芯片周围滴一些焊油，然后用热风枪对着芯片转圈吹，进行补焊处理。

图 5-7　给手机电路板补焊

5.1.8　松香法

对于智能手机 / 手表 / 手环主板中有短路元器件的故障，可以通过松香法来查找短路发热的故障元器件。具体方法如图 5-8 所示。

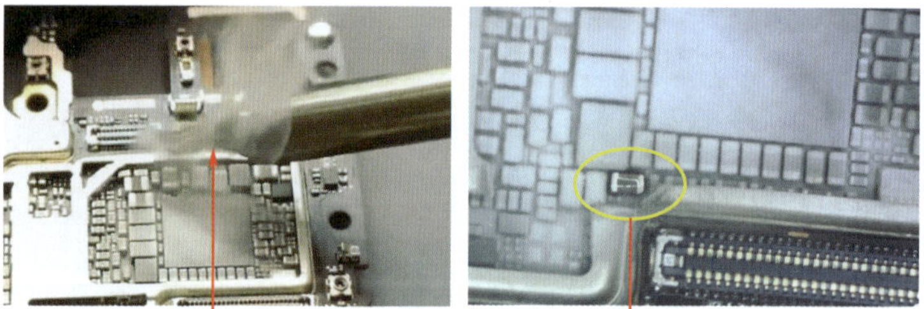

（1）首先将加热的电烙铁插入松香中片刻，然后拔出电烙铁，将冒烟的电烙铁头靠近电路板，用松香的白烟熏烤电路板。当电路板发白后，再次重复上面的操作直到将所要检查的电路板全部熏白。
（2）接着给电路板通电，观察电路板，松香会熔化的元器件就是短路损坏的元器件。

图 5-8　松香法

5.1.9　替换法

替换法就是用好的元器件去替换怀疑有问题的元器件，若故障消失，说明判断正确，否则需要进一步检查、判断。用替换法可以检查电路板中所有元器件的好坏，并且结果一般都是正常无误的。

比如对于智能手表黑屏故障，通过用一块好的液晶屏替换原先的液晶屏，然后开机观察是否有显示，来判断原先的液晶屏是否损坏，以此来找出故障点在液晶屏还是手表主板。

5.2 智能手机 / 手表 / 手环常见故障维修思路

在维修智能手机 / 手表 / 手环常见故障时，可以根据该类设备的故障特点，按照一定的维修流程进行检测，以此来快速找到故障原因，缩短维修时间。本节将总结智能手机 / 手表 / 手环常见故障的维修思路。

1）询问设备故障现象

维修前，先向客户了解故障设备具体的故障现象，以及故障发生时的情况，比如设备是否被摔过，是否进过水，是否升级了系统，是否长时间未使用等，据此来判断故障可能的原因。

2）直观检查设备外观

仔细观察故障设备的外壳，看是否有摔裂、擦伤、进水痕迹，并询问用户这些痕迹产生的原因，由此弄清设备是否被摔过，或进水。被摔过的手机 / 手表 / 手环易造成元器件脱落、断裂、虚焊等现象，进水的手机 / 手表 / 手环会出现各种不同的故障现象，进水腐蚀严重的手机 / 手表 / 手环会损坏集成电路或电路板。检查故障设备外观如图 5-9 所示。

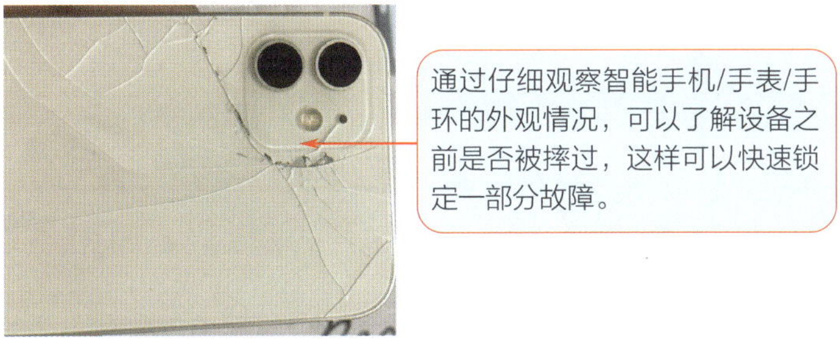

图 5-9　检查故障设备外观

3）打开设备外壳进一步直观检查

在打开智能手机 / 手表 / 手环的外壳后，结合放大镜仔细检查设备内部元器件、接口、排线等部件，如图 5-10 所示。

4）用外接可调稳压电源为设备电路板加电观察开机电流

用外接可调稳压电源为智能手机 / 手表 / 手环电路板加电，然后开机观察开机电流变化，如图 5-11 所示。

（1）仔细观察设备内部有无水渍、被腐蚀等情况，如果有，说明故障可能就是由于元器件或接口腐蚀损坏引起的，重点处理这些故障基本就可以排除故障。
（2）在放大镜下仔细观察电路板有无被挤压的痕迹，有无元器件脱落、焊点开焊、电路板或屏蔽罩变形等情况。如果有，说明设备之前被摔过，重点维修这些部件故障基本就可以排除故障。

图 5-10　检查设备内部

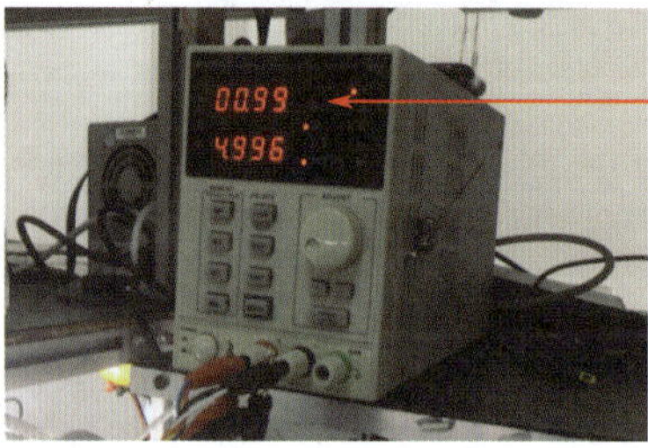

将可调直流稳压电源的供电线连接设备的供电插座（如手机主板的电池插座）为其供电，之后开机，并观察可调直流稳压电源电流表显示的电流变化。如果没有开机电流，则可能是手机电源供电电路或CPU有问题；如果开机电流很大，则说明主板有严重短路的元器件，可以用松香法查找短路的元器件；如果开机电流正常，则故障可能是液晶屏损坏不显示。这样可以快速缩小故障范围。

图 5-11　观察开机电流

5）用万用表静态测量电路

在维修时，可以借助万用表测量电路中的元器件是否损坏，测量电路供电端的对地阻值等，以此来查找故障点，如图 5-12 所示。

（1）先用万用表的二极管挡，测量主板电池接口、液晶屏接口等关键点的对地阻值，以此来判断相关电路是否有短路故障。如果测量电池接口引脚对地阻值为0，说明电池供电电路有短路元器件；如果测量液晶屏接口引脚对地阻值为0，说明液晶屏电路有短路故障。然后对照电路图重点查找问题引脚连接的元器件，这样就可以快速找到故障点。
（2）另外，可以用万用表直接测量所怀疑电路中的元器件，判断是否有短路或断路问题。

图 5-12　测量主板电路

6）通电测量关键点电压或波形

在维修时，可以测量一些关键点的电压值或波形来判断相关电路是否工作正常，以此来查找故障原因，如图 5-13 所示。

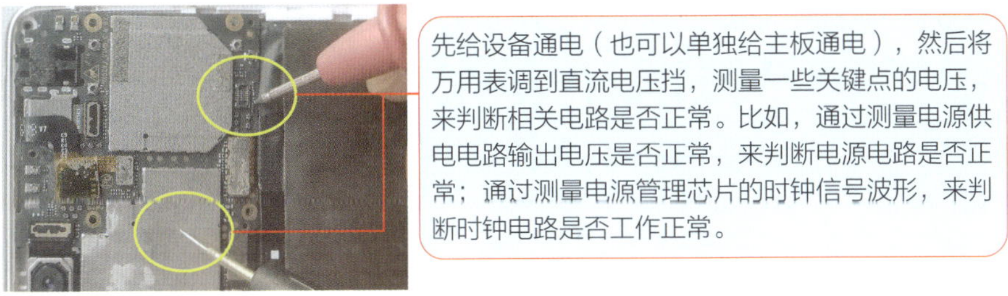

图 5-13　测量关键点电压

7）补焊关键芯片

智能手机 / 手表 / 手环由于进水、被摔或设备发热，经常会引起 CPU 芯片、电源控制芯片、Wi-Fi 芯片等出现虚焊而导致设备出现无法开机、死机、无法联网等故障。对于这类故障，通常只需要根据故障现象对一些关键芯片进行补焊处理，即可解决，如图 5-14 所示。

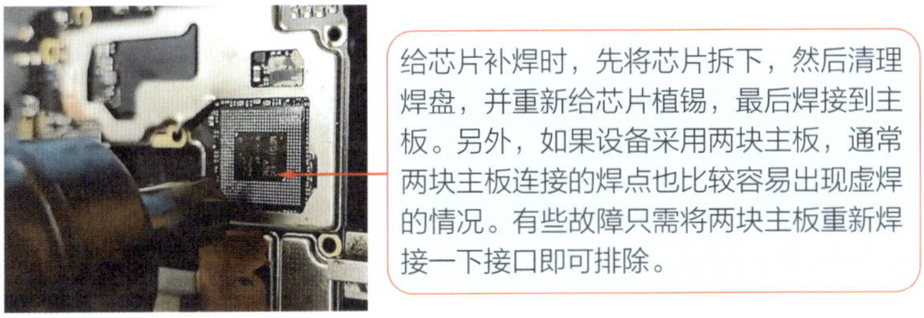

图 5-14　重新焊接芯片

5.3 智能手机开机电流变化规律

在维修智能手机时可以借助可调直流稳压电源来观察手机开机电流变化，根据开机电流变化来查找手机的故障原因。本节将总结一些智能手机电流变化规律。

5.3.1　智能手机正常时电流变化规律

智能手机开机启动过程中电流变化规律如下：

（1）按下开机键时，电流从 10mA 增至 50mA，并维持在 50mA 左右。这时电源控制芯片与 CPU 在正常工作。

（2）当操作系统软件被运行成功后，电流会上升到 100mA 左右，此时手机的 LED 灯点亮。

（3）当手机开始搜网时，电流变为 120 ~ 200mA。

（4）当电流跳跃上升到 200 ~ 250mA 时，说明手机向空中发射信号，与基站联系。

（5）当电流下降到 150mA 左右时，说明手机发射信号完毕，已经找到网络处于待机状态，LED 灯依然亮。

（6）当 LED 灯熄灭时，电流降至 10 ~ 20mA，这时手机已开机启动完毕，处于待机状态。

5.3.2 利用智能手机开机电流变化查找故障

用可调直流稳压电源为智能手机供电，在手机开机启动时，就可以通过可调直流稳压电源中的电流表将智能手机开机电流变化显示出来。也就是说，通过观察可调直流稳压电源的电流表的读数，可以大致判断出智能手机故障的范围。

下面总结一下通过电流变化查找故障的方法。

（1）如果智能手机开机加电时，有很大的电流（一般大于 250mA，最大可达 1.5 ~ 3A），说明手机中有严重的短路故障。重点检查智能手机电路中的电源输出电路中容易短路的元器件，如电源电路中的大滤波电容、电源控制芯片、电感、MOS 管等。

（2）如果按开机键，电流为 20 ~ 30mA 且静止不动，说明电源已经开始工作，但 CPU 还没启动，一般问题出现在 CPU 的供电线路上，以某一路断线较为常见。

（3）如果按开机键，电流上升到 30mA，猛跳到 50 ~ 70mA 后迅速回零，说明 CPU 有问题，这是一种典型的 CPU 故障。

（4）如果按开机键，电流上升到 40 ~ 60mA，并不停地“颤抖”，表明电源开始工作后，CPU 已经开始部分启动，但在读取开机资料时遇到麻烦，CPU 不知道是要继续开机还是执行关机，所以才“颤抖”，电流忽上忽下，这是典型的软件问题，可以通过重写软件修复。

（5）如果按开机键，电流上升到 50mA 左右，稍后变为 0mA，表明逻辑电路存在故障，一般为 CPU、暂存（RAM）、字库（ROM）存在虚焊或损坏。

第二篇 智能手机维修实战

智能手机的技术含量高，设计精密，内部结构复杂，维修要求很高。若想成为一名出色的智能手机维修工程师，需要掌握智能手机各种常见故障的检修流程、故障检测点、故障快速诊断方法及一些维修经验。

这涉及智能手机不开机故障、不显示故障、触摸故障、声音故障、联网故障、充电故障、进水故障、照相故障等常见故障的维修处理。本篇将带您了解和掌握这些智能手机故障的芯片级维修的专业实战知识。

第 6 章 图解智能手机不开机故障维修实战

智能手机不开机故障通常是由供电方面问题、时钟信号方面问题、复位信号方面问题、处理器方面问题、系统软件方面问题等引起的。本章将详细讲解智能手机不开机故障的故障检测点、维修流程图、维修诊断方法和维修实战案例。

6.1 智能手机不开机故障检测点

在检修智能手机不开机故障时，要重点检测电路中故障率较高的元器件，这样可以快速找到故障原因。本节总结智能手机不开机关键元器件检测点，如图 6-1 所示。

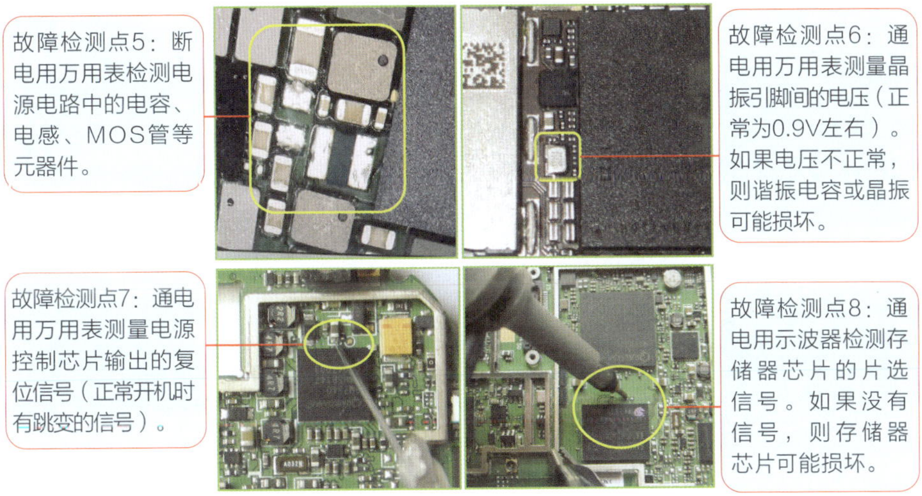

图 6-1　智能手机不开机关键元器件检测点

6.2 智能手机不开机故障维修流程图

造成智能手机不开机故障的原因虽然有很多，但是不同手机的引起不开机故障的原因可能就一个或两个，因此在维修智能手机不开机故障时，需要按一定的检测步骤进行检测。本节总结了智能手机不开机故障维修流程图，供维修手机不开机故障时参考，如图 6-2 所示。

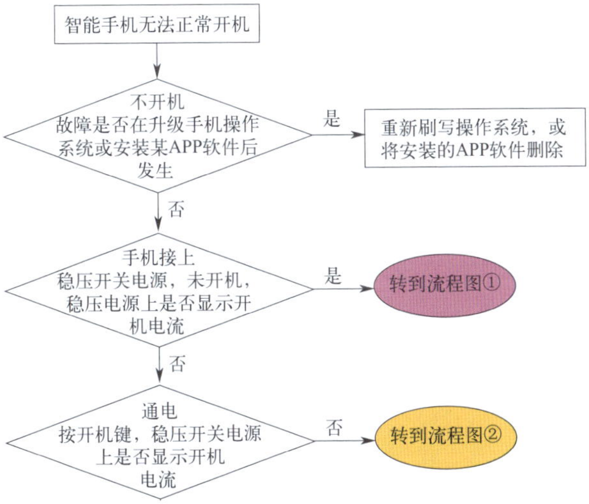

图 6-2

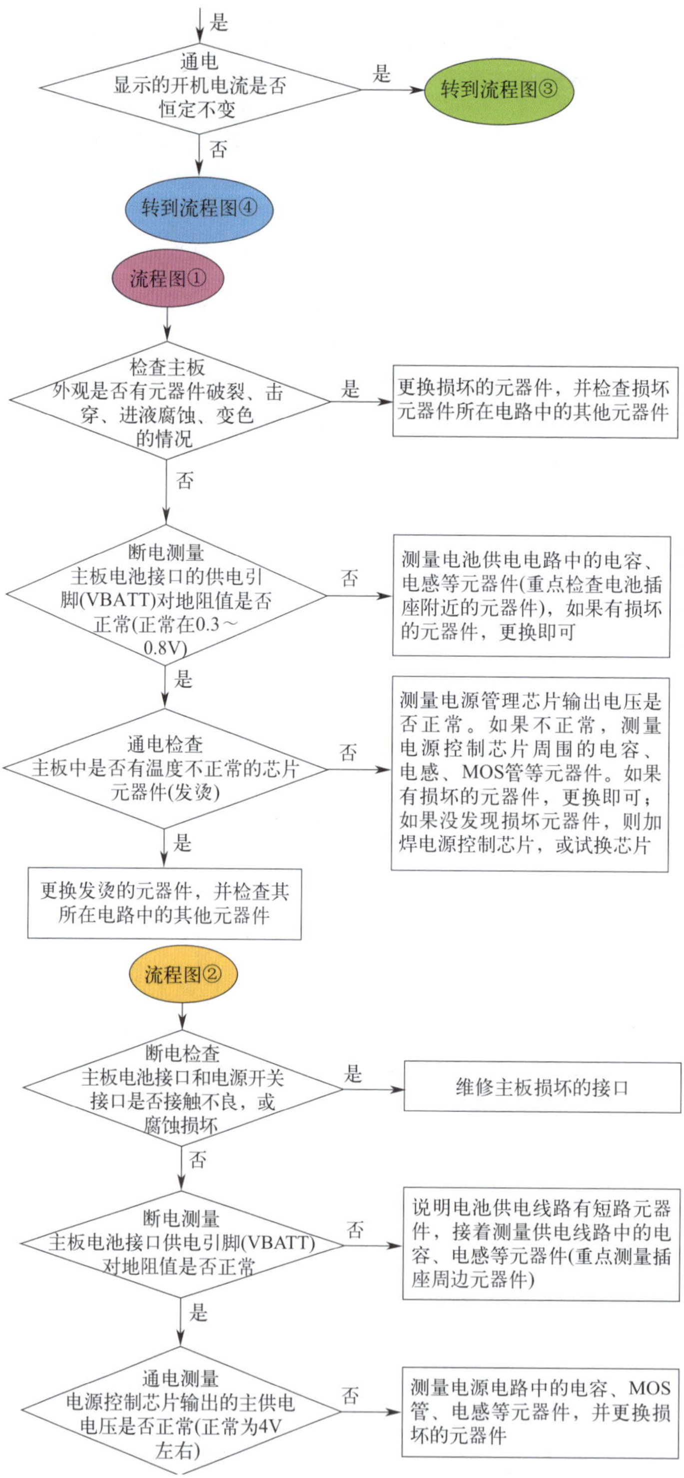
是
通电
显示的开机电流是否
恒定不变
是
转到流程图③
否
转到流程图④
流程图①
检查主板
外观是否有元器件破裂、击
穿、进液腐蚀、变色
的情况
是
更换损坏的元器件，并检查损坏
元器件所在电路中的其他元器件
否
断电测量
主板电池接口的供电引
脚(VBATT)对地阻值是否
正常(正常在0.3～
0.8V)
否
测量电池供电电路中的电容、
电感等元器件(重点检查电池插
座附近的元器件)，如果有损坏
的元器件，更换即可
是
通电检查
主板中是否有温度不正常的芯片
元器件(发烫)
否
测量电源管理芯片输出电压是
否正常。如果不正常，测量
电源控制芯片周围的电容、
电感、MOS管等元器件。如果
有损坏的元器件，更换即可；
如果没发现损坏元器件，则加
焊电源控制芯片，或试换芯片
是
更换发烫的元器件，并检查其
所在电路中的其他元器件
流程图②
断电检查
主板电池接口和电源开关
接口是否接触不良，或
腐蚀损坏
是
维修主板损坏的接口
否
断电测量
主板电池接口供电引脚(VBATT)
对地阻值是否正常
否
说明电池供电线路有短路元器
件，接着测量供电线路中的电
容、电感等元器件(重点测量插
座周边元器件)
是
通电测量
电源控制芯片输出的主供电
电压是否正常(正常为4V
左右)
否
测量电源电路中的电容、MOS
管、电感等元器件，并更换损
坏的元器件

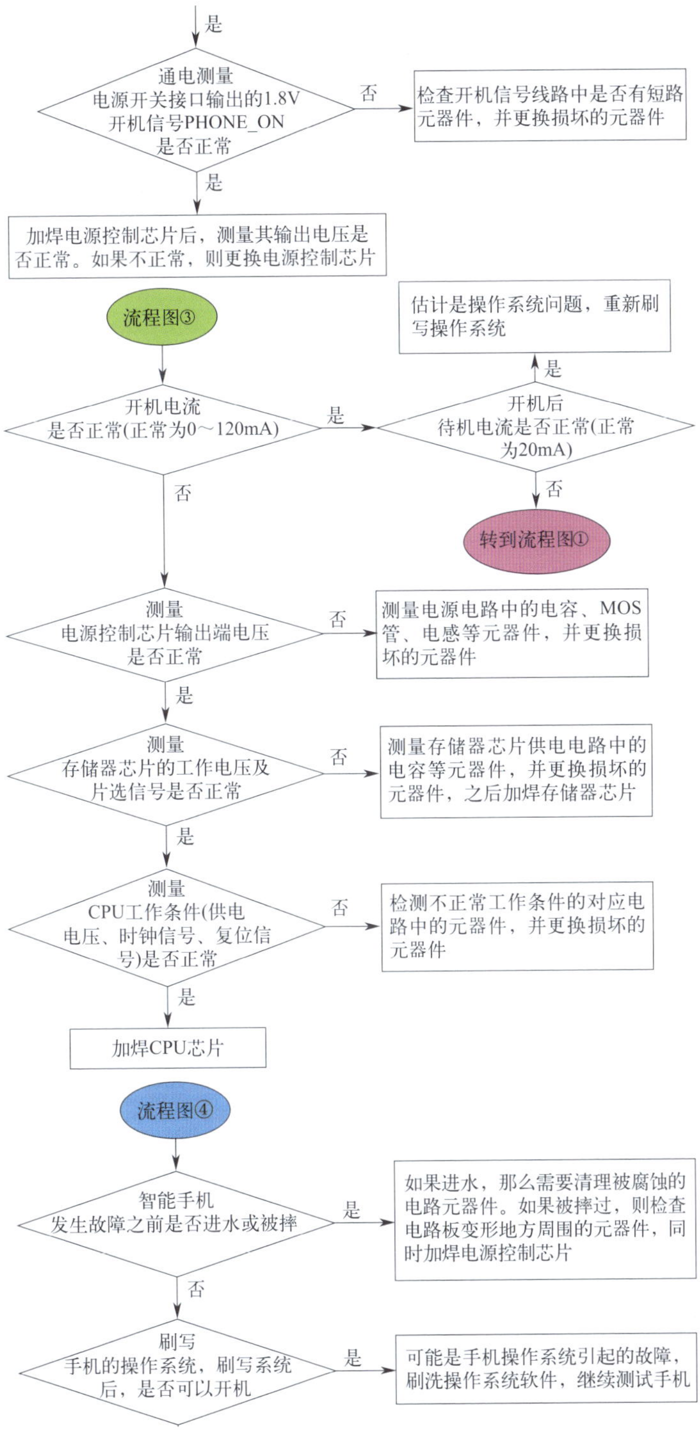
是
通电测量
电源开关接口输出的1.8V
开机信号PHONE_ON
是否正常
否
检查开机信号线路中是否有短路元器件，并更换损坏的元器件
是
加焊电源控制芯片后，测量其输出电压是否正常。如果不正常，则更换电源控制芯片
流程图③
开机电流
是否正常(正常为0～120mA)
是
开机后
待机电流是否正常(正常为20mA)
是
估计是操作系统问题，重新刷写操作系统
否
转到流程图①
否
测量
电源控制芯片输出端电压
是否正常
否
测量电源电路中的电容、MOS管、电感等元器件，并更换损坏的元器件
是
测量
存储器芯片的工作电压及片选信号是否正常
否
测量存储器芯片供电电路中的电容等元器件，并更换损坏的元器件，之后加焊存储器芯片
是
测量
CPU工作条件(供电电压、时钟信号、复位信号)是否正常
否
检测不正常工作条件的对应电路中的元器件，并更换损坏的元器件
是
加焊CPU芯片
流程图④
智能手机
发生故障之前是否进水或被摔
是
如果进水，那么需要清理被腐蚀的电路元器件。如果被摔过，则检查电路板变形地方周围的元器件，同时加焊电源控制芯片
否
刷写
手机的操作系统，刷写系统后，是否可以开机
是
可能是手机操作系统引起的故障，刷洗操作系统软件，继续测试手机

图 6-2

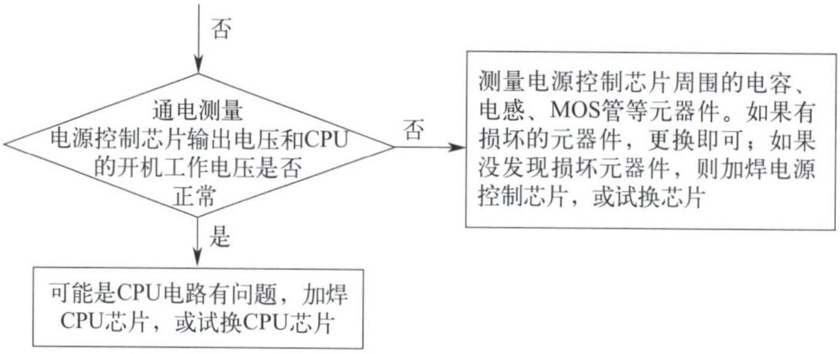

图 6-2　智能手机不开机故障维修流程图

6.3 快速诊断智能手机不开机故障

智能手机开机类故障一般包括不开机故障、重启故障等几个方面，本节将重点讲解智能手机开机类故障维修方法。

6.3.1　快速维修手机不开机故障

智能手机不开机故障可能由操作系统问题引起，也可能由硬件问题引起，如电池接口问题、开机线问题、电源供电电路问题、时钟电路问题、复位电路问题、CPU 电路问题、存储器电路问题等。而硬件问题通常是由手机被摔、进水等引起的。

在维修智能手机不开机故障过程中要遵循先软件后硬件的原则，即先排除手机操作系统软件方面问题，然后再检查硬件方面问题。对于被摔或进水等故障手机，可以直接检查手机硬件方面问题。

在具体检测手机不开机故障时，按下面的方法步骤进行检测。

（1）向客户了解智能手机不开机故障发生前，手机是否被摔过，是否有进水情况发生。如果有就直接检查硬件方面问题，如果没有，则先刷写手机的操作系统软件，如图 6-3 所示。

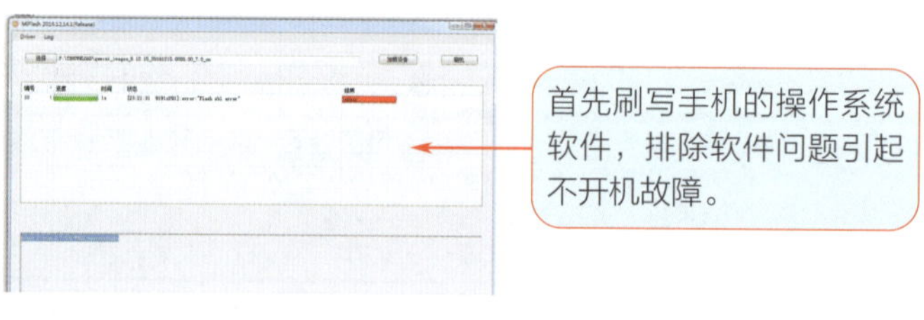

图 6-3　刷写手机操作系统

（2）排除软件方面问题后，接着拆开手机外壳，检查排线、接插件、主板元器件等是否有挤压变形、击穿、进液、水渍、烧黑等现象，如图 6-4 所示。

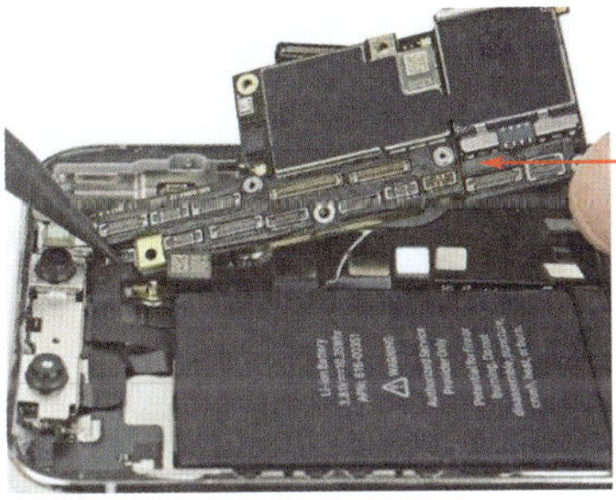

图 6-4　检查手机内部元器件

（3）将手机电池排线拔下，然后连接稳压电源给手机供电，如图 6-5 所示。

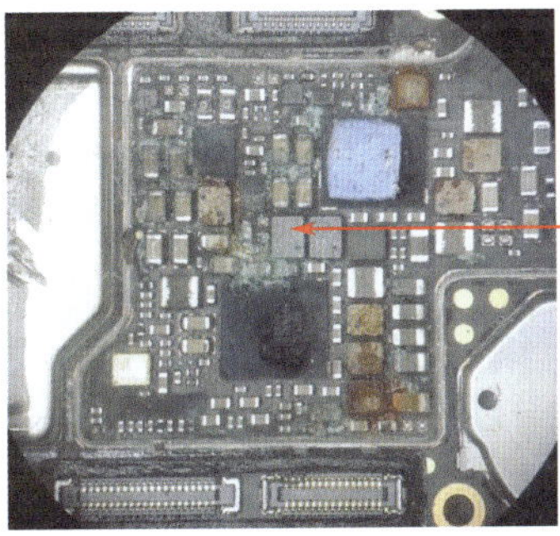

图 6-5　检查通电漏电故障

（4）如果接上稳压开关电源，没有漏电问题，接着按下开关按键，准备检查，如图 6-6 所示。

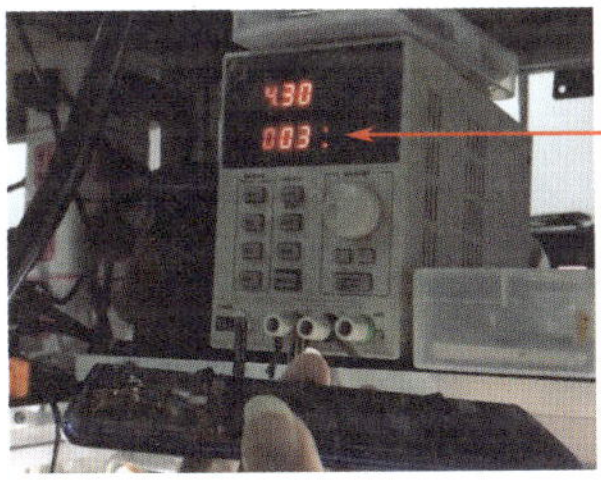

图 6-6　开机测试

（5）如果接稳压开关电源开机时，稳压开关电源电流表显示没有开机电流（即开机电流为 0），则按照图 6-7 所示的方法检查。

（6）如果智能手机开机时有很大的电流，一般大于 200mA，说明手机有很严重的漏电问题。按照图 6-8 所示的方法检查。

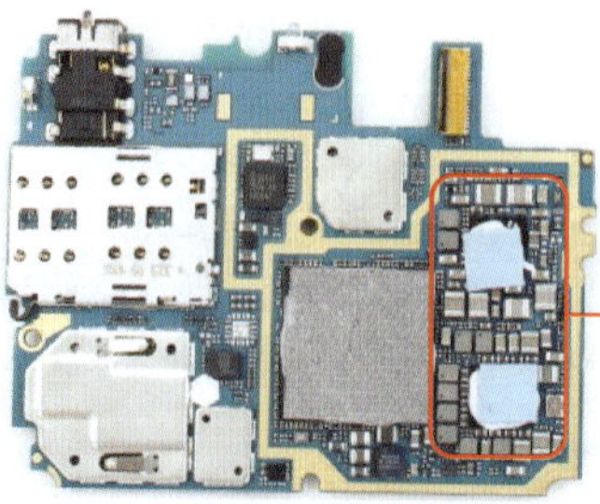

图 6-7　无开机电流检测

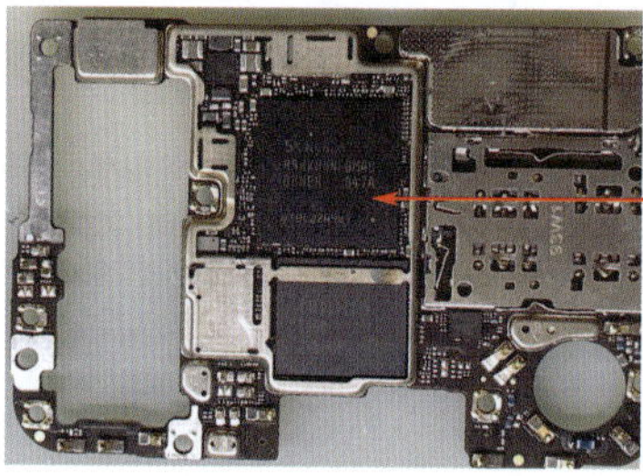

图 6-8　检查手机漏电故障

（7）如果开机电流达到 10 ~ 20mA 后回零，则按照图 6-9 所示的方法检查。

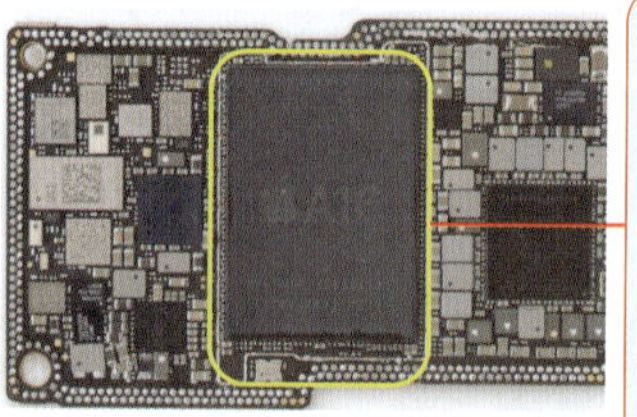

图 6-9　开机电流达到 10 ~ 20mA 后回零故障检测

（8）如果开机电流显示 10 ~ 20mA，停留几秒后回零，则按照图 6-10 所示的方法检查。

（9）如果开机电流显示 20 ~ 30mA 静止不动，则按照图 6-11 所示的方法检查。

（10）如果开机电流上升到 30mA 后，猛跳到 50 ~ 70mA 后迅速回零，则按照如图 6-12 所示的方法检查。

（11）如果开机电流上升到 40 ~ 60mA，并且来回跳变，则按照图 6-13 所示的方法检查。

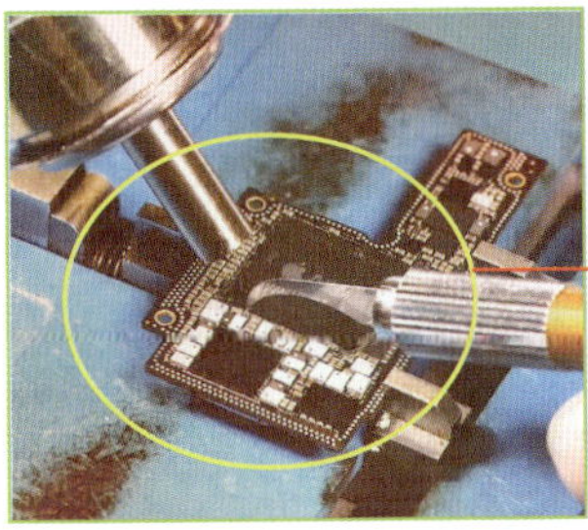

图 6-10　开机电流显示 10 ~ 20mA，停留几秒后回零故障检测

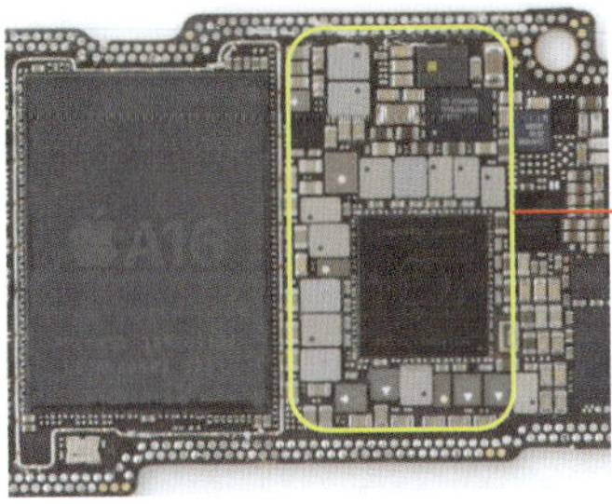

图 6-11　开机电流显示 20 ~ 30mA 静止不动故障检测

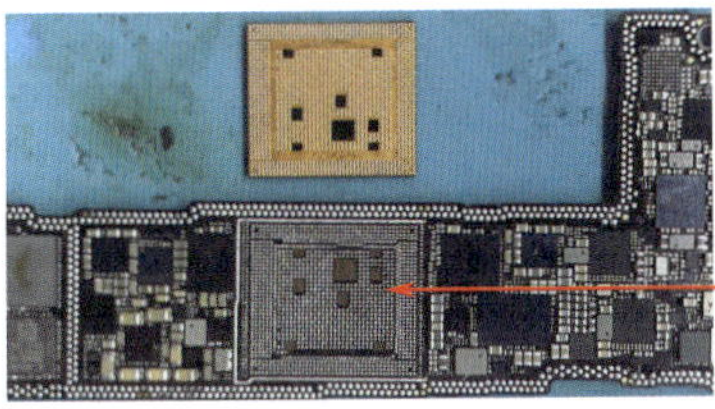

图 6-12　开机电流上升到 30mA 后猛跳到 50 ~ 70mA 后迅速回零故障检测

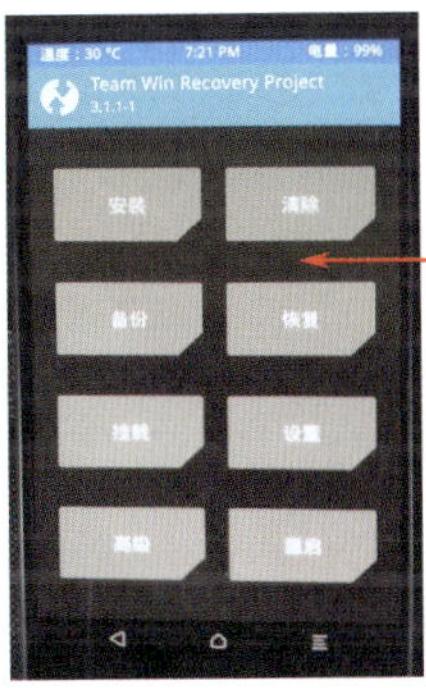

图 6-13　开机电流上升到 40 ~ 60mA 来回跳变故障检测

（12）如果开机电流上升到 40 ~ 60mA 再回零，则按照图 6-14 所示的方法检查。

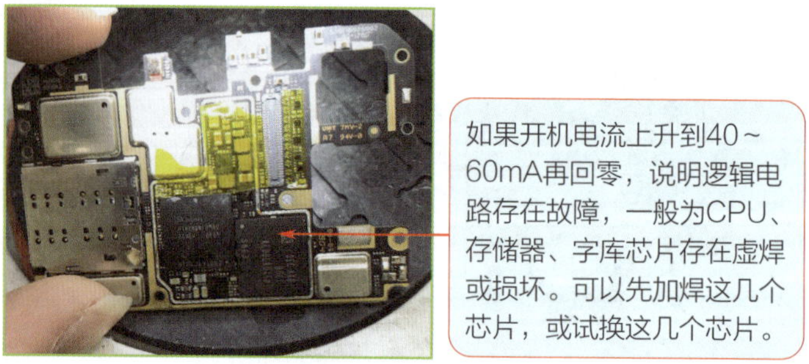

图 6-14　开机电流上升到 40 ～ 60mA 再回零故障检测

（13）如果开机电流上升到 40 ～ 60mA 时会猛跳到 80 ～ 90mA，然后返回 40 ～ 60mA，则按照图 6-15 所示的方法检查。

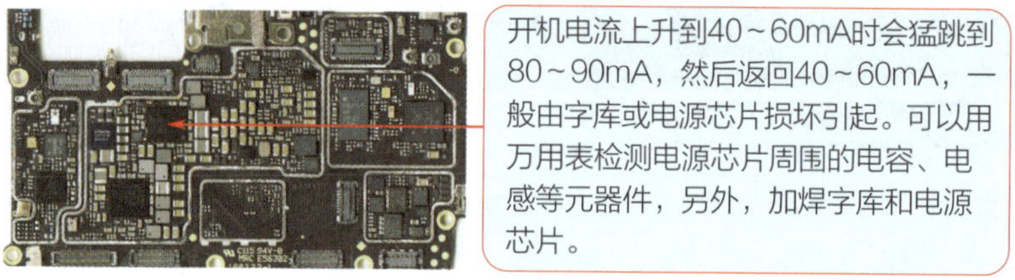

图 6-15　开机电流上升到 40 ～ 60mA 时会猛跳到 80 ～ 90mA，然后返回 40 ～ 60mA 故障检测

6.3.2　快速维修手机重启故障

重启故障一般由操作系统软件问题、I^2C 总线线路问题、Wi-Fi/ 蓝牙芯片工作条件异常、电源控制芯片问题、CPU 供电问题及 CPU 时钟电路问题、存储器芯片问题等引起。在维修手机重启故障时，重点检查这几个方面的电路芯片。

手机重启故障维修方法如下。

（1）刷写手机的操作系统软件，排除软件方面问题引起的重启故障，如图 6-16 所示。

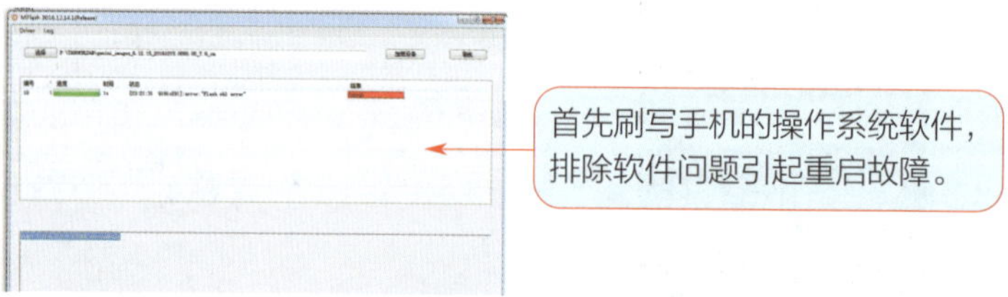

图 6-16　刷写手机操作系统

（2）接上稳压开关电源给主板通电，测量电源开关接口的开关信号，如图 6-17

所示。

用万用表直流电压20V挡，通电测量电源开关接口的开关信号引脚端电压（正常为1.8V左右，测量开机线路中连接的电容端电压即可）。如果测量值较低，则可能是开机线路上有元器件短路（比如电容短路）。

图 6-17　测量开机信号

（3）测量主板的 I²C 信号是否正常，如图 6-18 所示。

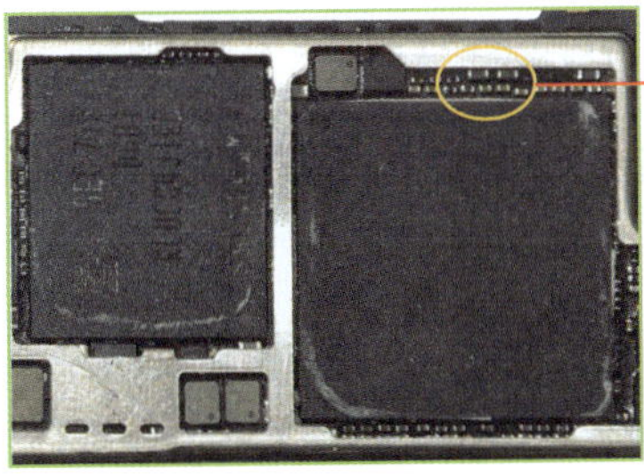

用万用表直流电压20V挡，红表笔接主板CPU周边的I²C信号线上连接的上拉电阻，黑表笔接地，通电测量I²C信号线电压（正常为1.8V左右）。如果电压不正常，检查I²C线路上拉电阻是否损坏，若上拉电阻正常，则是CPU问题，加焊或更换CPU。

图 6-18　检测 I²C 信号

（4）测量 Wi-Fi 芯片的工作电压及时钟信号是否正常，如图 6-19 所示。

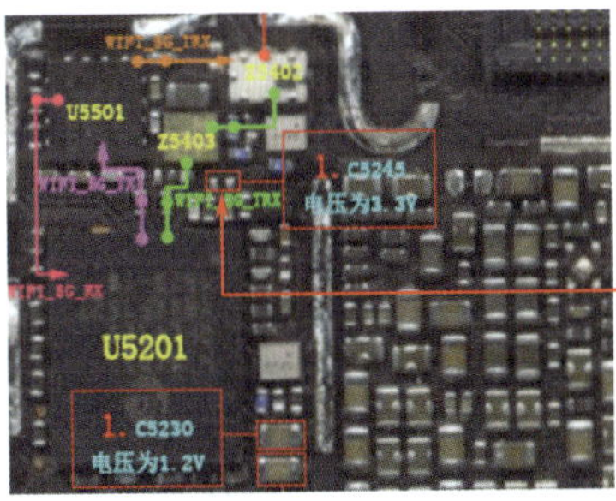

用万用表直流电压20V挡，红表笔接Wi-Fi芯片供电电路中电容一端，黑表笔接地，通电测量Wi-Fi芯片的工作电压是否正常（正常为3.3V）。如果不正常,则检查供电电路中的电容、电感等元器件，如果没有损坏，则加焊或更换Wi-Fi芯片。另外测量一下Wi-Fi芯片边上的晶振两端的电压（正常为0.9V），如果不正常，检查谐振电容是否短路损坏，如果电容没有短路则可能是晶振损坏。

图 6-19　测量 Wi-Fi 电路是否正常

（5）测量 CPU 的工作电压是否正常，时钟信号是否正常，如图 6-20 所示。

（6）如果以上测量均正常，则可能是存储器芯片故障，对存储器芯片进行加焊处理，如果不行，则试换存储器芯片。

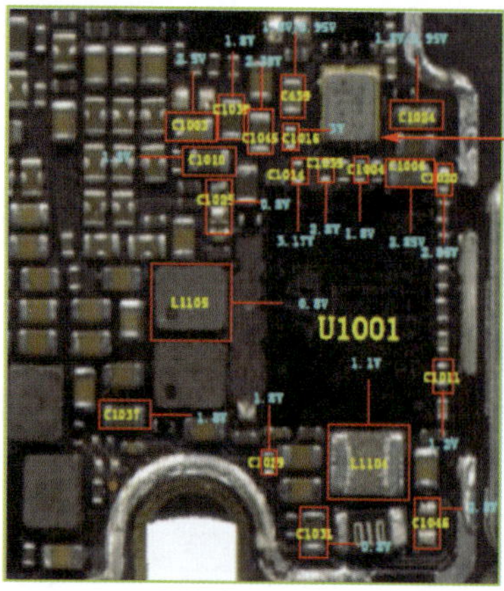

用万用表直流电压20V挡，红表笔接CPU供电电路中电容一端，黑表笔接地，通电测量CPU的工作电压是否正常（正常为0.7~1.5V）。如果不正常，检查供电电路中的电容、电感等元器件是否有性能不良的，将其更换；如果正常，接着用示波器测量CPU的时钟信号是否正常（正常为矩形波或正弦波），如果时钟信号不正常，则测量晶振和谐振电容，如果时钟信号正常，则可能是CPU有问题，加焊CPU。

图 6-20　测量 CPU 工作电压

6.4 动手维修：不开机故障检测维修实战案例

造成手机不开机故障的原因有很多，前面章节已经做了分析，本节将通过几个典型实例来讲解手机不开机故障的检测维修过程，帮助大家总结一些手机不开机故障维修经验。

6.4.1 被摔导致手机不开机故障维修实战

一台 iPhone 手机无法开机，客户描述手机被摔后，就无法开机了。怀疑内部元器件被磕碰而发生断路等问题。

此故障的维修方法如下。

第 1 步：拆开手机外壳，检查手机内部主板等部件是否有损坏的地方，如图 6-21 所示。

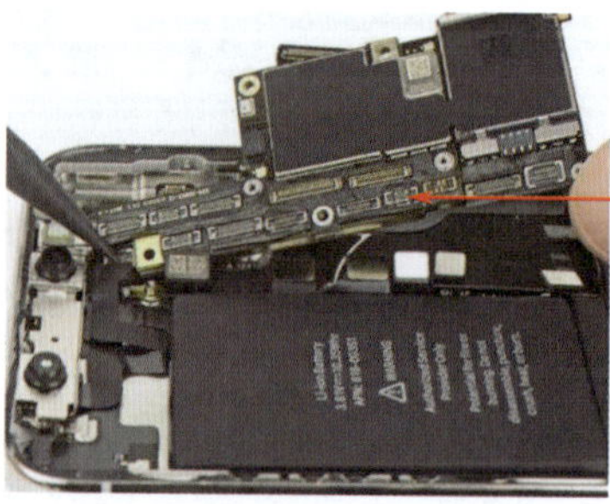

拆开手机外壳，检查主板、电池、接插件、摄像头等部件，是否有变形、断裂、脱焊等损坏情况。经检查，未发现明显损坏的地方。

图 6-21　检查手机内部部件

第 2 步：一般手机被摔后不开机，主板中元器件焊点被摔脱落的情况较多。将双层主电路板分开检查，如图 6-22 所示。

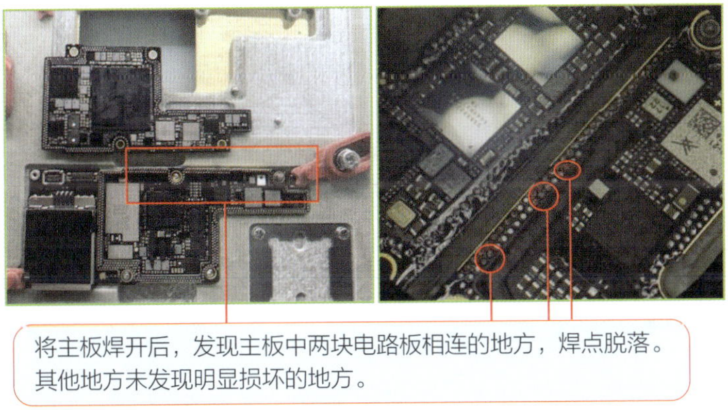

图 6-22　焊开主板检查

第 3 步：将脱落的焊点补好，然后给两块电路板通电测试，如图 6-23 所示。

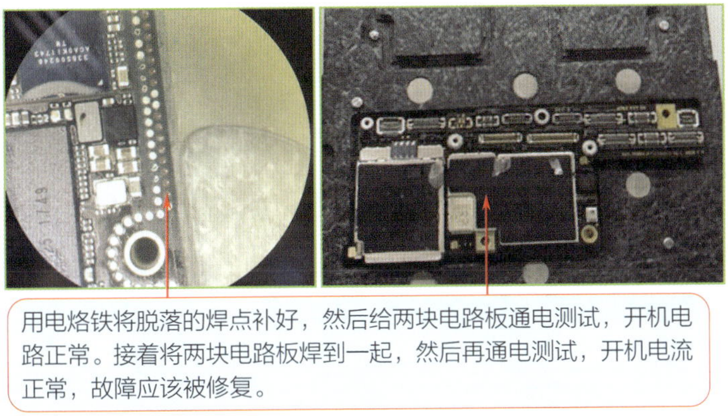

图 6-23　修复脱落焊点通电测试

第 4 步：将手机装好，然后开机测试。手机可以正常开机，运行也正常，故障排除。

6.4.2　盲测主板元器件维修手机不开机故障维修实战

一台荣耀手机无法开机，客户描述手机无缘无故就不开机了，插充电器没反应，也无法开机。由于按电源开关后，没有开机迹象，说明不是软件方面的问题。接着排除充电线方面的问题后，重点排查手机电池及内部元器件的问题。

此故障的维修方法如下。

第 1 步：将手机外壳拆开，然后检查主板接插件、电池等元件，未发现明显损坏的部件。接着接上稳压开关电源开机进行测试，如图 6-24 所示。

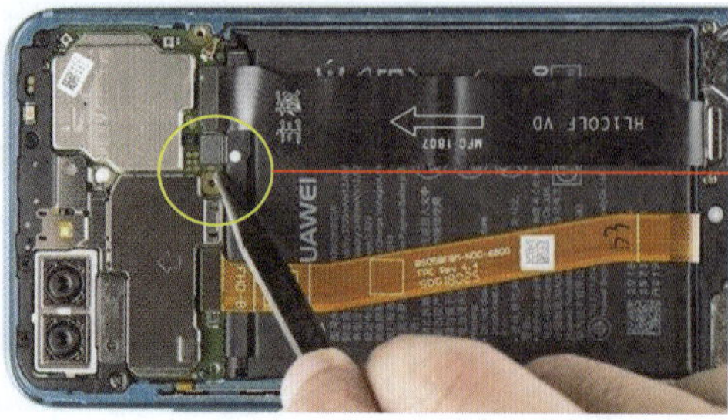

拔下主板电池排线接头，然后将手机连接稳压开关电源。将稳压开关电源的正极钳夹在镊子的一端，然后接主板电池插座的正极引脚，镊子的另一端接触主板的接地端为主板供电。观察稳压开关电源的电流表，发现电流很大，说明手机主板中有短路故障。

图 6-24　通电观察电流

第 2 步：拆下主板，仔细检查主板中的电容、电阻等元器件，如图 6-25 所示。

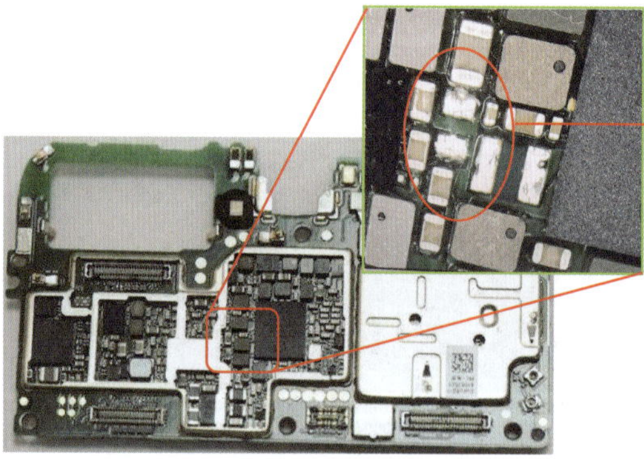

经检查，未发现明显变形、开裂、烧黑等损坏的元器件。由于一般不开机故障多数都与电源有关，接着将万用表调到蜂鸣挡，测量电源控制芯片周围的电容等元器件，发现一个短路的电容。

图 6-25　测量电源电路中元器件

第 3 步：对照手机电路板点位图和电路原理图，发现损坏的电容属于给射频电路供电的电路。因此怀疑射频电路可能有问题，重点检查射频电路中的元器件，如图 6-26 所示。

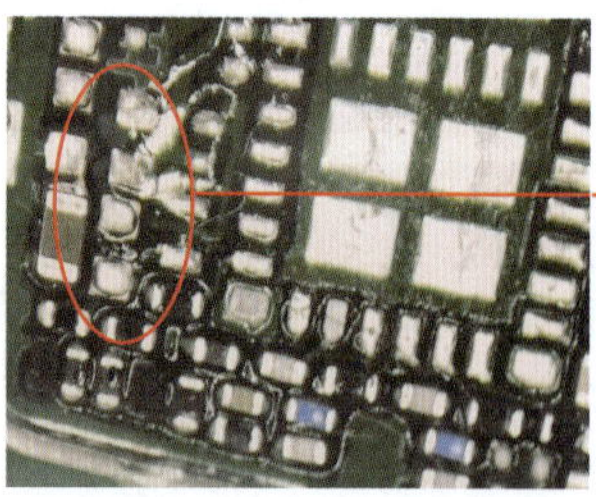

用万用表蜂鸣挡检测射频电路，发现在射频功率放大器 RF5422芯片边上有两个电容器也短路了。而且根据图纸来看，这两个损坏电容是给该芯片供电的。

图 6-26　检测射频电路

第 4 步：拆下损坏的电容，然后将主板安装到手机，接上稳压开关电源再次开机测试电流，发现开机电流依旧很大，看来还是有短路的元器件，继续检查主板，如图 6-27 所示。

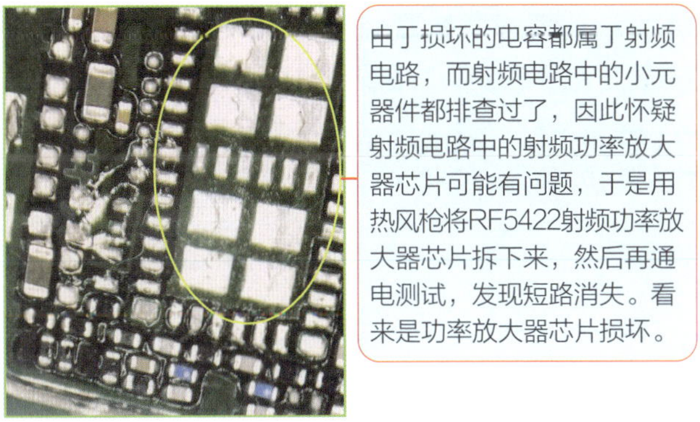

图 6-27　检查射频功率放大器芯片

第 5 步：将损坏的元器件都更换后，开机测试，可以正常开机启动，故障排除。

6.4.3　熏松香法维修手机不开机故障维修实战

一台 iPhone 手机无法开机，经过观察未发现进水迹象，也没有发现摔碰的痕迹，准备先连接稳压开关电源观察一下开机电流，然后再根据开机电流检查故障。

此故障的维修方法如下。

第 1 步：将手机屏幕拆开，并接上稳压开关电源供电，然后开机观察稳压电源电流表显示的开机电流，如图 6-28 所示。

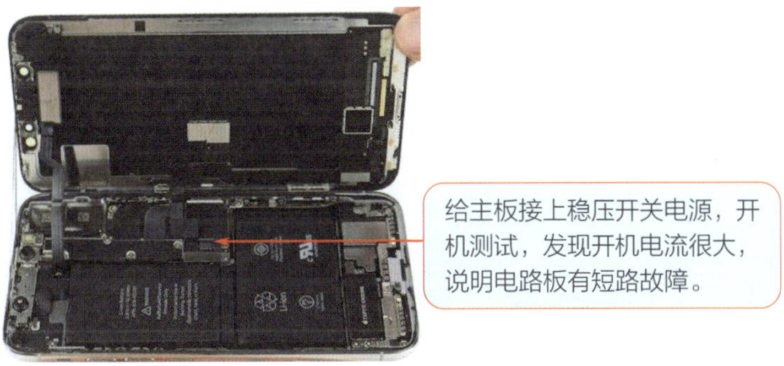

图 6-28　开机看开机电流

第 2 步：拆下主板，拆下密封盖，然后观察主板中的元器件，如图 6-29 所示。

观察主板中的元器件，未发现烧黑、开焊、变形等明显损坏的元器件。然后单独给主板接稳压开关电源，发现依然短路，并且用手摸主板中的元器件并未发现明显发烫的元器件。接下来用热风枪加热主板，将主板分开，检查两块主板连接处焊点，也未发现脱焊的情况。

图 6-29　检查主板中元器件

第 3 步：由于不开机故障多数与供电有关，接下来在主板电源电路上面熏一遍松香，然后再接稳压开关电源，上电观察主板变化，如图 6-30 所示。

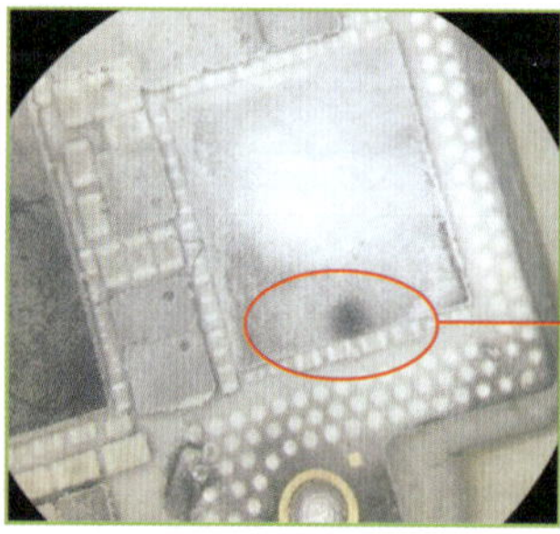

将加热的电烙铁头插入松香中，然后拔出，靠近主板的电源电路，用冒起的白烟熏电源电路中的元器件，把元器件上面熏白。然后给主板接上稳压开关电源，上电观察主板。发现主电源控制芯片上有一处松香瞬间熔化，说明主电源控制芯片内部有短路问题。

图 6-30　查找短路故障点

第 4 步：将主电源控制芯片更换后，通电测试，如图 6-31 所示。

用热风枪将主电源控制芯片拆下，并更换一个全新的电源控制芯片，然后给主板再接上稳压开关电源，开机测试，发现开机电流正常了。接着把显示屏接上测试，可以正常开机。接下来将手机安装好，再次开机测试，可以正常开机，运行各种软件均正常，故障排除。

图 6-31　更换电源控制芯片并测试

6.4.4　手机不开机故障维修实战

一台红米手机按开关键，液晶屏没有反应，也没有开机振动，手机没有开机。

此故障的维修方法如下。

第 1 步：按开关键开机，检查手机的故障现象，如图 6-32 所示。

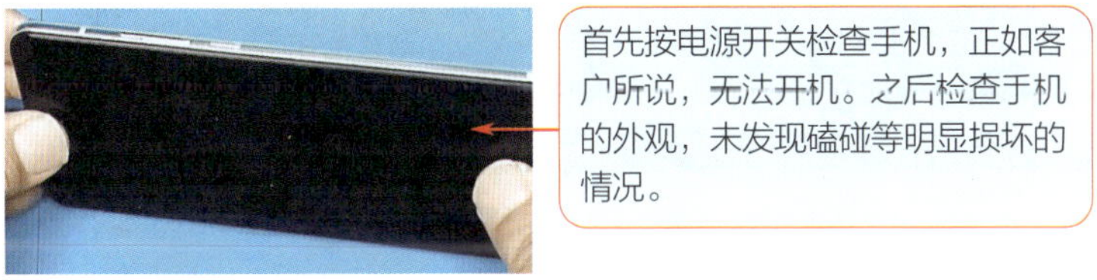

图 6-32　检查手机故障现象

第 2 步：拆开手机，然后拆下主板，检查主板，如图 6-33 所示。

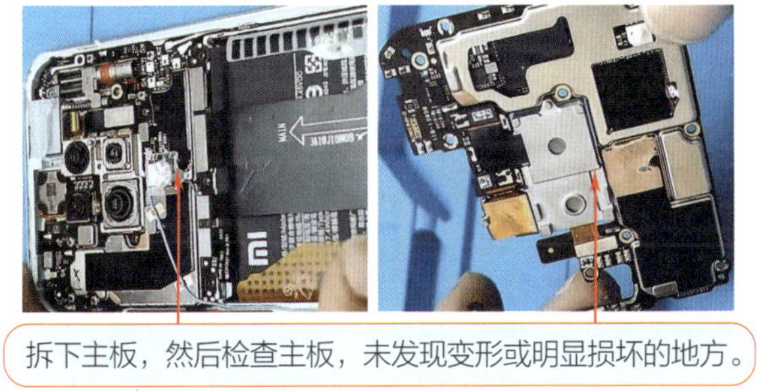

图 6-33　检查主板

第 3 步：用可调稳压电源为主板供电，然后开机观察可调稳压电源电流表显示的开机电流变化，如图 6-34 所示。

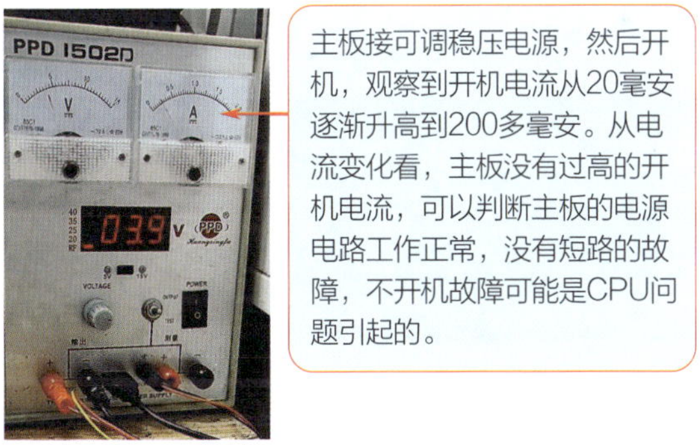

图 6-34　检查开机电流

第 4 步：将 CPU 和存储器芯片拆下，如图 6-35 所示。

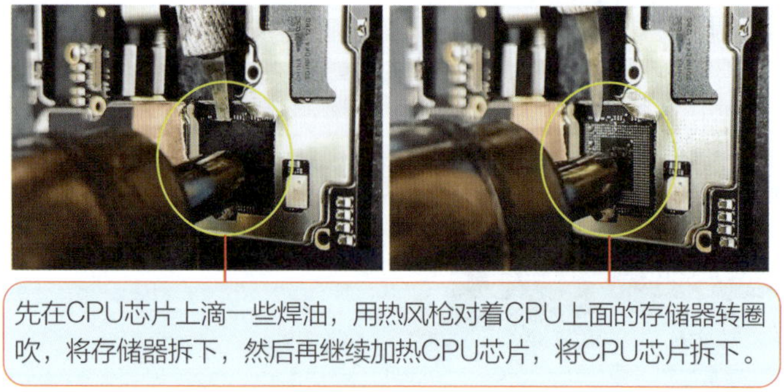

图 6-35 焊下 CPU 芯片

第 5 步：清理主板 CPU 焊盘及存储器芯片的焊盘，如图 6-36 所示。

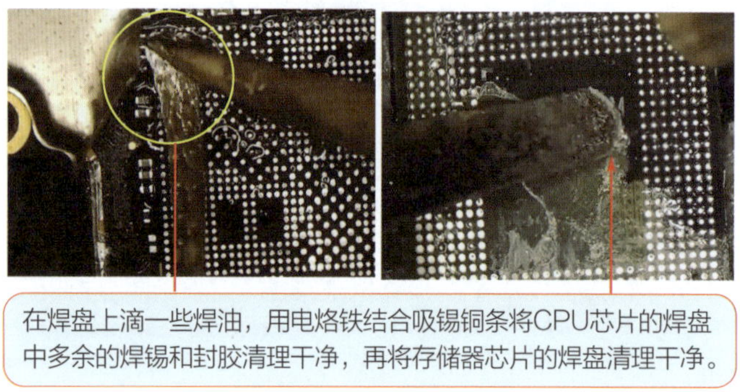

图 6-36 清洁焊盘

第 6 步：清理焊盘后，开始给 CPU 和存储器芯片植锡，如图 6-37 所示。

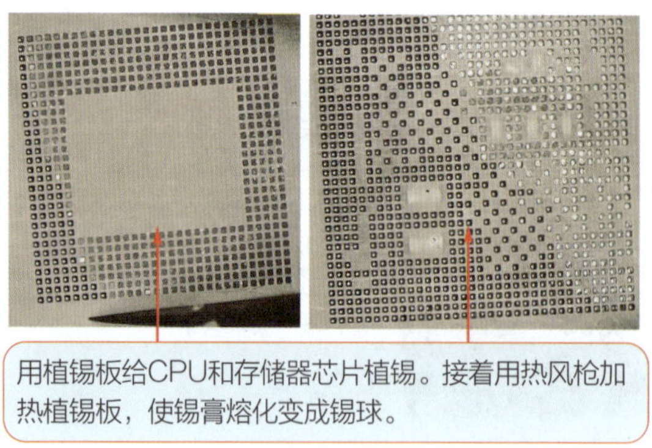

图 6-37 给 CPU 和存储器芯片植锡

第 7 步：焊接 CPU 芯片，如图 6-38 所示。

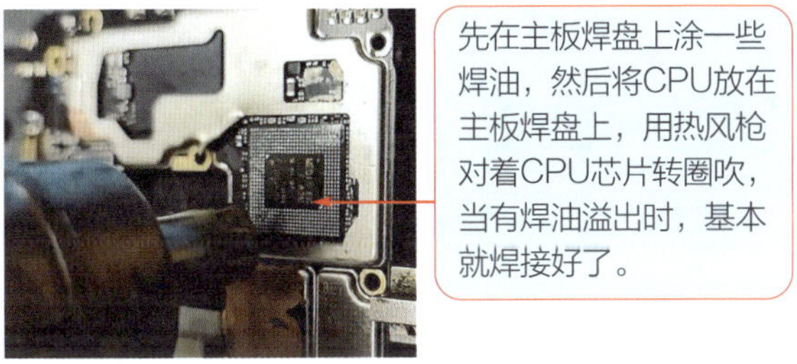

图 6-38　焊接 CPU 芯片

第 8 步：焊接存储器芯片，如图 6-39 所示。

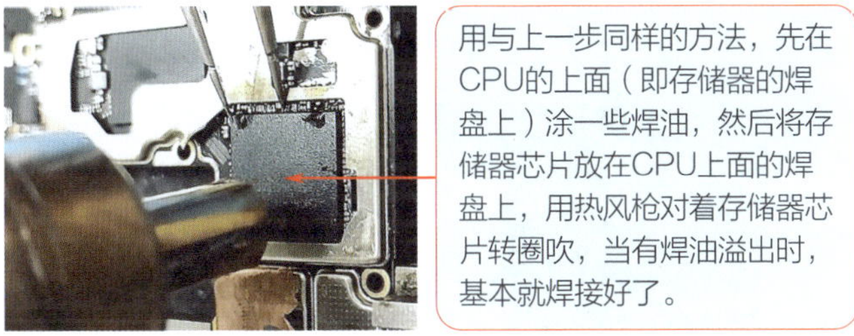

图 6-39　焊接存储器芯片

第 9 步：在存储器芯片上面涂一些散热硅脂，然后将主板安装好，开机测试，如图 6-40 所示。

图 6-40　测试手机

6.4.5　手机黑屏不开机故障维修实战

一台荣耀手机按开关键，液晶屏黑屏没有显示，也没有开机振动，不开机。

此故障的维修方法如下。

第 1 步：按开关键开机，检查手机的故障现象。手机无法开机，观察手机，未发现磕碰或进水的情况。

第 2 步：拆开手机，然后拆下主板，检查主板，如图 6-41 所示。

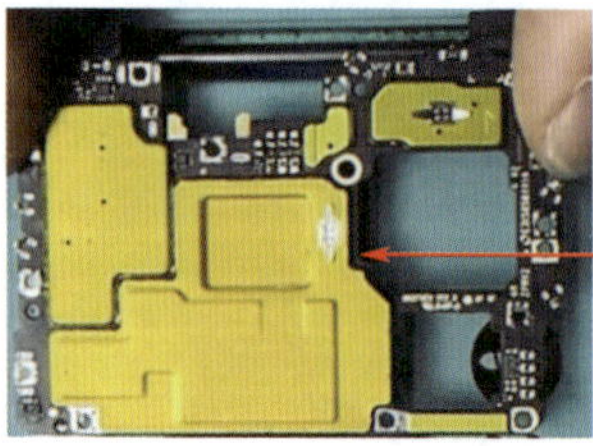

图 6-41　检查主板

第 3 步：将主板连接可调稳压电源，然后观察开机电流变化，如图 6-42 所示。

图 6-42　检查开机电流

第 4 步：将 CPU 芯片拆下，如图 6-43 所示。

图 6-43　焊下 CPU 芯片

第 5 步：清理主板 CPU 焊盘，如图 6-44 所示。
第 6 步：给 CPU 芯片植锡，如图 6-45 所示。
第 7 步：将 CPU 芯片焊接到主板上，如图 6-46 所示。

图 6-44　清洁焊盘

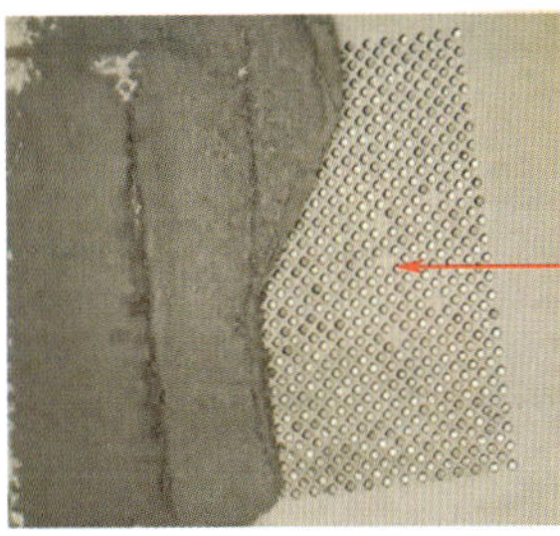

图 6-45　给 CPU 芯片植锡

图 6-46　焊接 CPU

第 8 步：在 CPU 芯片上面涂一些散热硅脂，然后将主板安装好，开机测试，如图 6-47 所示。

图 6-47　测试手机

6.4.6 手机突然不开机故障维修实战

一台华为手机之前被摔，液晶屏损坏，更换液晶屏使用了半年后，突然不开机了。此故障的维修方法如下。

第1步：将手机连接充电线，按开关键开机，检查手机的故障现象，如图6-48所示。

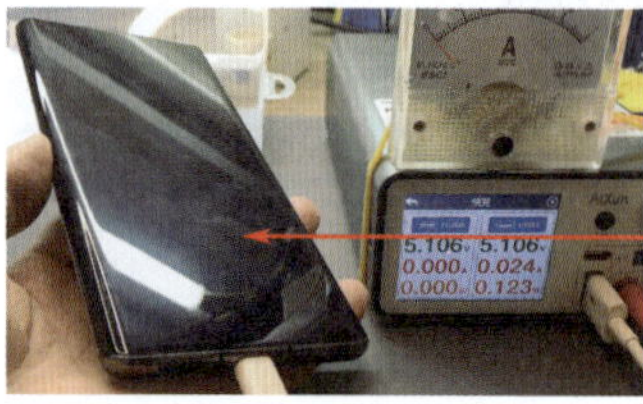

图6-48 检查手机故障现象

第2步：拆开手机准备检查，如图6-49所示。

图6-49 拆开手机

第3步：拆开手机后，先用可调稳压电源为手机主板供电，然后开机观察可调稳压电源电流表显示的开机电流变化，如图6-50所示。

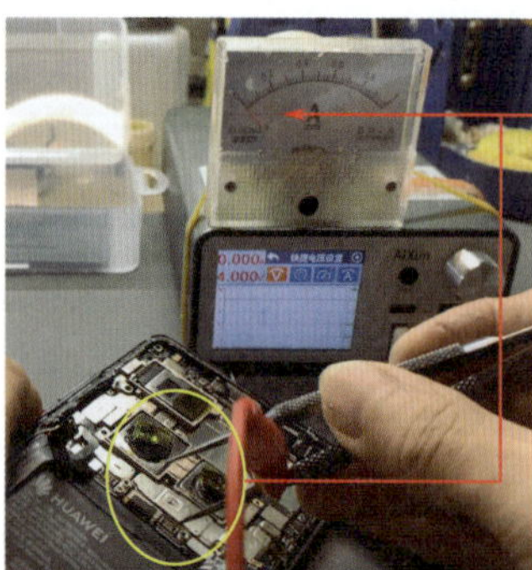

图6-50 检查开机电流

第 4 步：拆下主板，检查主板的外观，如图 6-51 所示。

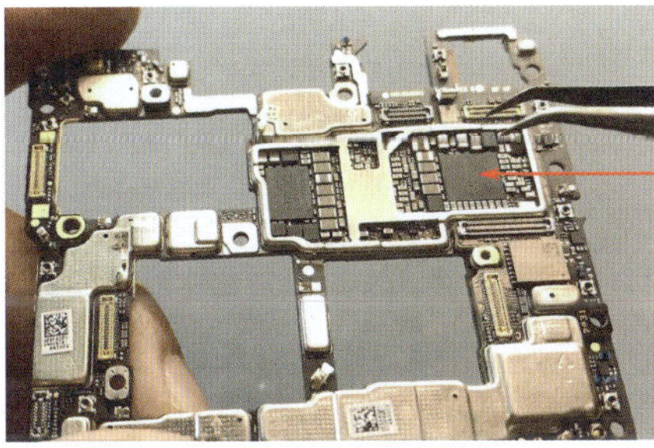

图 6-51　检查主板

第 5 步：用万用表检测主板电源电路中的电容等元器件，如图 6-52 所示。

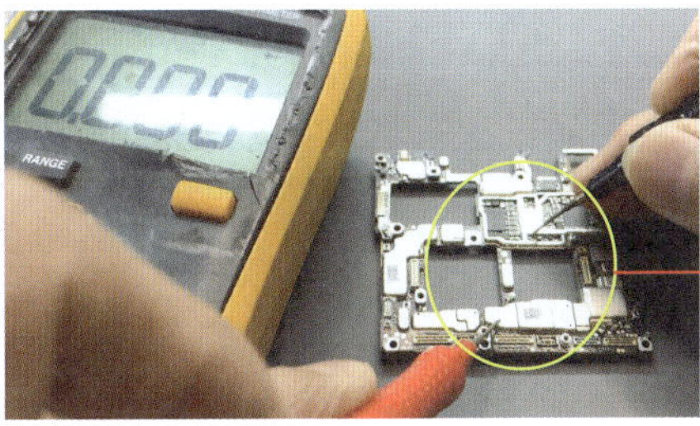

图 6-52　检测电源电路中的元器件

第 6 步：对照电路图查找与此电容器连接的相关元器件，如图 6-53 所示。

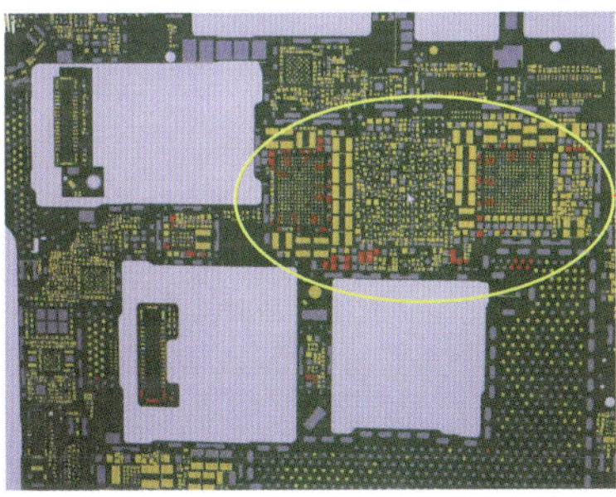

图 6-53　从电路图中查找相关元器件

第 7 步：准备用松香法查找故障元器件，先将电路板熏白，如图 6-54 所示。

第 8 步：用可调稳压电源给主板供电，找出短路的元器件，如图 6-55 所示。

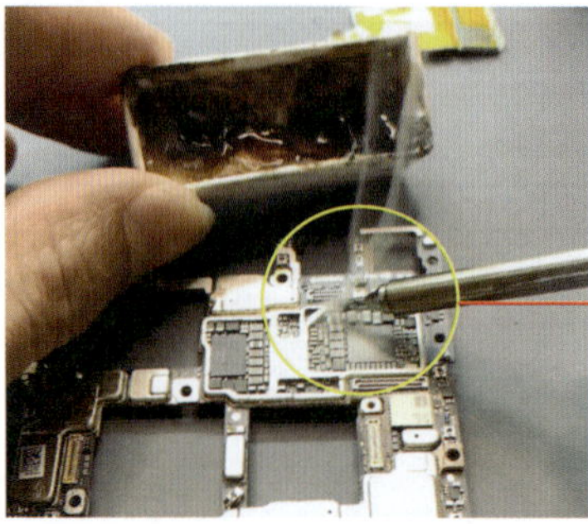

用电烙铁蘸取松香，然后靠近电路板中怀疑有问题的电路，将其熏白。

图 6-54　将电路板熏白

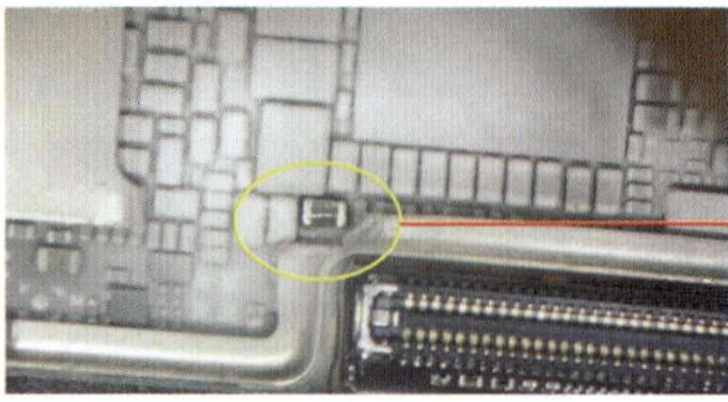

将可调稳压电源的电压设置为1.8V，电流设置为3～10A。然后将可调稳压电源的负极钳夹住主板的接地端，正极钳夹住镊子的一端，然后用镊子接问题电容，给电容所在电路通电进行检测。发现有一个电容器上的松香熔化，说明此电容短路损坏。

图 6-55　通电查找短路元器件

第 9 步：将短路的电容器拆下，更换一个相同大小、相同颜色的电容，如图 6-56 所示。

用热风枪将损坏的电容器拆下，然后更换一个相同大小、相同颜色的贴片电容。

图 6-56　更换故障电容

第 10 步：清洁主板，如图 6-57 所示。

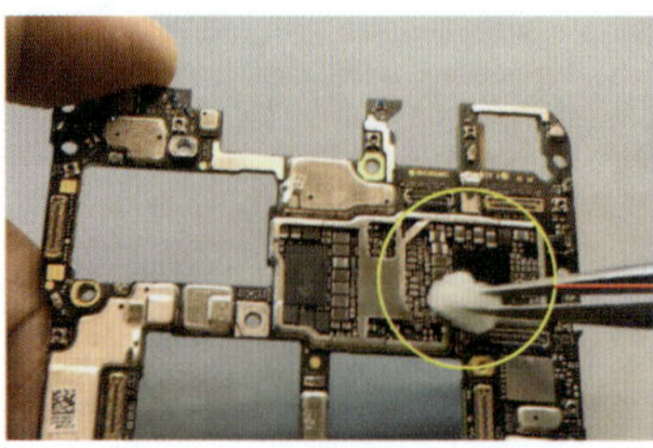

用棉签蘸取洗板水，擦洗更换的电容器的焊点及周围电路板，清洁电路板。

图 6-57　清洁主板

第 11 步：测量主板对地阻值是否恢复正常，如图 6-58 所示。

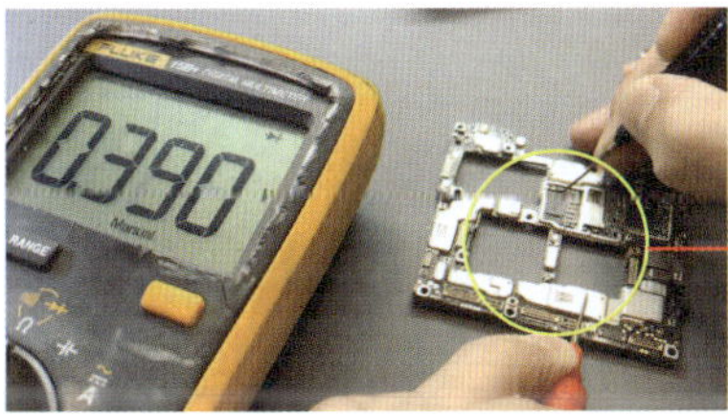

图 6-58　测试主板

第 12 步：将主板装到手机中，然后测试手机，如图 6-59 所示。

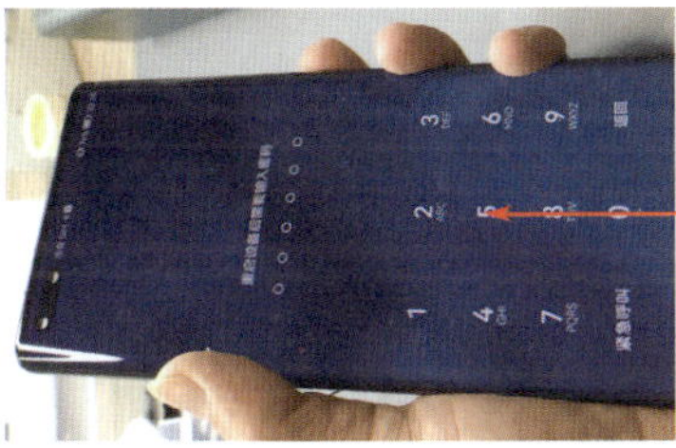

图 6-59　测试手机

第 7 章

图解手机液晶屏与触摸屏故障维修实战

智能手机液晶屏与触摸屏故障主要表现为手机屏幕显示不正常，或不显示，手机无法触摸操控，或触摸操控不灵敏等。液晶屏与触摸屏故障通常由接口问题、排线问题、CPU 问题、显示电路问题、显示屏问题、触摸屏问题等引起。本章将详细讲解液晶屏与触摸屏故障的故障检测点、维修流程图、维修诊断方法和维修实战案例。

7.1 智能手机液晶屏与触摸屏故障检测点

图 7-1　智能手机液晶屏与触膜屏关键元器件检测点

在检修智能手机液晶屏与触摸屏故障时，要重点检测电路中故障率较高的元器件，这样可以快速找到故障原因。本节总结智能手机液晶屏与触摸屏关键元器件检测点，如图 7-1 所示。

7.2 智能手机液晶屏与触摸屏故障维修流程图

造成智能手机液晶屏与触摸屏故障的原因有很多，在维修液晶屏与触摸屏故障时，可以按照一定的步骤逐步进行检查，排除故障。本节总结了智能手机液晶屏与触摸屏故障维修流程图，供维修手机液晶屏与触摸屏故障时参考，如图 7-2 所示。

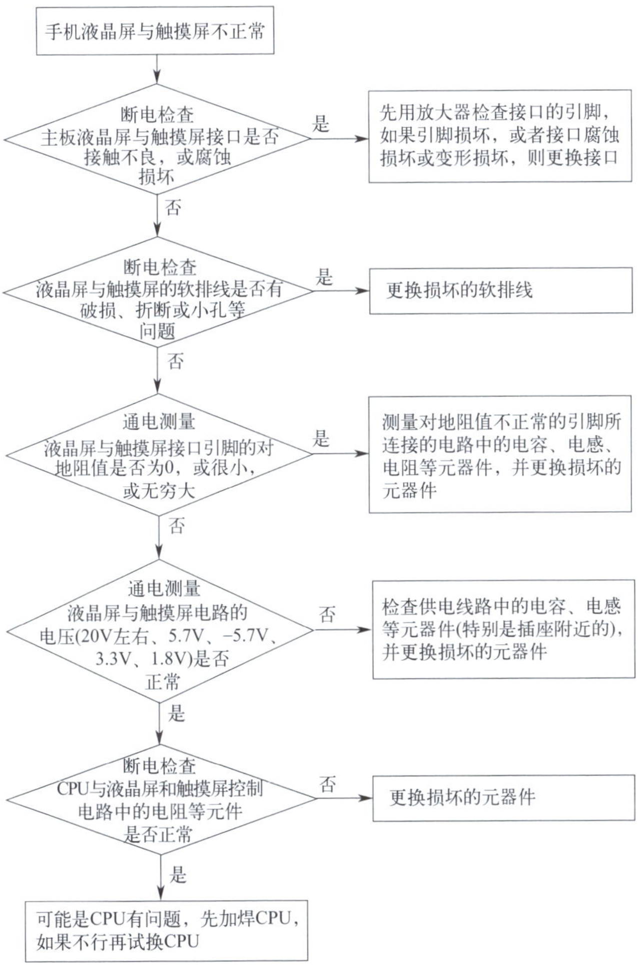

图 7-2　手机液晶屏与触摸屏故障维修流程图

7.3 快速诊断液晶屏与触摸屏故障

智能手机液晶屏与触摸屏通常会由于手机进水或被摔的情况而损坏，进而出现不显示、显示淡、白屏、黑屏、缺笔画、显示颠倒、阴阳屏、有竖线、有横线、无法触控、触控不灵敏、触控时好时坏等故障现象。

智能手机液晶屏和触摸屏故障一般是由液晶屏与触摸屏损坏或软排线断裂、软排线内联座接触不良或显示接口导电橡胶接触不良、液晶屏与触摸屏接口各脚电压不正常、液晶屏与触摸屏外围电路不正常、电源控制芯片、CPU 等虚焊或损坏、软件故障等原因引起。

对于智能手机显示屏显示故障，首先应区分是显示屏与显示屏接口不良还是显示电路不良，抑或是背光灯问题。一般来说，显示电路的故障率相对较低，显示不良多由显示屏导电橡胶接触不良引起。对于被摔过的机器或进水的手机，出现无显示故障则大多为显示屏损坏。

本节将重点讲解液晶屏与触摸屏故障诊断维修方法。

（1）检查液晶屏与触摸屏软排线接口的连接是否有问题，如图 7-3 所示。

检查液晶屏与触摸屏软排线接口的连接是否松动、接触不良、腐蚀或接口有损坏。如果接口松动或接触不良，重新安装即可；如果接口有腐蚀或损坏，需要更换接口。

图 7-3　检查接口的连接

（2）检查接口中金属针脚是否损坏，如图 7-4 所示。

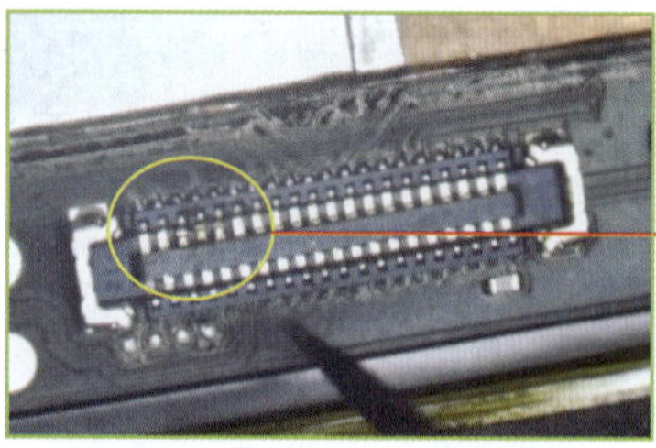

用放大镜检查接口的金属针脚是否有损坏，特别是被摔过的手机。如果有损坏的针脚，但只是变形了，可以用镊子调整一下；如果针脚脱落或断裂，就需要更换接口。

图 7-4　检查接口的针脚

（3）检查液晶屏与触摸屏的软排线是否有损坏，如图 7-5 所示。

（4）用万用表检测液晶屏与触摸屏接口各个针脚的对地阻值，通过对地阻值来判断显示电路和触摸电路中是否有损坏的元器件，如图 7-6 所示。

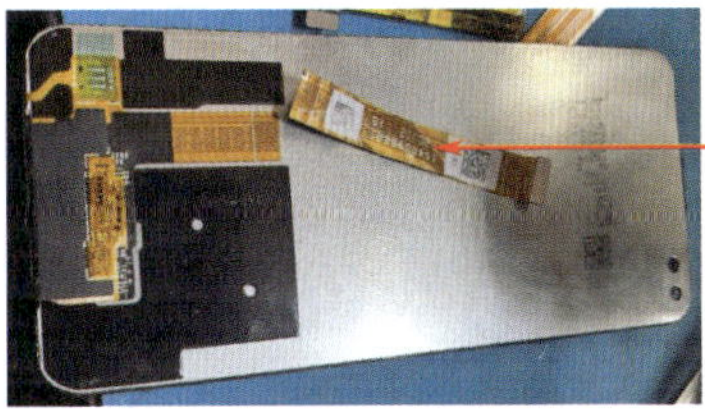

图 7-5　检查软排线

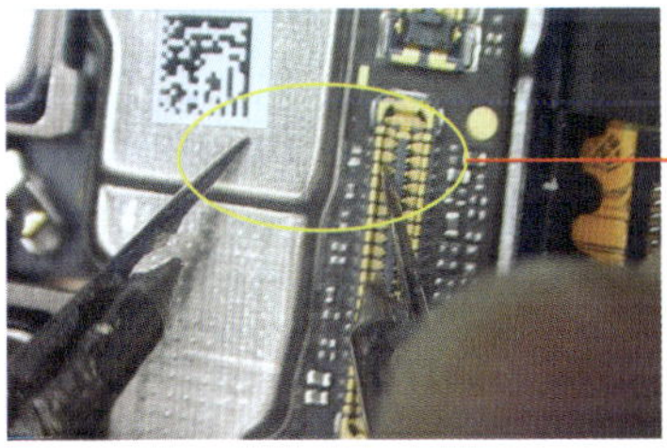

图 7-6　测量接口针脚对地阻值

（5）若接口针脚的对地阻值均正常，接着通电测量液晶屏与触摸屏电路的供电电压是否正常，电路使用的电压有 20V 左右（WLED）、5.7V（VSP）、−5.7V（VSN）、3.3V（VDD）、1.8V 等几种电压，如图 7-7 所示。

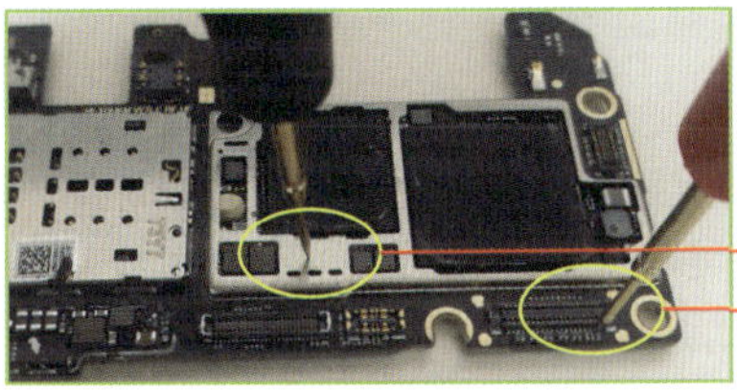

图 7-7　检测液晶屏与触摸屏供电电压

（6）如果以上检查均正常，考虑试换液晶屏和触摸屏，看故障是否排除，若故障依旧，估计是 CPU 有问题，可以加焊 CPU 或更换 CPU 芯片。

7.4 动手维修：液晶屏与触摸屏故障检测维修实战案例

手机液晶屏与触摸屏故障通常会造成手机黑屏、手机液晶屏有竖线或横线、液晶屏花屏、触摸屏无反应、触摸屏不灵敏等，前面章节已经做了分析，本节将通过几个实战案例来讲解手机液晶屏与触摸屏故障的检测维修方法，使维修人员通过实战案例掌握此类故障的维修经验。

7.4.1 手机开机黑屏不显示故障维修实战

一台小米手机开机黑屏不显示。

此故障的维修方法如下。

第 1 步：按手机电源开关，检查手机，可以感觉到手机有开机时的振动，但液晶屏黑屏不显示。根据故障分析，可能是手机液晶屏损坏或液晶屏电路有问题，接下来准备拆机检查。

第 2 步：将手机屏幕拆下，然后用测试屏幕进行测试，如图 7-8 所示。

图 7-8　试换液晶屏

第 3 步：拆下主板，然后用万用表测量液晶屏接口针脚的对地阻值，如图 7-9 所示。

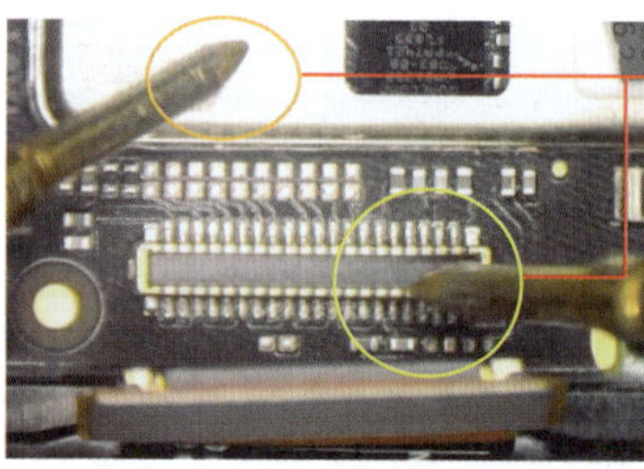

图 7-9　测量液晶屏接口针脚的对地阻值

第 4 步：检查液晶屏的供电电路，先从电路原理图查找供电电路的元器件，如图 7-10 所示。

第 5 步：拆下供电电路的屏蔽罩，然后给主板通电，测量供电电路中的输入电压和输出电压，如图 7-11 所示。

第 6 步：更换供电电路中的稳压器芯片，如图 7-12 所示。

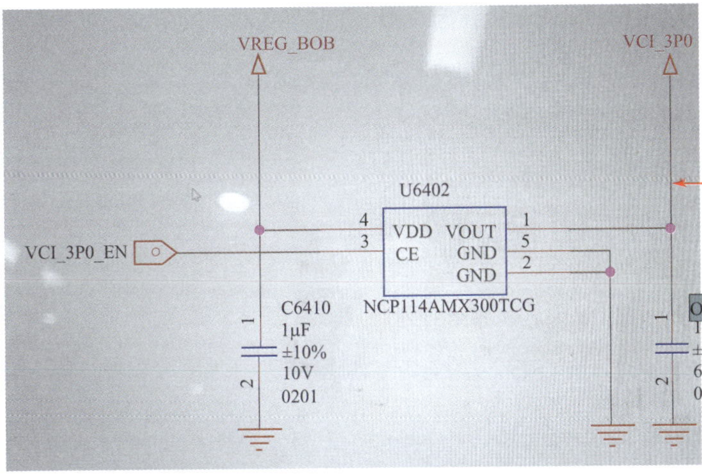

经查电路图发现液晶屏接口问题针脚连接的是3.0V供电电压。此供电电路由图中的一个稳压器（U6402）和滤波电容（C6410）等组成。

图 7-10　查找供电电路中元器件

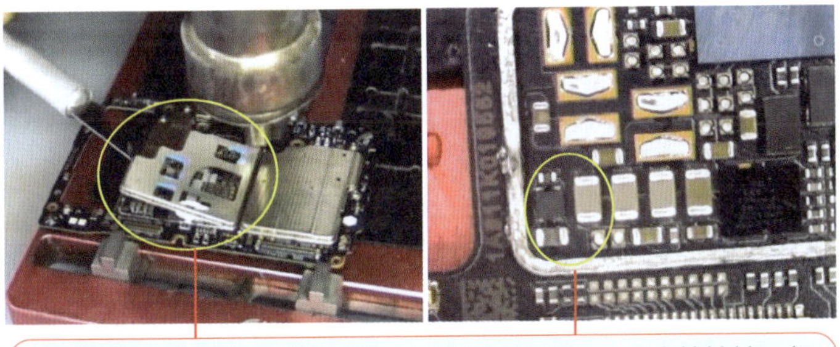

将万用表调到直流电压20V挡，然后给主板通电，黑表笔接地，红表笔接输出端电容测量输出电压。测量的电压为0，输出电压不正常。接着再将红表笔接输入端电容，测量输入端电压。测量的电压为3.8V，输入电压正常。接下来给主板断电，用万用表蜂鸣挡测量输出端电容的阻值，电容正常，因此怀疑供电电路中的稳压器芯片损坏。

图 7-11　测量输入 / 输出电压

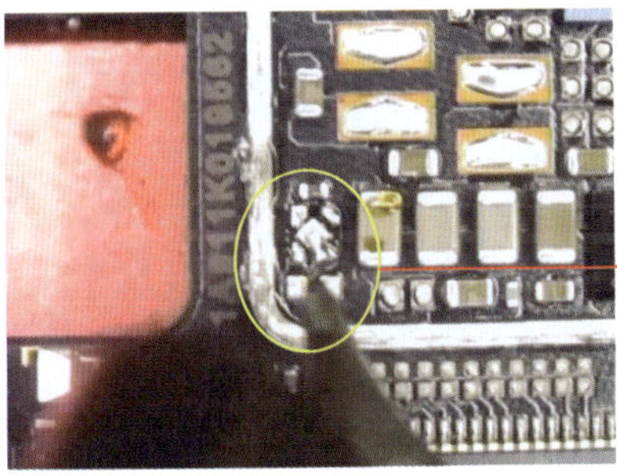

用热风枪将原先的稳压器芯片拆下，清洁一下焊盘后，将一个新的稳压器芯片焊接到主板上。

图 7-12　更换稳压器芯片

第 7 步：换好稳压器后，再次测量液晶屏接口的供电引脚对地阻值，如图 7-13 所示。

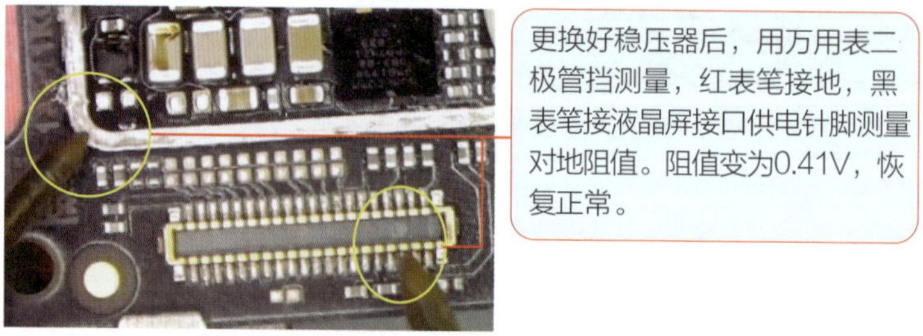

图 7-13　测量液晶屏接口供电针脚对地阻值

第 8 步：将手机液晶屏装上再次进行测试，开机启动出现开机画面，可以正常显示了，如图 7-14 所示。

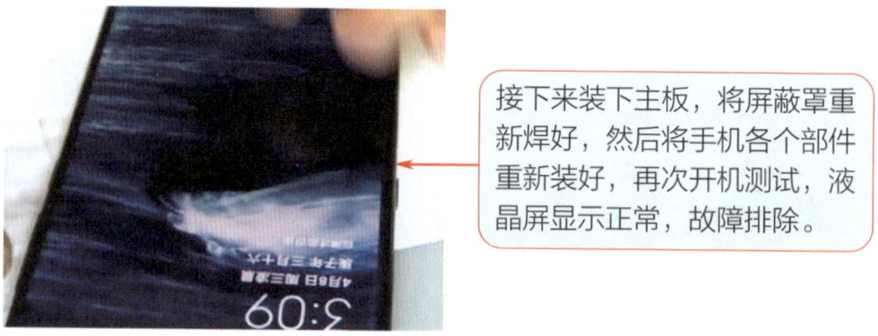

图 7-14　测试手机

7.4.2　手机开机不显示，按压有显示故障维修实战

一台华为 Mate 手机开机时有振动，不过没有任何显示，且有时按压手机后壳屏幕会显示一下。

此故障的维修方法如下。

第 1 步：开机查看手机故障现象，如图 7-15 所示。

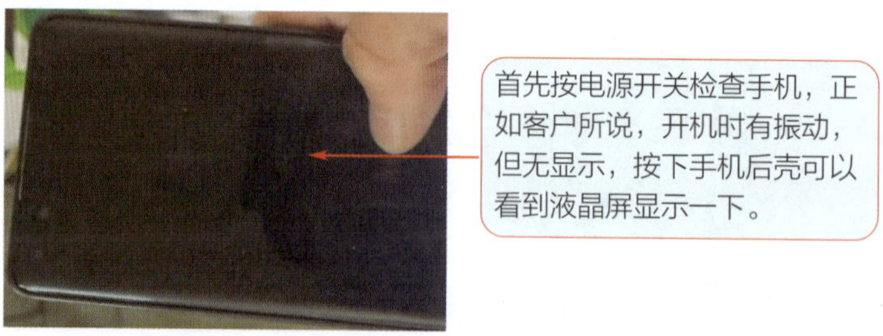

图 7-15　查看手机故障现象

第 2 步：将手机外壳拆下，然后按压电路板进行测试，如图 7-16 所示。

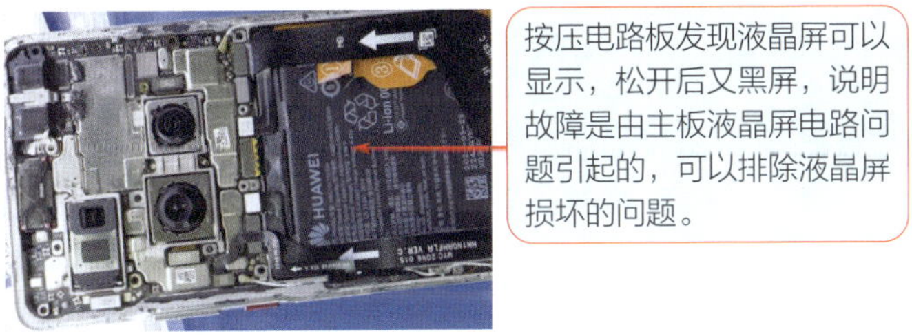

图 7-16　按压电路板测试

第 3 步：关机，拆下显示屏的软排线，检测主板液晶屏接口针脚对地阻值，如图 7-17 所示。

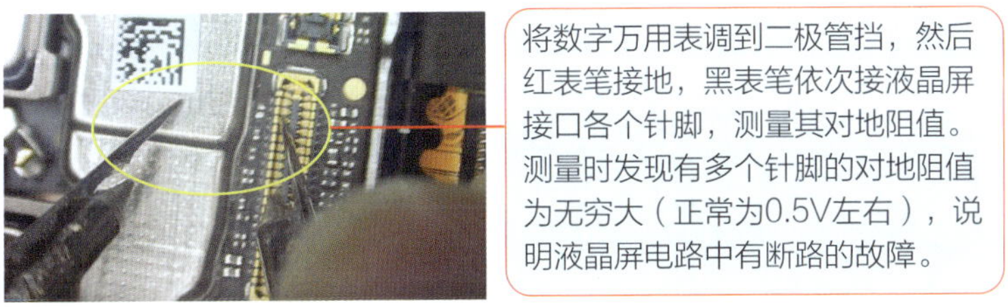

图 7-17　测量液晶屏接口针脚对地阻值

第 4 步：准备检查主板，先拆下主板，然后将主板放在加热平台上，拆卸主板中的小板，如图 7-18 所示。

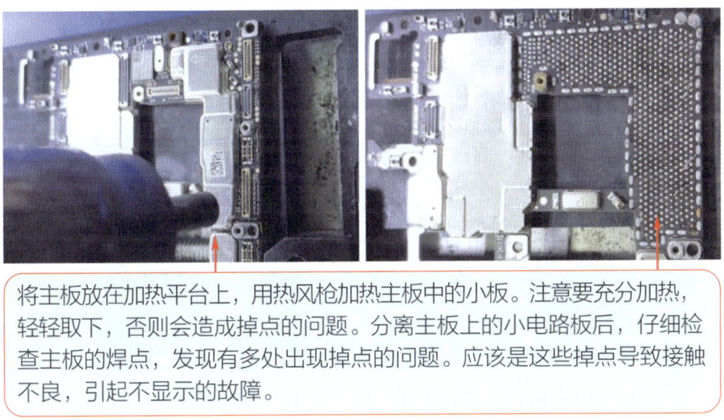

图 7-18　分离小板

第 5 步：处理主板掉点问题，先用吸锡条清理主板的焊盘，如图 7-19 所示。

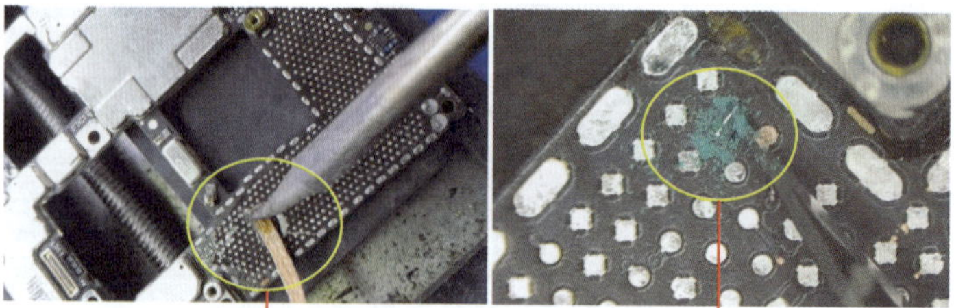

图 7-19　清理焊盘并补点

第 6 步：在处理完掉点后，清理小板焊盘并植锡，如图 7-20 所示。

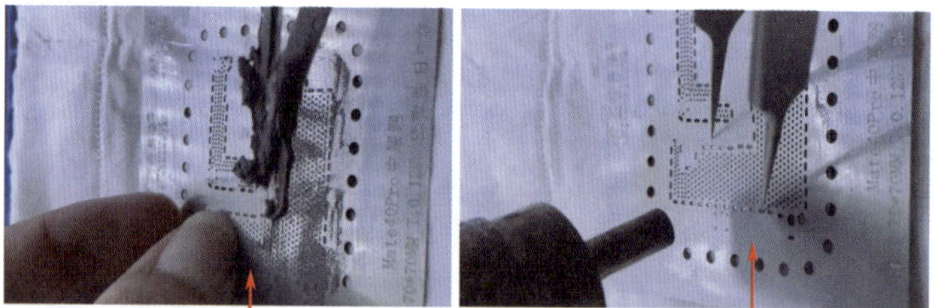

图 7-20　给小板植锡

第 7 步：将小板焊接到主板上，如图 7-21 所示。

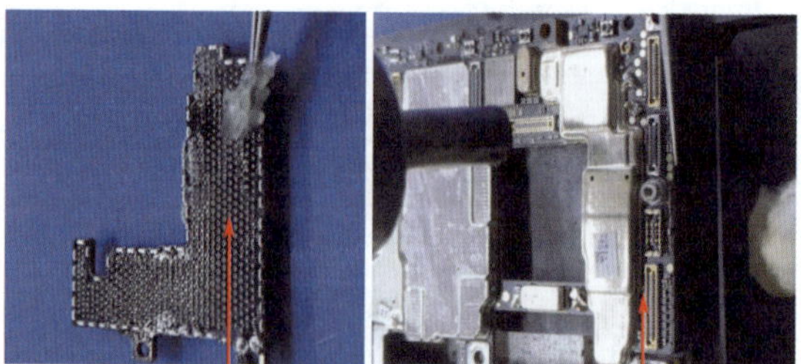

图 7-21　焊接主板

第 8 步：最后将主板安装回手机，准备开机测试，如图 7-22 所示。

按下手机开关，有开机的振动，然后看到开机画面，手机可以正常显示了，故障排除（注意，从很多的维修案例中发现，掉点是此款手机不显示的一个通病）。

图 7-22　测试手机

7.4.3　手机开机有振动不显示故障维修实战

一台红米手机开机时有振动，但一直黑屏没有任何显示。

此故障的维修方法如下。

第 1 步：按下手机电源开关，检查手机，可以感觉到手机有开机时的振动，但液晶屏黑屏不显示，如图 7-23 所示。

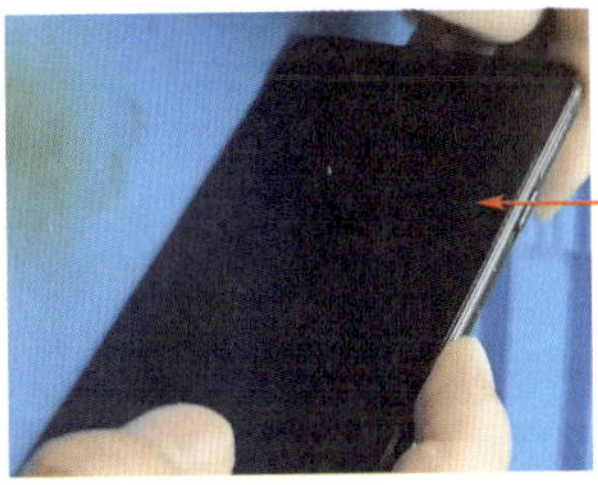

根据手机开机黑屏不显示故障分析，可能是手机液晶屏损坏或液晶屏电路有问题，接下来准备拆机检查。

图 7-23　检查手机故障现象

第 2 步：将手机屏幕拆下，然后用测试屏幕进行测试，如图 7-24 所示。

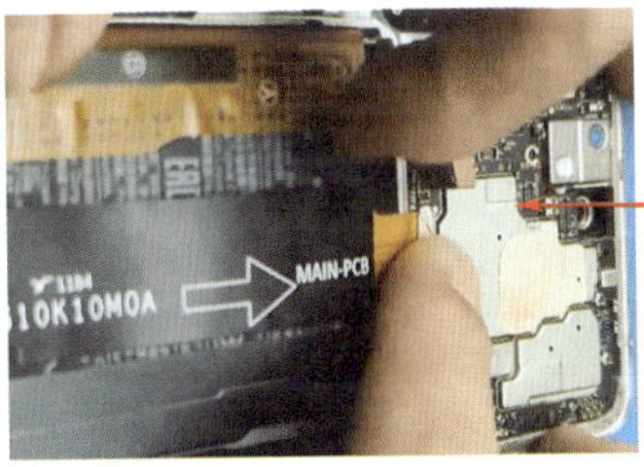

用测试液晶屏替换原先的液晶屏，进行测试。换屏后，开机发现依旧没有显示，说明不是液晶屏的问题，应该是液晶屏电路问题引起的故障。

图 7-24　试换液晶屏

第 3 步：拆下主板检查，看是否有变形、元器件掉落或损坏等情况，如图 7-25 所示。

第 4 步：用万用表检测主板液晶屏接口针脚及周围元器件的对地阻值，如图

7-26 所示。

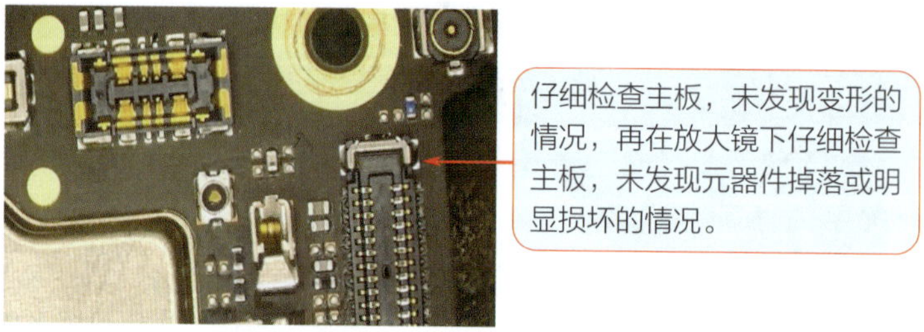

图 7-25　检查主板元器件

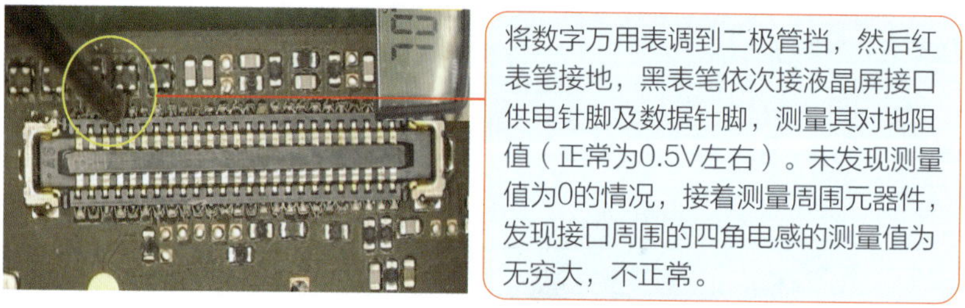

图 7-26　测量接口针脚对地阻值

第 5 步：由于接口周围的四脚电感直接连接 CPU 电路，因此怀疑 CPU 有接触不良问题。将 CPU 拆下，如图 7-27 所示。

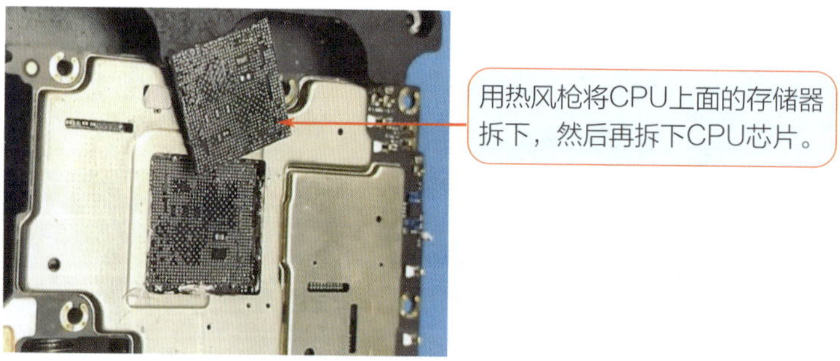

图 7-27　焊下 CPU 芯片

第 6 步：清理主板 CPU 焊盘及存储器芯片的焊盘，如图 7-28 所示。

第 7 步：清理焊盘后，开始给 CPU 和存储器芯片植锡，如图 7-29 所示。

第 8 步：焊接 CPU 芯片，如图 7-30 所示。

第 9 步：焊接存储器芯片，如图 7-31 所示。

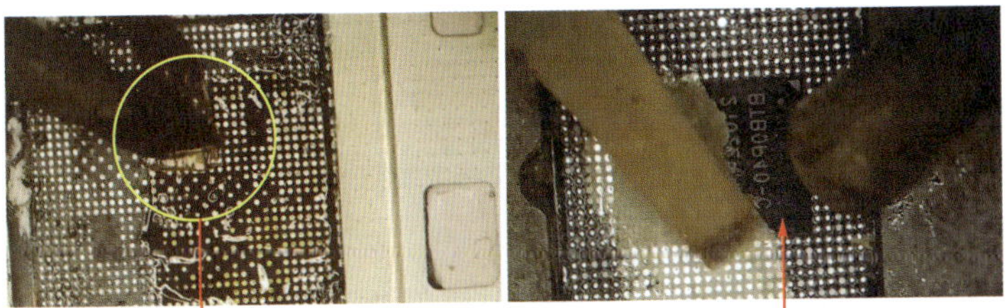

图 7-28　清洁焊盘

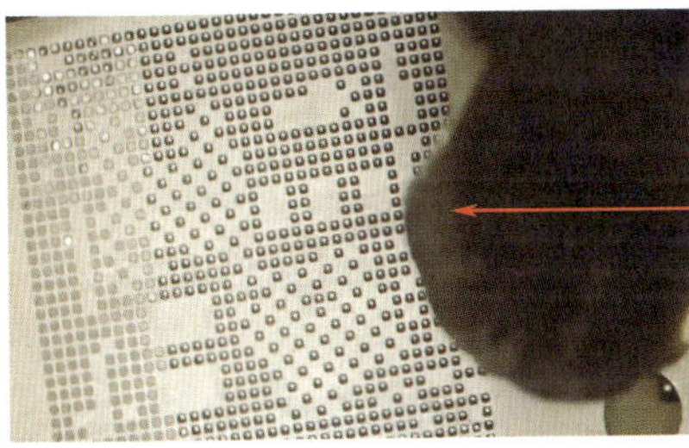

图 7-29　给 CPU 和存储器芯片植锡

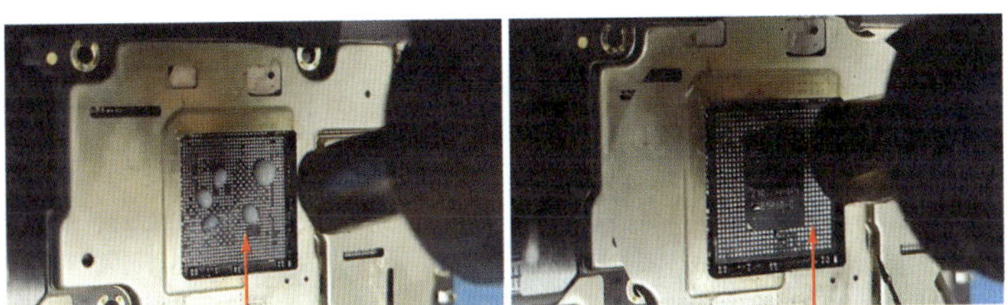

图 7-30　焊接 CPU 芯片

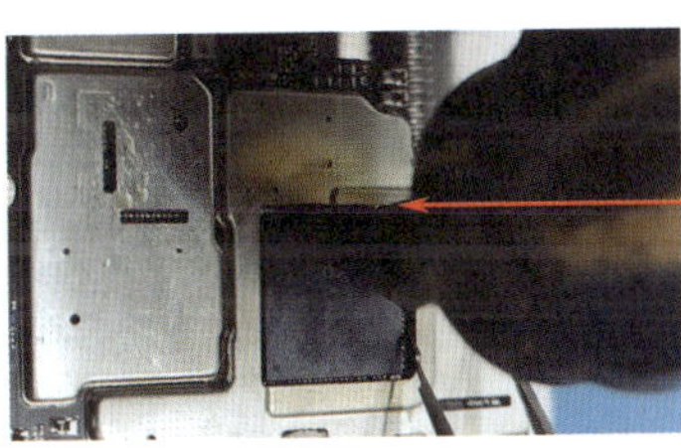

图 7-31　焊接存储器芯片

第 10 步：在存储器芯片上面涂一些散热硅脂，然后将主板安装好，开机测试，如图 7-32 所示。

将主板安装好后，开机测试，看到液晶屏出现开机画面，之后启动到桌面，液晶屏显示恢复正常，故障排除。

图 7-32　测试手机

7.4.4　手机触摸屏失灵故障维修实战

一台 vivo 手机可以开机，显示也正常，但是触摸屏失灵，无法操控。

此故障的维修方法如下。

第 1 步：开机，检查手机，确认故障，如图 7-33 所示。

开机检查手机，看到手机显示正常，但触摸屏失灵，无法操控手机。检查手机外观，未发现磕碰情况。

图 7-33　检查手机故障现象

第 2 步：触摸屏故障一般是触摸屏软排线接口、主板触摸屏接口、CPU 等问题引起的。将手机拆开，拆下主板检查，如图 7-34 所示。

将主板放到放大镜下仔细检查主板触摸屏插座，发现触摸屏插座上有三个针脚陷落，插座左侧翘起，插座不正常。

图 7-34　检查主板触摸屏插座

第 3 步：拆卸触摸屏插座，如图 7-35 所示。

图 7-35　拆卸触摸屏插座

第 4 步：清理插座的焊盘，如图 7-36 所示。

图 7-36　清理焊盘

第 5 步：将新的触摸屏插座焊接到主板上，如图 7-37 所示。

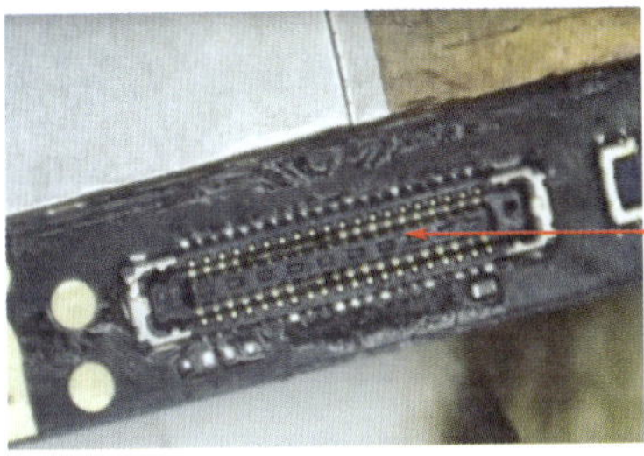

图 7-37　焊接新插座

第 6 步：焊好插座后，将主板装回手机，然后进行测试，如图 7-38 所示。

图 7-38　测试手机

7.4.5 手机触摸屏无法使用故障维修实战

一台小米手机，开机可以正常显示，但是触摸屏无法使用。

此故障的维修方法如下。

第 1 步：开机，检查手机故障现象，看到手机显示正常，触摸屏无法使用，如图 7-39 所示。

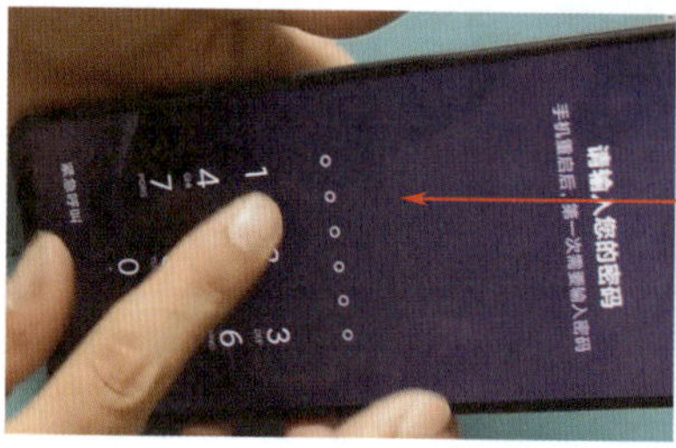

图 7-39　检查手机故障现象

第 2 步：拆开手机，检查主板，特别是触摸屏接口，如图 7-40 所示。

图 7-40　检查手机主板

第 3 步：测量触摸屏插座各针脚的对地阻值，如图 7-41 所示。

图 7-41　测量触摸屏插座各针脚的对地阻值

第 4 步：查看手机元器件位置图，查找此引脚连接的元器件，如图 7-42 所示。

图 7-42　查找故障元器件

第 5 步：用热风枪将 CPU 拆下，如图 7-43 所示。

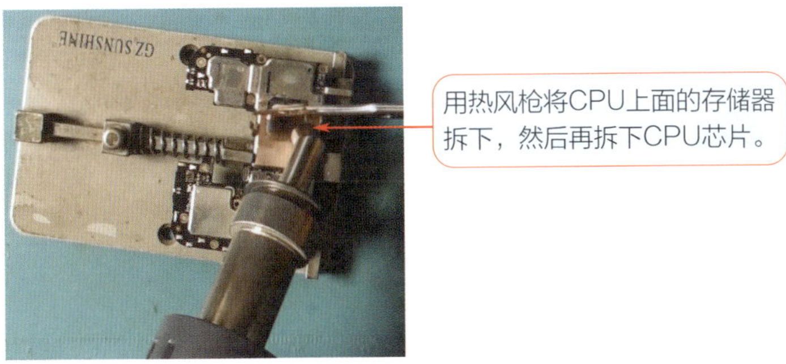

图 7-43　焊下 CPU 芯片

第 6 步：清理主板 CPU 焊盘，如图 7-44 所示。

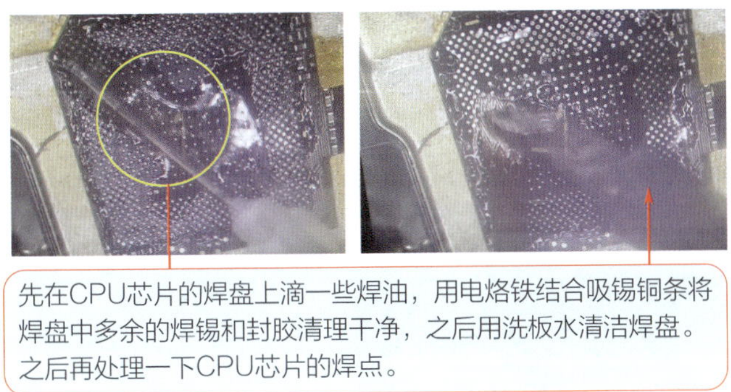

图 7-44　清洁焊盘

第 7 步：清理焊盘后，开始给 CPU 芯片植锡，如图 7-45 所示。

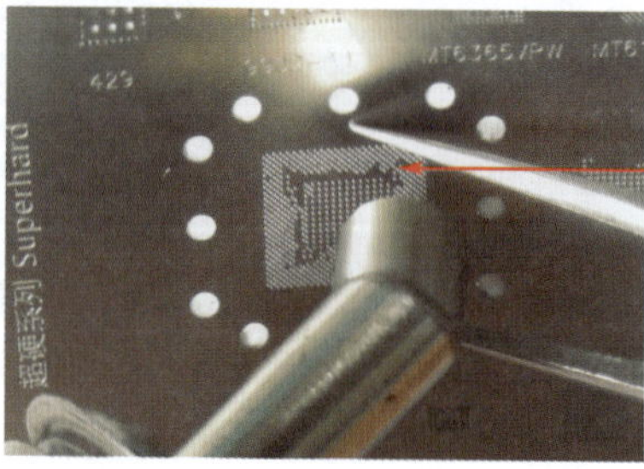

用植锡板给CPU芯片植锡，接着用热风枪加热植锡板，使锡膏熔化变成锡球。

图 7-45　给 CPU 芯片植锡

第 8 步：焊接 CPU 芯片，如图 7-46 所示。

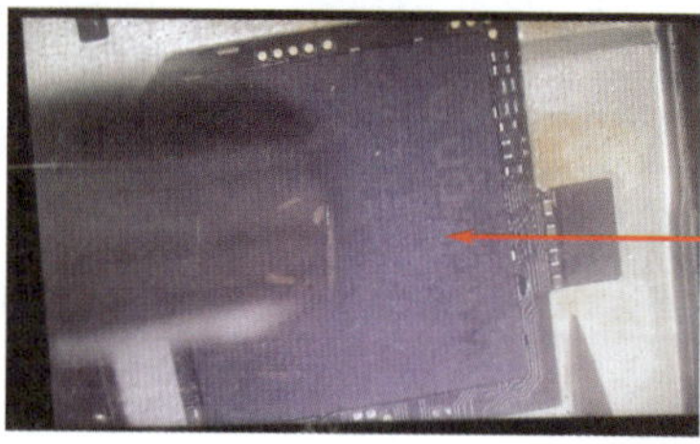

先在主板焊盘上涂一些焊油，然后将CPU放在主板焊盘上，用热风枪对着CPU芯片转圈吹，当有焊油溢出时，基本就焊接好了。

图 7-46　焊接 CPU 芯片

第 9 步：焊接好 CPU 芯片后，接着测量触摸屏插座第 4 针脚对地阻值，如图 7-47 所示。

将数字万用表调到二极管挡，然后红表笔接地，黑表笔接触摸屏接口第4针脚，测量其对地阻值。测量值为0.481V，恢复正常，说明CPU焊接好了。

图 7-47　测量第 4 针脚对地阻值

第 10 步：将主板安装好，装好手机，开机测试，如图 7-48 所示。

按手机开关键开机，手机开机之后测试触摸屏，触控恢复正常，故障排除。

图 7-48　测试手机

7.4.6 手机换新屏后触摸失灵故障维修实战

一台红米手机在更换新的液晶屏后，触摸屏失灵，无法触控。

此故障的维修方法如下。

第 1 步：开机，检查手机，确认故障，手机显示正常，但触摸屏失灵，无法操控手机。

第 2 步：拆开手机准备检查，如图 7-49 所示。

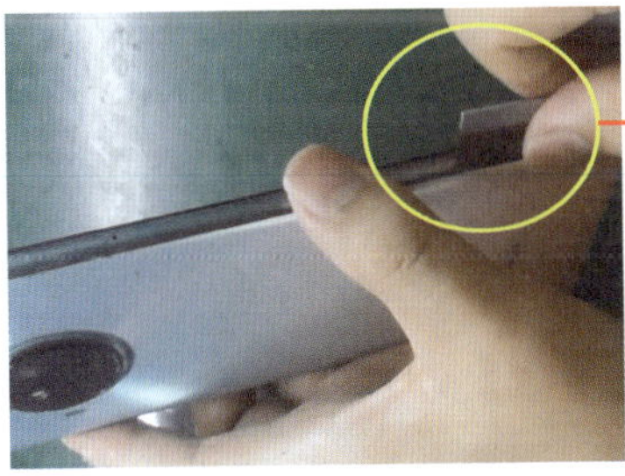

图 7-49　拆开手机

第 3 步：由于客户之前自己更换过新的液晶屏，分析触摸屏损坏的可能性较小，因此重点检查主板液晶屏 / 触摸屏插座，如图 7-50 所示。

图 7-50　检查液晶屏 / 触摸屏插座和接口

第 4 步：打开元器件位置图，查看怀疑的地方是否有元器件，如图 7-51 所示。

第 5 步：准备重新焊接一个电阻器，先清理焊点，如图 7-52 所示。

第 6 步：用热风枪将同规格的电阻器焊接到主板上，如图 7-53 所示。

第 7 步：清洁焊点，然后装机测试，如图 7-54 所示。

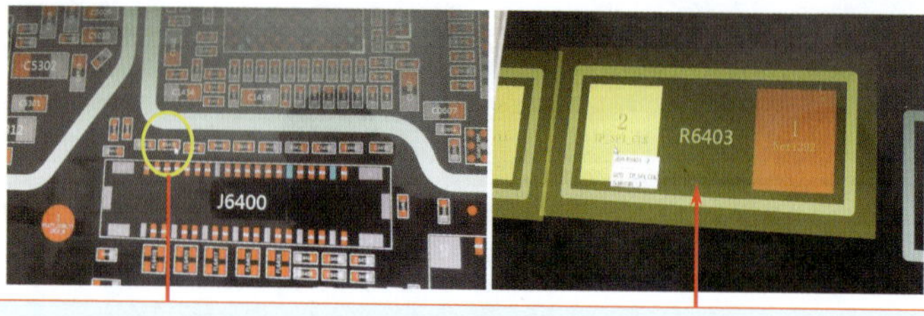

打开手机元器件位置图，然后放大查看液晶屏/触摸屏插座（J6400），发现怀疑的地方原先有一个电阻（R6403），而且显示它的连接点的名称为TP_SPI_CLK（触摸屏时钟）。

图 7-51　查看元器件位置图

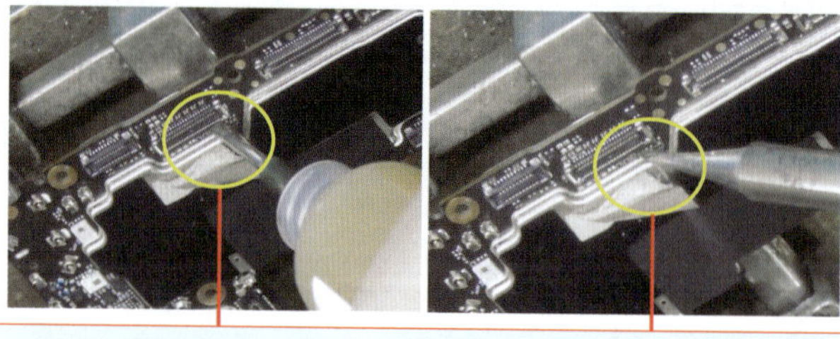

先在主板电阻器的焊点上滴一点焊油，然后用电烙铁清理一下焊点。

图 7-52　清理焊点

先用镊子将电阻器放在焊点上，并按住电阻器，然后用热风枪加热，待焊锡熔化后，拿走热风枪，镊子稍等10s后拿开。

图 7-53　焊接电阻器

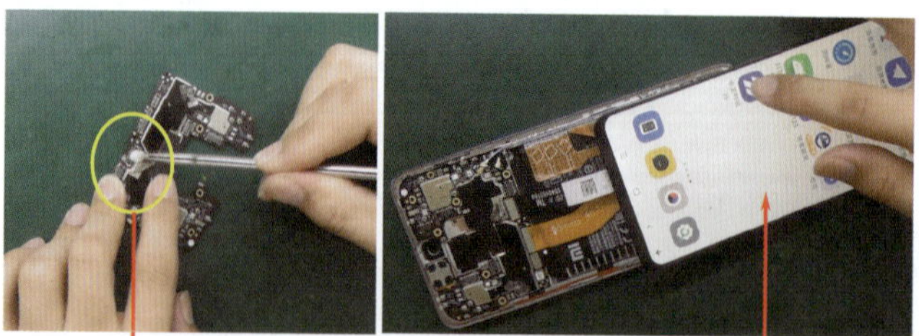

先用镊子夹上棉球蘸一些洗板水，擦洗电阻器的焊点。之后将主板、液晶屏装好，开机测试，发现手机可以正常触控了，手机恢复正常，故障排除。

图 7-54　测试手机

第 8 章

图解手机不入网 / 无网络故障维修实战

智能手机不入网 / 无网络故障主要表现为手机没有信号或屏幕上显示紧急呼叫的提示。不入网 / 无网络故障通常由射频电路收发电路问题、射频电路供电电压问题、射频电路时钟问题等引起。本章将详细讲解智能手机不入网 / 无网络故障的故障检测点、维修流程图、维修诊断方法和维修实战案例。

8.1 智能手机不入网 / 无网络故障检测点

在检修智能手机不入网 / 无网络故障时，要重点检测电路中故障率较高的元器件，这样可以快速找到故障原因。本节总结智能手机不入网 / 无网络故障关键元器件检测点，如图 8-1 所示。

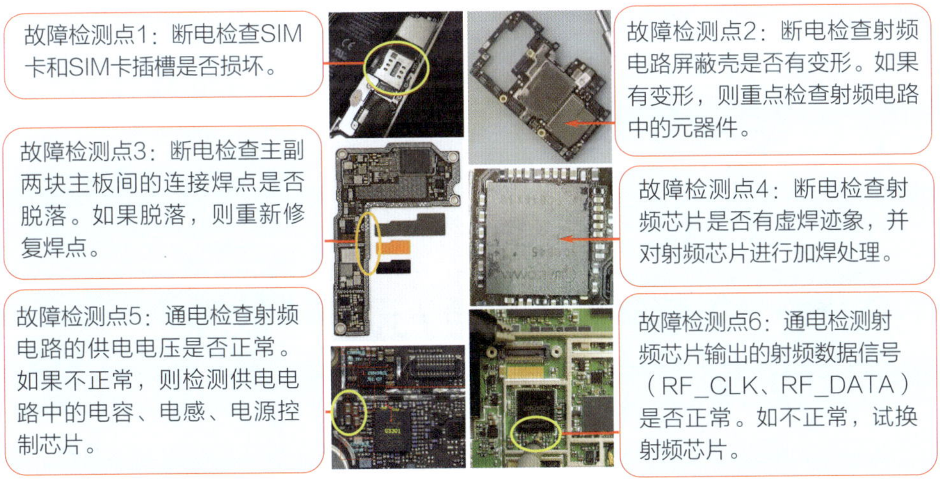

图 8-1　智能手机不入网 / 无网络故障关键元器件检测点

8.2 智能手机不入网 / 无网络故障维修流程图

智能手机不入网 / 无网络故障出现的频率较高，在维修不入网 / 无网络故障时，主要是对射频电路的供电电压、收发状态下的输入和输出信号等进行检测。本节总结了智能手机不入网 / 无网络故障维修流程图，供维修手机不入网 / 无网络故障时参考，如图 8-2 所示。

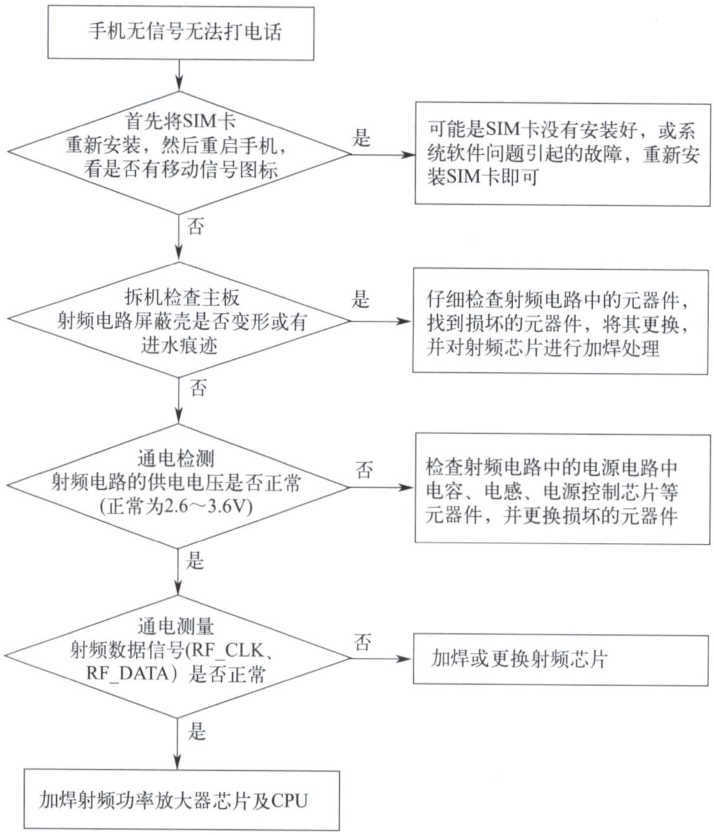

图 8-2 智能手机不入网 / 无网络故障维修流程图

8.3 快速诊断不入网 / 无网络故障

智能手机不入网 / 无网络故障维修比较复杂，在维修时，重点检测射频接收电路（包括射频收发器芯片、滤波器等）、射频发射电路（包括射频收发器芯片、射频功率放大器芯片、天线开关等）、电源供电电路及时钟电路（包括电源控制芯片、电容、电感、晶振等）。

8.3.1 手机不入网 / 无网络故障检修思路

智能手机入网的条件是接收通道必须正常，发射通道也必须正常，所以引起不入网 / 无网络故障的原因也就有几个方面：一是接收通道不正常引起故障；二是发射通道不正常引起故障；三是射频电路供电电压不正常引起故障。

1）检测接收通道

对于手机不入网 / 无网络故障，必须首先排除接收通道故障，再排除发送通道故障。这是因为收发通道由共用的锁相环实现，手机入网是接收通道正常后，先收到基站的信道分配信息，发射通道才能工作。

接收通道检查判断方法如图 8-3 所示（注意不同手机系统可能会有所不同）。

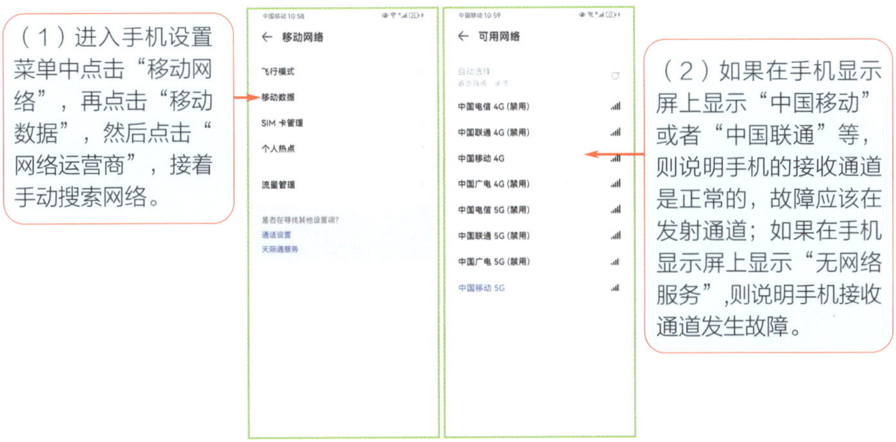

图 8-3 判断接收通道是否正常

接收通道故障应检查并测试下列部位的电压信号：

（1）天线及天线与主板的连接，天线开关及其控制；

（2）声表面滤波器；

（3）射频开关及其供电；

（4）射频收发器及其供电；

（5）射频电源供电电路。

2）检测发射电路

智能手机若无发射信号，会导致手机出现不能上网的故障现象。当确定故障出在发射器时，可以将手机连接稳压开关电源供电，然后拨打“112”号码，按发射键（需要在手机能搜索到网络的前提下），注意观察稳压开关电源上的电流表变化，如图 8-4 所示。

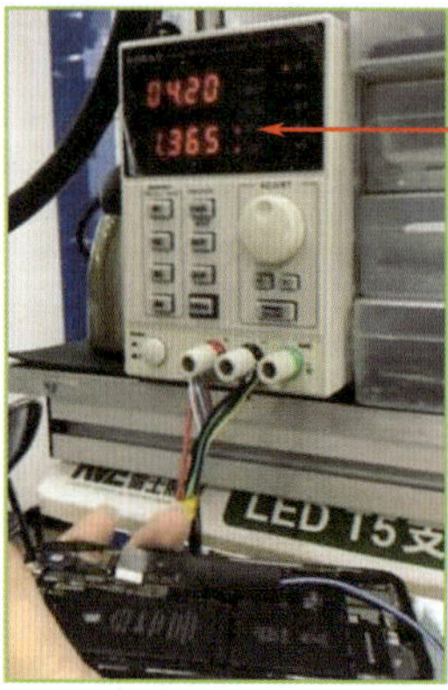

图 8-4　检测发射电路

发射通道的故障涉及的部位较多，如射频收发器、射频功率放大器、滤波器、CPU（基带电路）以及对上述各部件供电的电源等，检查时需要逐个排除。

8.3.2　不入网 / 无网络故障诊断维修方法

不入网 / 无网络故障一般由软件故障、射频供电问题、射频芯片问题、SIM 卡电路问题等引起。

诊断维修方法如下。

（1）首先将 SIM 卡重新安装，然后重启手机，看是否有移动信号图标，如图 8-5 所示。

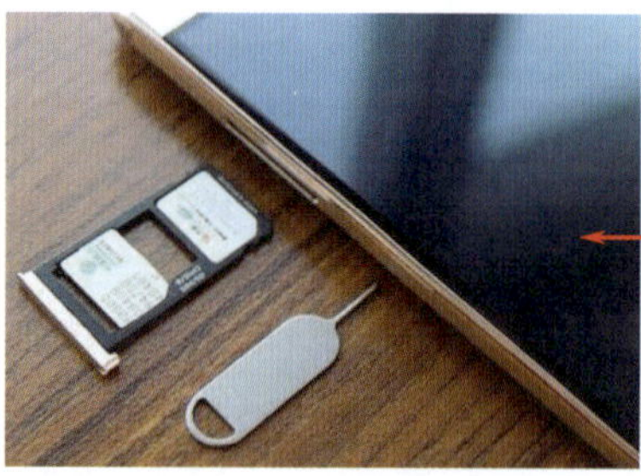

图 8-5　重装 SIM 卡

（2）观察手机外壳，看是否有被摔过的痕迹，然后拆机仔细检查主板（特别是射频电路）是否有变形、脱焊、开裂、进水痕迹等问题，如图 8-6 所示。

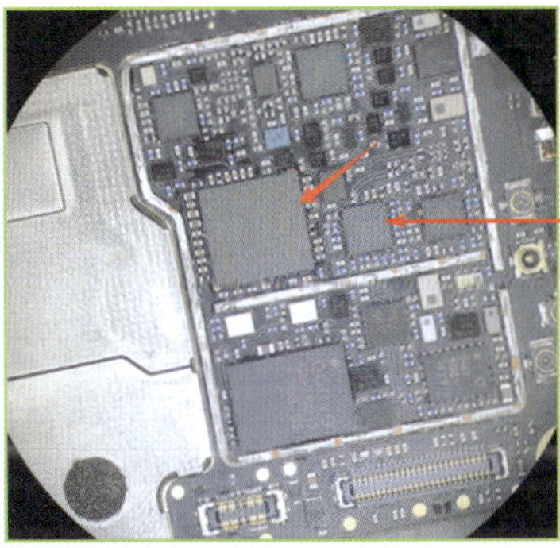

如果有进水痕迹，则要对主板进行清洗，特别是射频电路。如果有变形、脱焊等问题，则应先检测有问题地方的元器件是否损坏，将损坏的元器件更换，然后再修复变形、脱焊等问题。最后对射频电路的主要芯片（射频芯片、射频功率放大器芯片、电源控制芯片等）进行加焊处理。

图 8-6　检查主板

（3）用稳压开关电源给手机供电，然后拨打“112”号码，并观察稳压开关电源上的电流表变化，如图 8-7 所示。

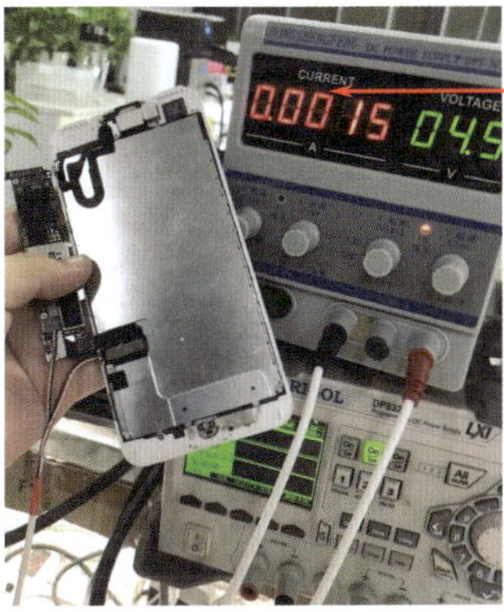

如果拨打“112”号码时，稳压开关电源电流表显示的电流升高（发射电流为110mA左右，比待机电流高），说明逻辑电路发送的控制信号基本正常（即CPU或基带芯片正常），故障在射频电路中的射频芯片、射频电路供电电路等。如果看不到明显的电流上升，则重点检查CPU或基带芯片、射频功率放大器芯片，对其进行加焊处理，如果不行，则更换CPU或基带芯片。

图 8-7　拨打“112”号码排查故障

（4）通电检测射频电路的供电电压是否正常，如图 8-8 所示。

将万用表调到直流电压20V挡，红表笔接射频电路电源控制芯片电压输出端连接的滤波电容，黑表笔接地，在通电的情况下测量供电电压（正常为2.6～3.6V）。如果电压不正常，检查射频电路的电源电路中电容、电感是否有短路或断路故障。如果有，则更换损坏的元器件，同时对电源控制芯片进行加焊处理。

图 8-8　测量射频电路的供电电压

（5）通电测量射频数据信号（RF_CLK、RF_DATA）是否正常，如图 8-9

所示。

图 8-9　测量射频数据信号

8.4 动手维修：不入网 / 无网络故障检测维修实战案例

手机不入网 / 无网络故障通常会造成手机无法连接运营商、无法连接 Wi-Fi 网络、没有蓝牙功能等，前面章节已经做了分析，本节将通过几个实战案例来讲解手机不入网 / 无网络故障的检测维修方法，使维修人员通过实战案例掌握此类故障的维修经验。

8.4.1　手机无线网无法打开故障维修实战

一台 vivo 手机可以正常开机使用，但是无法打开无线网进行联网。

此故障的维修方法如下。

第 1 步：打开故障手机的设置，进入 WLAN 设置界面进行测试，查看故障现象，如图 8-10 所示。

图 8-10　查看故障现象

第 2 步：拆开手机外壳，并拆开主板 Wi-Fi 电路的屏蔽壳，然后检查 Wi-Fi

电路，如图 8-11 所示。

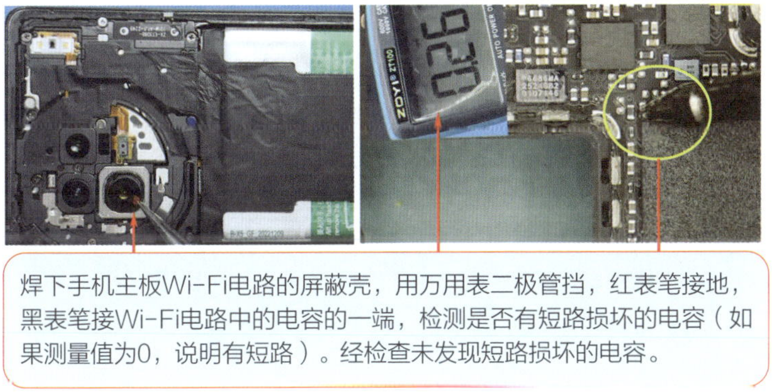

图 8-11　检查 Wi-Fi 电路

第 3 步：怀疑故障可能由 Wi-Fi 芯片引起。焊下 Wi-Fi 芯片，如图 8-12 所示。

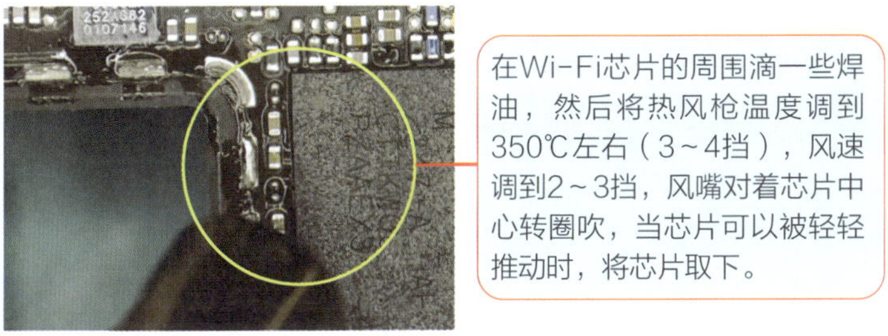

图 8-12　拆下 Wi-Fi 芯片

第 4 步：拆下芯片后先清洁焊盘，如图 8-13 所示。

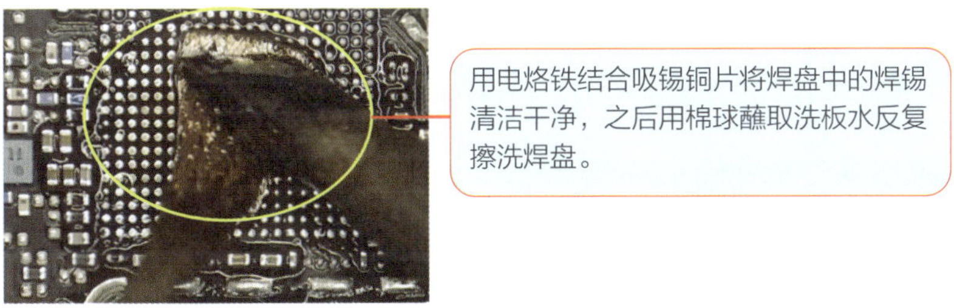

图 8-13　清洁焊盘

第 5 步：清洁焊盘之后，用同样的方法将芯片上的焊锡也清理干净，然后给芯片植锡，之后将芯片重新焊接到主板上，如图 8-14 所示。

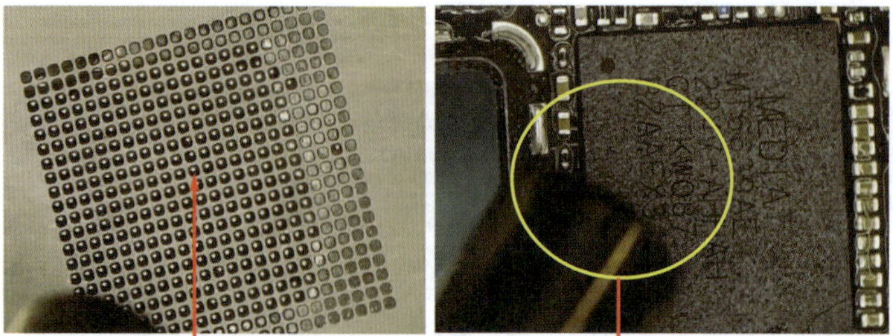

图 8-14　焊接芯片

第 6 步：将主板安装回手机，然后开机测试，如图 8-15 所示。

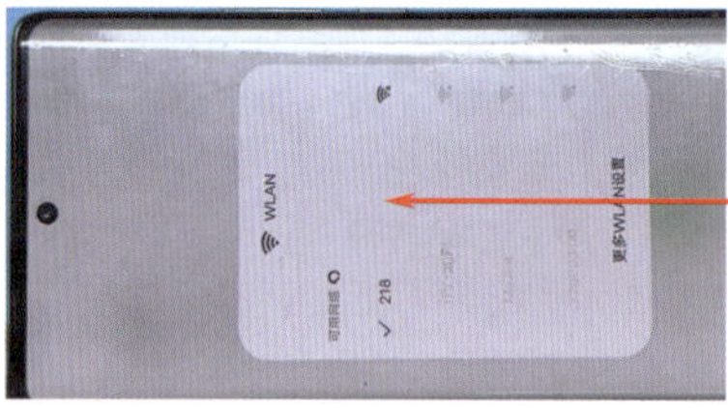

图 8-15　测试手机

8.4.2　手机开机无服务故障维修实战

一台 iPhone 手机可以正常开机，但是没信号，不显示运营商，也没有服务，无法打电话，手机有时候会自动重启。

此故障的维修方法如下。

第 1 步：打开故障手机的设置，查看故障现象，如图 8-16 所示。

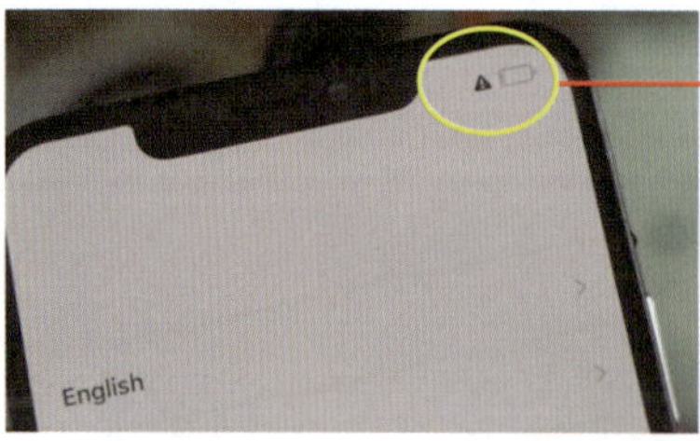

图 8-16　查看故障现象

第 2 步：拆开手机，拆下液晶屏和主板，如图 8-17 所示。

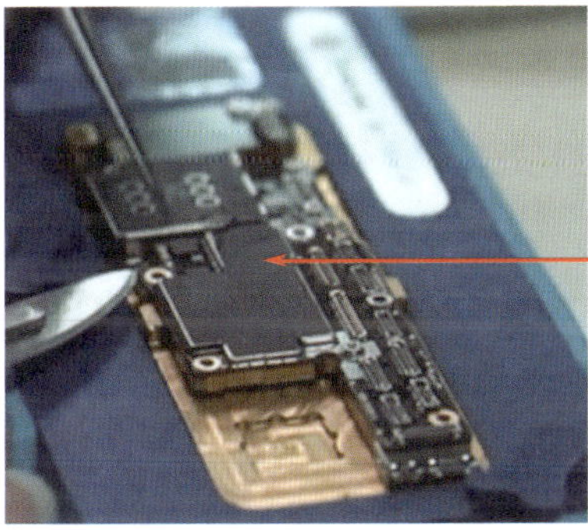

图 8-17　分离主板

第 3 步：将分开的电路板放到放大镜下仔细检查焊点，看是否有掉点的情况，如图 8-18 所示。

图 8-18　检查主板焊点

第 4 步：由于未发现掉点情况，分析可能是两个电路板接触不良引起故障。将两个电路板放到夹板中进行测试，如图 8-19 所示。

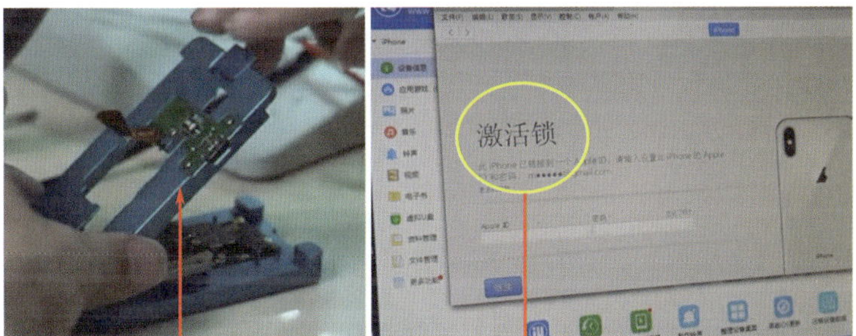

图 8-19　测试电路板

第 5 步：重新焊接主板，如图 8-20 所示。

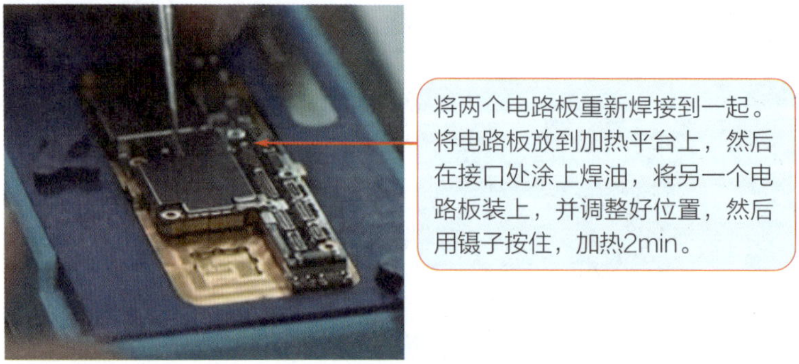

图 8-20　重新焊接主板

第 6 步：将电路板焊接好后，将其安装到手机，然后进行测试，如图 8-21 所示。

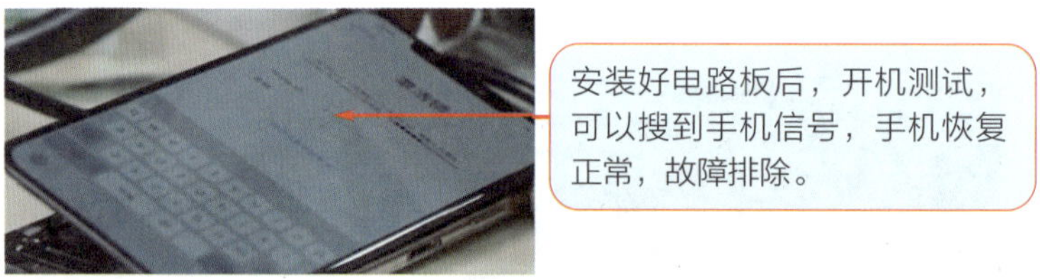

图 8-21　测试手机

8.4.3　手机开机无蓝牙无 Wi-Fi 故障维修实战

一台小米手机，可以正常开机，但是 Wi-Fi 和蓝牙打不开，有时会自动重启。此故障的维修方法如下。

第 1 步：打开故障手机的设置，查看故障现象，如图 8-22 所示。

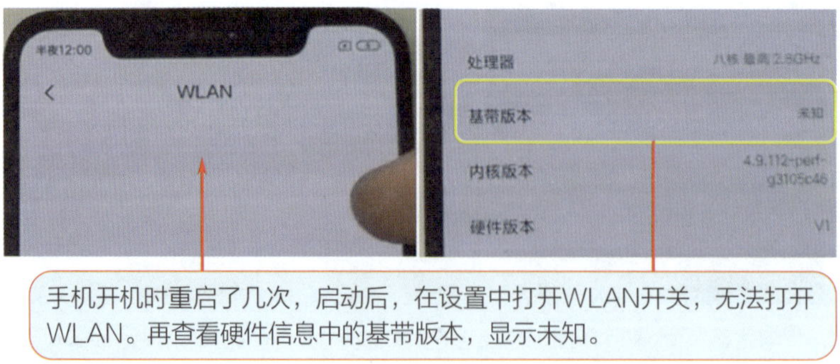

图 8-22　查看故障现象

第 2 步：由于没有 WLAN、Wi-Fi 和蓝牙信号，怀疑 WTR 射频芯片有接触不良（此款手机 WTR 芯片接触不良的情况较多）。拆开手机，拆下主板，准备检查射频电路，如图 8-23 所示。

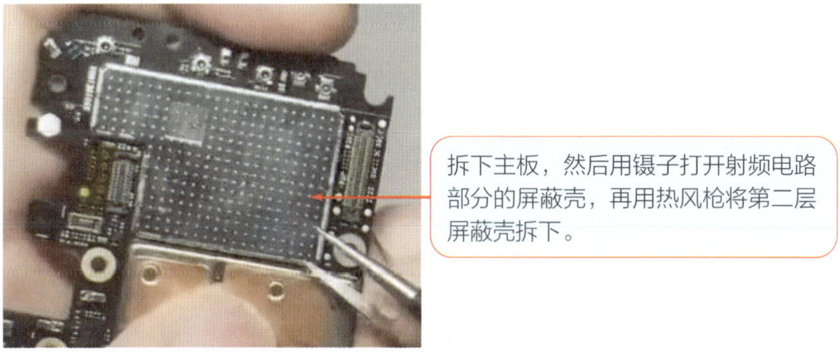

图 8-23　拆下主板准备检查

第 3 步：用电烙铁拆下 WTR 射频芯片，并清理焊盘，如图 8-24 所示。

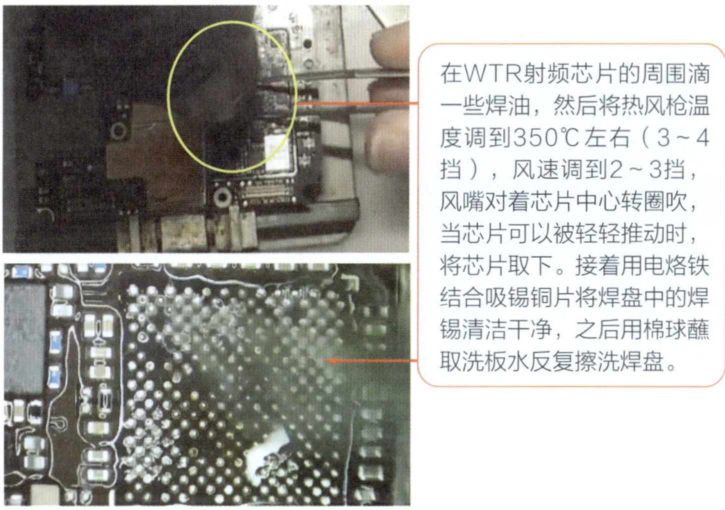

图 8-24　焊下 WTR 射频芯片并清理焊盘

第 4 步：清洁芯片上的焊锡，并重新植锡，之后将 WTR 射频芯片焊接到主板，如图 8-25 所示。

第 5 步：将主板装到手机，装好后，开机测试，如图 8-26 所示。

图 8-25 焊接芯片

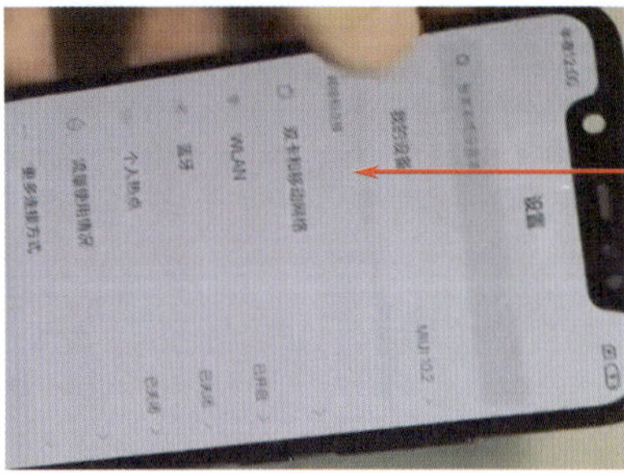

图 8-26 测试手机

8.4.4 手机无服务无 Wi-Fi 无蓝牙故障维修实战

一台 iPhone 手机可以正常开机，但是没信号，不显示运营商，也没有服务，无法打电话，手机有时候会自动重启。

此故障的维修方法如下。

第 1 步：打开故障手机，查看故障现象，看到手机屏幕右上角有一个感叹号，说明没有服务，没有基带。再点击手机的蓝牙按钮及无线局域网按钮，均无法打开服务。

第 2 步：拆开手机，拆下液晶屏和主板，检查主板，如图 8-27 所示。

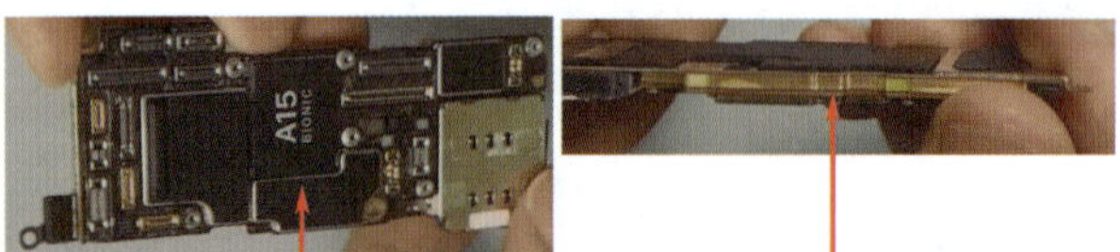

图 8-27 检查主板

第 3 步：将主板分开，准备检查主板焊点，如图 8-28 所示。

图 8-28　分离主板

第 4 步：检查主板的焊点，如图 8-29 所示。

图 8-29　检查主板焊点

第 5 步：清洁主板焊盘，并植锡，如图 8-30 所示。

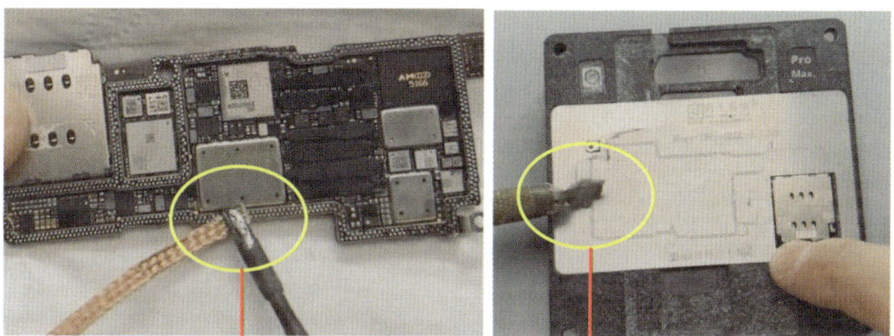

图 8-30　重新植锡

第 6 步：将植锡后的主板放在加热平台上进行加热，如图 8-31 所示。

第 7 步：在主板上滴一些焊油，准备将两块主板焊接到一起，如图 8-32 所示。

第 8 步：将主板焊接好后，将其安装到手机，然后进行测试，如图 8-33 所示。

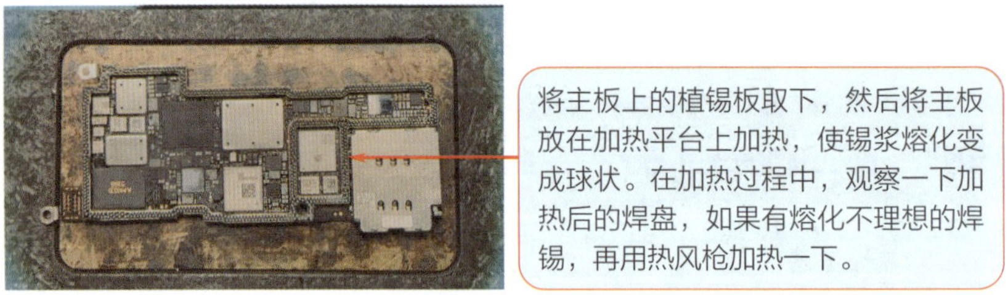

图 8-31　加热焊锡

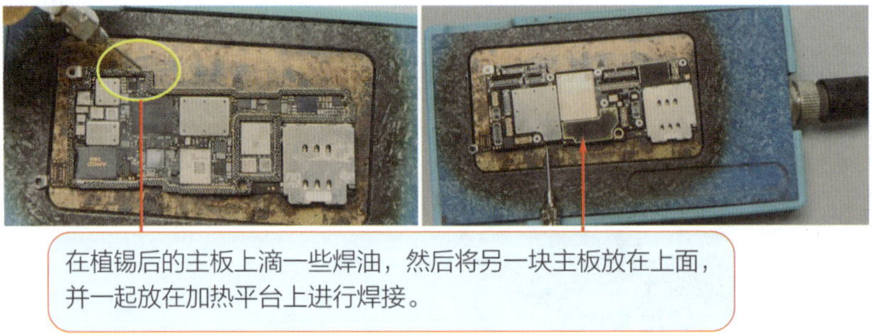

图 8-32　焊接主板

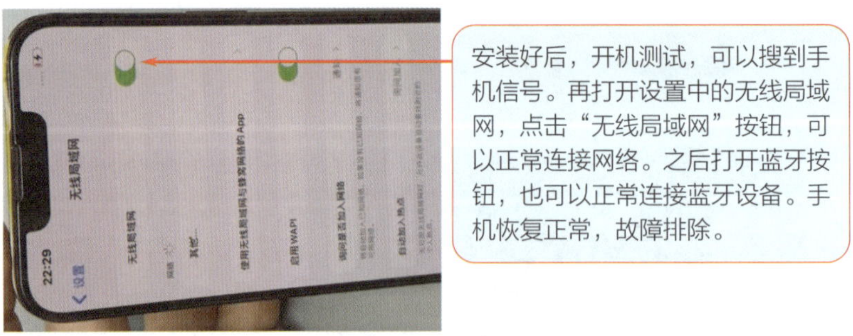

图 8-33　测试手机

8.4.5　手机无法打电话无 Wi-Fi 故障维修实战

一台 OPPO 手机，可以正常开机，但无法打电话，无法连接 Wi-Fi 网络。

此故障的维修方法如下。

第 1 步：打开故障手机的设置，查看故障现象，如图 8-34 所示。

第 2 步：拆开手机，拆下主板，准备检查射频电路，如图 8-35 所示。

第 3 步：在 WTR 射频芯片周围涂一些焊油，对其进行加焊处理，如图 8-36 所示。

第 4 步：加焊处理后，将主板安装到手机中进行测试，如图 8-37 所示。

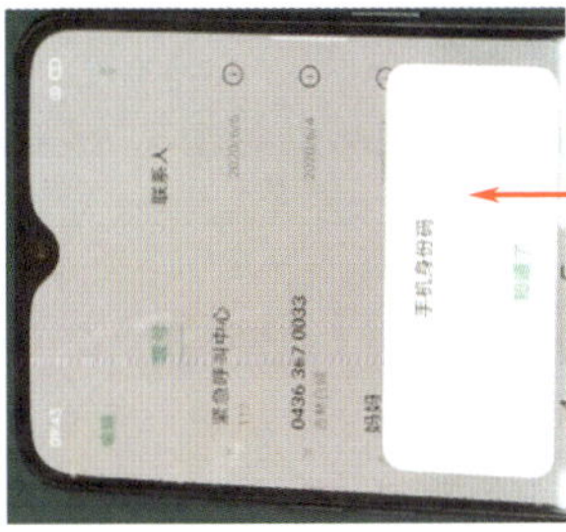

先打开手机的设置，进入WLAN界面设置网络，发现无法打开WLAN。接着打开拨号盘，输入“*#06#”查看手机身份码，无显示。怀疑手机射频芯片有虚焊的情况。

图 8-34　查看故障现象

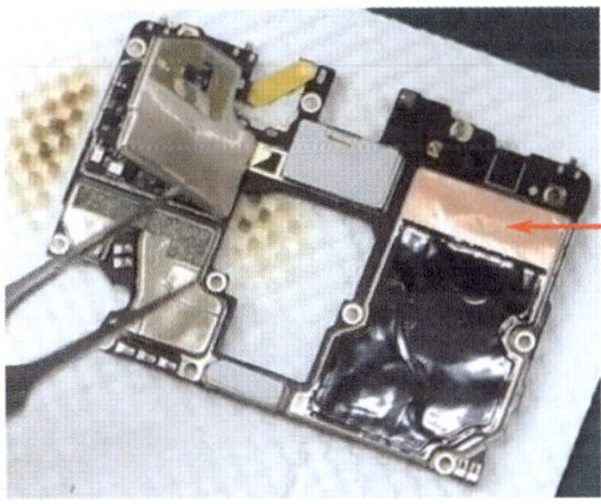

拆下主板，然后用热风枪加热射频电路屏蔽壳，将屏蔽壳拆下。

图 8-35　拆下主板准备检查

先在WTR射频芯片周围涂一些焊油，有助于均匀加热，然后用热风枪均匀加热WTR射频芯片，对其进行加焊处理。

图 8-36　加焊射频芯片

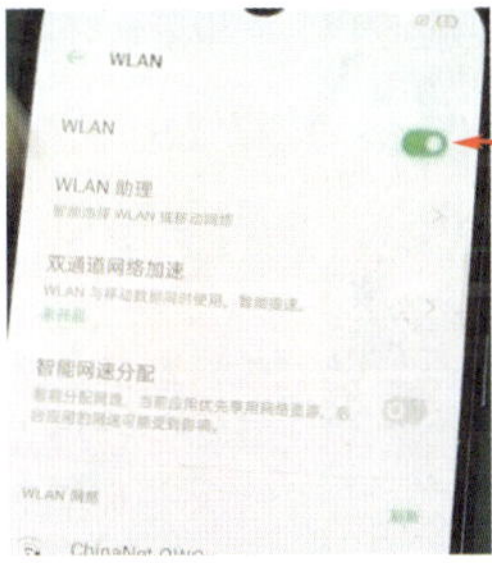

将主板安装到手机，然后开机，并进入设置中的WLAN设置界面。打开WLAN开关，发现可以搜到无线网络，并连接到网络。之后再拨打电话，通话正常。手机恢复正常，故障排除。

图 8-37　测试手机

第 9 章

图解手机声音故障维修实战

智能手机声音故障主要表现为听筒无声音、对方听不到声音、扬声器声音异常、耳机声音异常、听筒无声耳机有声等，而这些故障通常都是由音频信号处理电路问题、耳机信号处理电路问题、音频功率放大电路问题等引起。本章将详细讲解智能手机声音故障的故障检测点、维修流程图、维修诊断方法和维修实战案例。

9.1 智能手机声音故障检测点

在检修智能手机声音故障时，要重点检测电路中故障率较高的元器件，这样可以快速找到故障原因。本节总结智能手机声音故障关键元器件检测点，如图 9-1 所示。

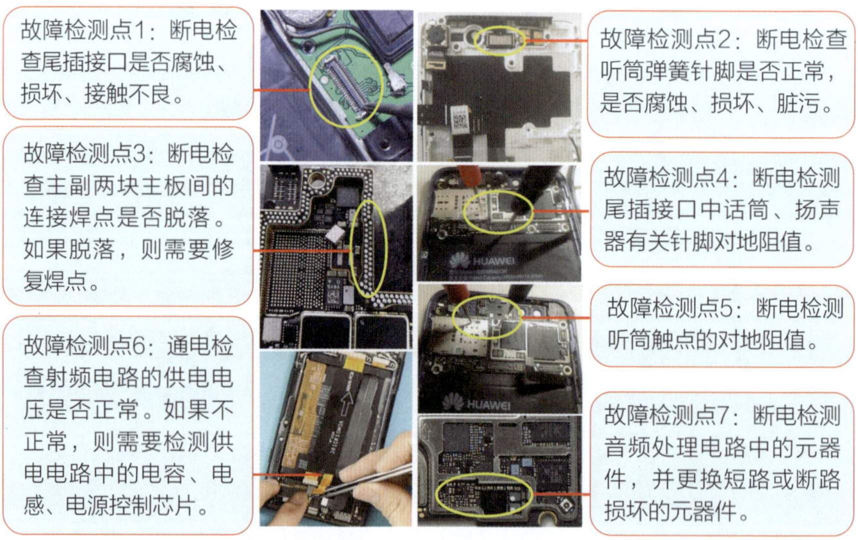

图 9-1　智能手机声音故障关键元器件检测点

9.2 智能手机声音故障维修流程图

智能手机声音故障出现的频率较高，在维修声音故障时，主要是对音频电路的接口、软排线、供电电压、电路元器件等进行检测。本节总结了智能手机声音故障维修流程图，供维修手机声音故障时参考，如图 9-2 所示。

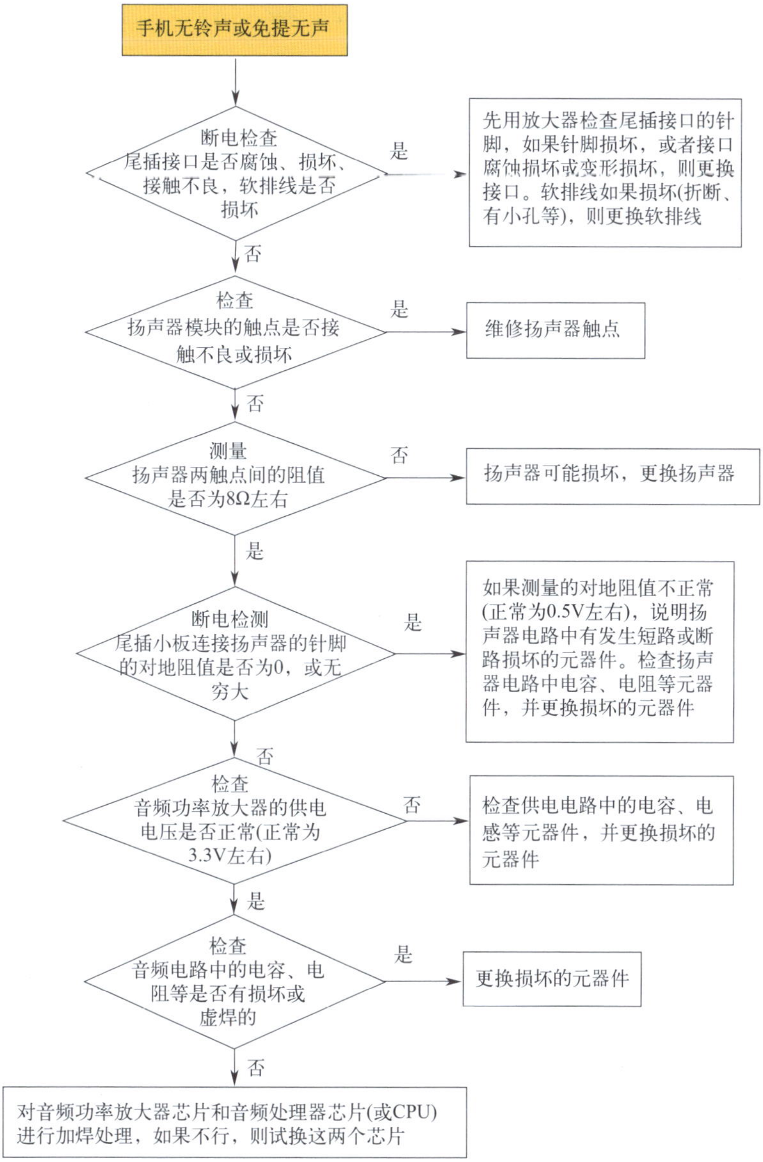

图 9-2

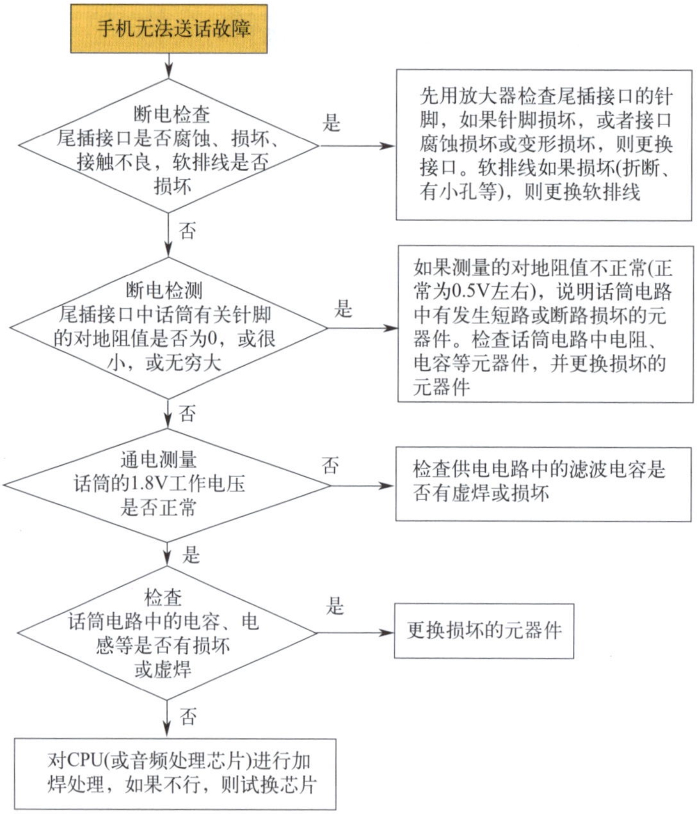
手机无法送话故障
断电检查
尾插接口是否腐蚀、损坏、接触不良，软排线是否损坏
是
先用放大器检查尾插接口的针脚，如果针脚损坏，或者接口腐蚀损坏或变形损坏，则更换接口。软排线如果损坏(折断、有小孔等)，则更换软排线
否
断电检测
尾插接口中话筒有关针脚的对地阻值是否为0，或很小，或无穷大
是
如果测量的对地阻值不正常(正常为0.5V左右)，说明话筒电路中有发生短路或断路损坏的元器件。检查话筒电路中电阻、电容等元器件，并更换损坏的元器件
否
通电测量
话筒的1.8V工作电压是否正常
否
检查供电电路中的滤波电容是否有虚焊或损坏
是
检查
话筒电路中的电容、电感等是否有损坏或虚焊
是
更换损坏的元器件
否
对CPU(或音频处理芯片)进行加焊处理，如果不行，则试换芯片

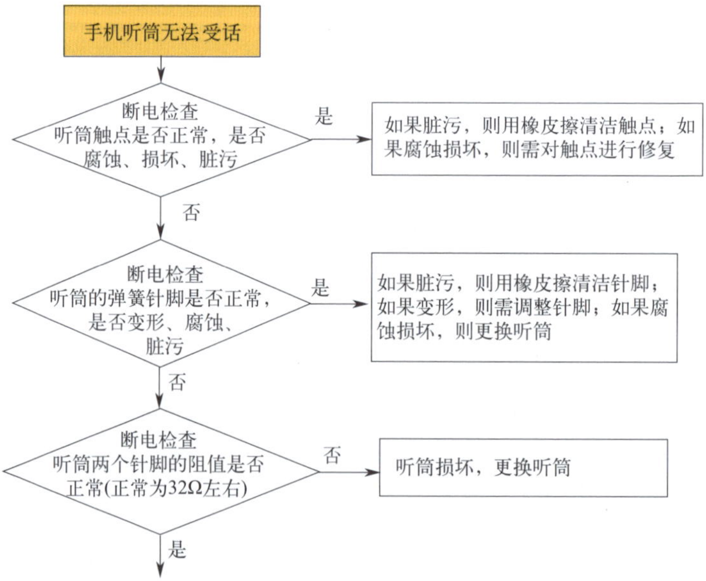
手机听筒无法受话
断电检查
听筒触点是否正常，是否腐蚀、损坏、脏污
是
如果脏污，则用橡皮擦清洁触点；如果腐蚀损坏，则需对触点进行修复
否
断电检查
听筒的弹簧针脚是否正常，是否变形、腐蚀、脏污
是
如果脏污，则用橡皮擦清洁针脚；如果变形，则需调整针脚；如果腐蚀损坏，则更换听筒
否
断电检查
听筒两个针脚的阻值是否正常(正常为32Ω左右)
否
听筒损坏，更换听筒
是

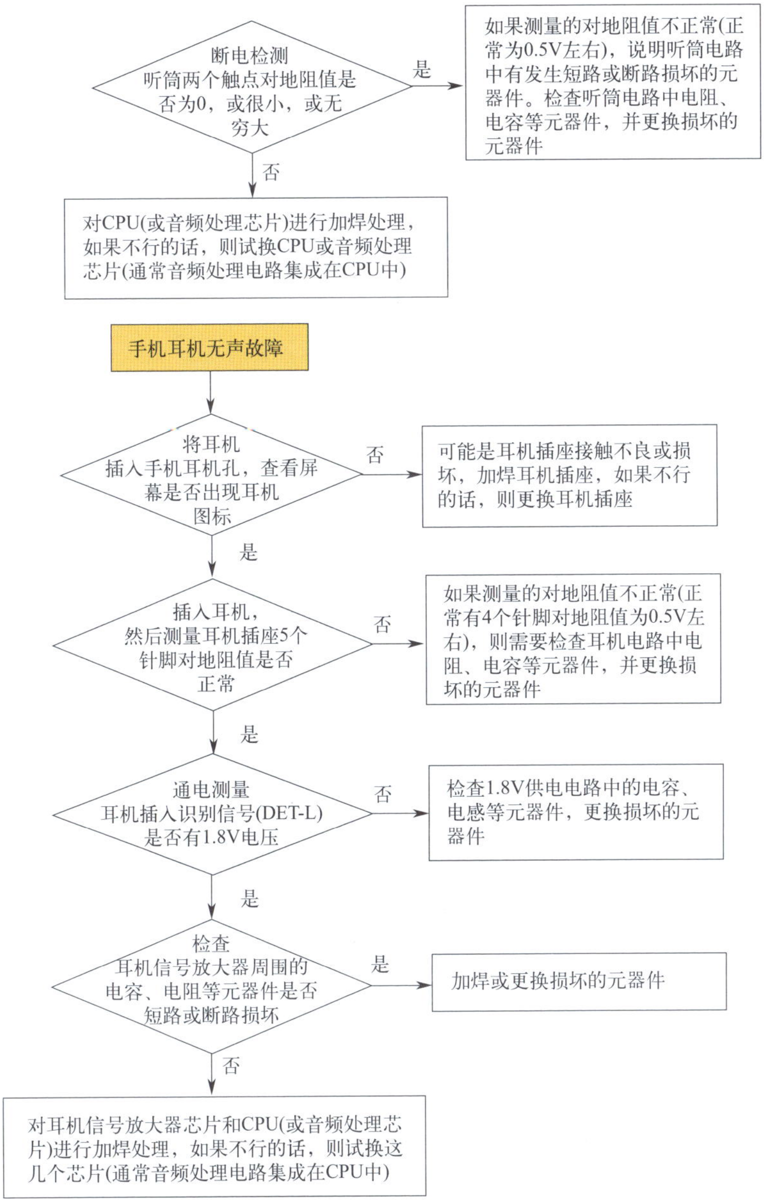

图 9-2　智能手机声音故障维修流程图

9.3 快速诊断手机声音故障

智能手机声音故障涉及扬声器、听筒、话筒、耳机插座及相关处理电路，因此维修时要根据故障现象找到发生故障的部件及电路，然后查找故障元件。本节将详细分析手机各种声音故障的维修方法。

9.3.1　音频处理电路常见故障分析

智能手机出现声音故障时，通常会出现接听电话时听筒无声音、打电话时对方听不到声音但自己可以听见声音、播放歌曲时扬声器无声或声音不正常、使用耳机时听不到声音或插入耳机后扬声器依然有声、打电话时听筒无声耳机有声等故障。

手机声音故障一般分为扬声器电路故障、听筒电路故障、话筒电路故障、耳机电路故障等。这些电路故障的检测思路如图 9-3 所示。

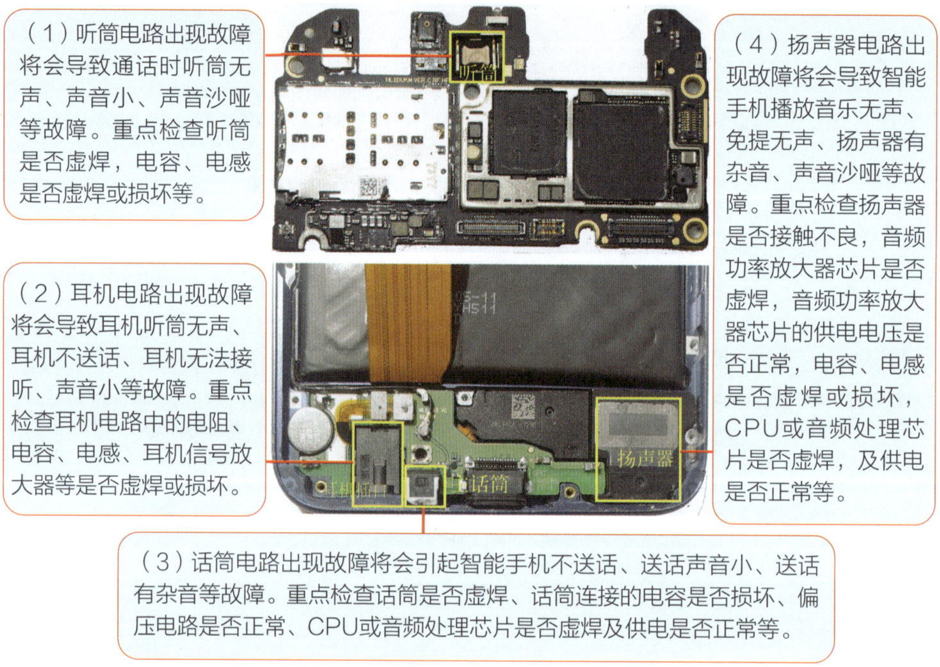

图 9-3　声音故障维修思路

9.3.2　快速诊断手机扬声器故障

手机扬声器电路故障一般会出现播放音乐无声、免提无声、扬声器有杂音、扬声器声音沙哑等故障现象。扬声器故障一般是由扬声器接触不良或损坏，尾插接口接触不良或损坏，软排线损坏，扬声器电路中的电容、电阻、音频功率放大器等元器件虚焊或损坏，CPU 虚焊或损坏等引起的。一般扬声器故障中扬声器损坏、音频功率放大器芯片损坏较多，其中，音频功率放大器芯片损坏和虚焊的故障占 90%以上，在检查故障时重点检查这几个方面。

手机扬声器故障维修方法如下。

（1）检查尾插接口的连接是否有问题，如图 9-4 所示。

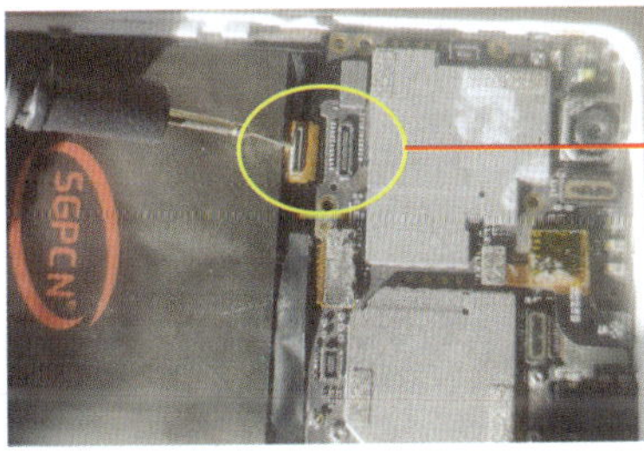

检查尾插软排线接口的连接是否松动、接触不良、腐蚀或接口有损坏。如果接口松动或接触不良，重新安装即可，如果接口有腐蚀或损坏，则需要更换接口。

图 9-4　检查接口的连接

（2）检查尾插接口中金属针脚是否损坏，如图 9-5 所示。

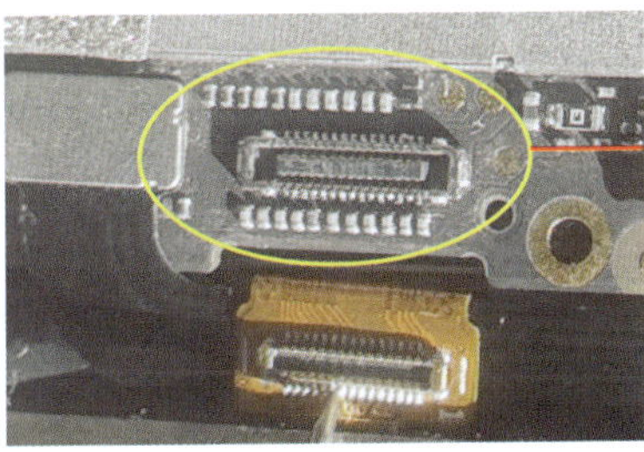

用放大镜检查尾插接口的金属针脚是否有损坏，特别是被摔过的手机。如果有损坏的针脚，但只是变形了，可以用镊子调整一下；如果针脚脱落或断裂，就需要更换接口。

图 9-5　检查尾插接口的针脚

（3）检查手机尾插小板连接软排线是否有损坏，如图 9-6 所示。

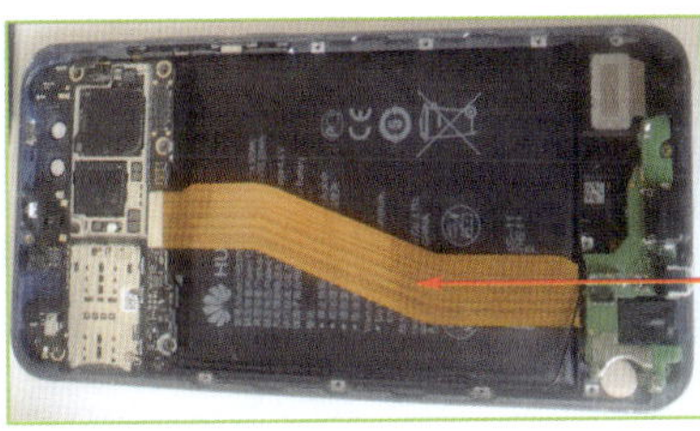

仔细检查尾插小板软排线是否有破损、折断或小孔等问题。如果有，则需要更换排线。

图 9-6　检查尾插小板软排线

（4）拆下扬声器，然后测量扬声器两触点间的阻值，如图 9-7 所示。

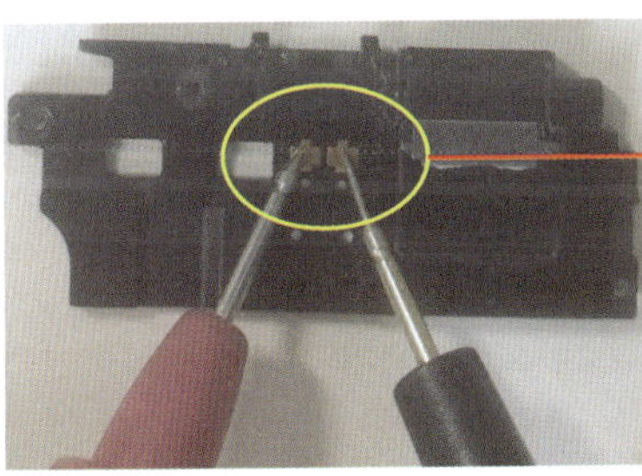

将数字万用表调到蜂鸣挡，然后两表笔接扬声器模块的两个触点，测量阻值。正常阻值为8Ω左右。如果阻值很小或无穷大，说明扬声器损坏，更换扬声器即可。

图 9-7　检测扬声器好坏

（5）用万用表检测尾插小板中扬声器针脚的对地阻值，通过对地阻值来判断扬声器电路中是否有损坏的元器件，如图 9-8 所示。

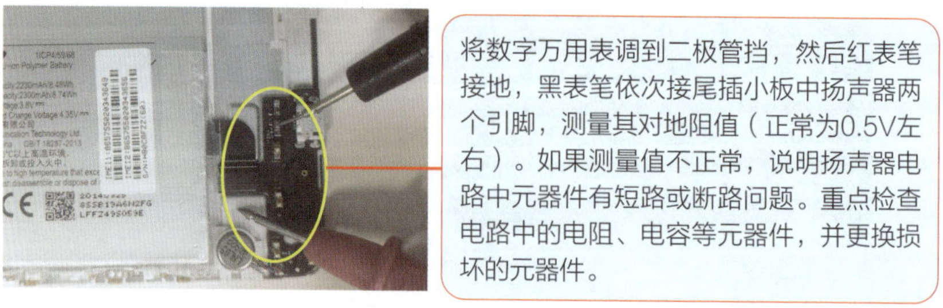

图 9-8　测量扬声器针脚对地阻值

（6）如果扬声器针脚对地阻值正常，则用万用表测量主板扬声器电路中的功率放大器的供电电压是否正常，如图 9-9 所示。

图 9-9　测量功率放大器的供电电压

（7）经过上述检查，如果故障依旧存在，则可能是 CPU（集成音频处理电路）或功率放大器芯片有问题，接着检查，如图 9-10 所示。

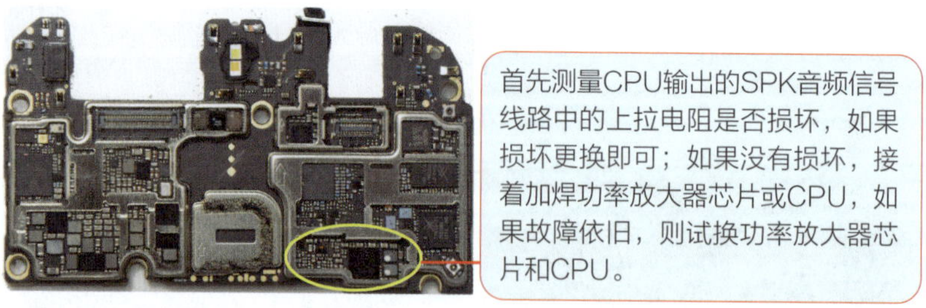

图 9-10　检测音频电路中芯片

9.3.3　快速诊断手机听筒无声故障

手机听筒无声故障一般都是由听筒损坏或接触不良造成的，另外，软件故障也可能造成手机无受话故障。如果接听电话噪声大，则大多为听筒接触不良，或者受话电路虚焊或损坏引起的。因此对于听筒无声故障，重点检查手机的听筒。

手机听筒无声故障维修方法如下。

（1）断电检查听筒触点是否正常，如图 9-11 所示。

仔细检查主板听筒触点是否脏污、被腐蚀或损坏等。如果有这些问题，那么可以用橡皮擦清洁触点，或修复触点。

图 9-11　检查听筒触点

（2）检查听筒的弹簧针脚是否正常，如图 9-12 所示。

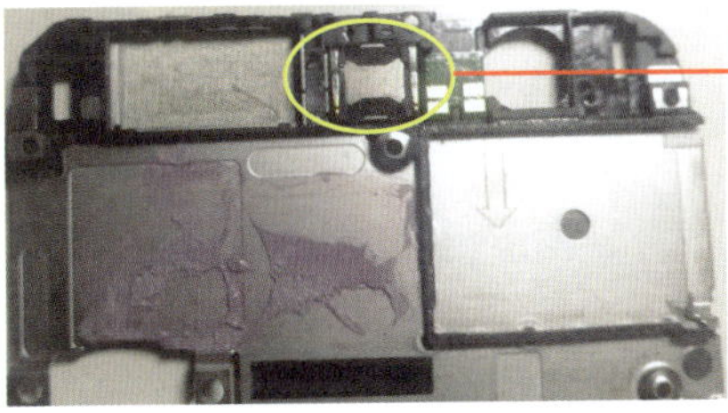

仔细检查听筒的弹簧针脚是否变形、脏污、被腐蚀或损坏等。如果弹簧针脚变形，则用钳子等工具调整针脚；如果针脚脏污，则用橡皮擦清洁针脚；如果针脚被腐蚀或损坏，则更换听筒。

图 9-12　检查听筒弹簧针脚

（3）检查听筒的两个针脚的阻值是否正常，如图 9-13 所示。

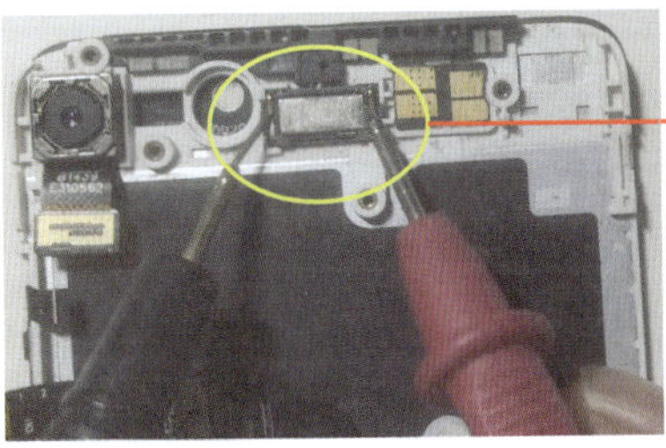

将数字万用表调到蜂鸣挡或欧姆挡200量程，然后红黑表笔接听筒的两个针脚测量阻值（正常为32Ω左右）。如果阻值很小或为无穷大，说明听筒损坏，更换听筒即可。

图 9-13　检测听筒的好坏

（4）用万用表检测主板听筒触点的对地阻值，通过对地阻值来判断听筒电路中是否有损坏的元器件，如图 9-14 所示。

将数字万用表调到二极管挡，然后红表笔接地，黑表笔依次接听筒的两个触点，测量其对地阻值（正常为0.5V左右）。如果测量值不正常，说明听筒电路中元器件有短路或断路问题。重点检查听筒电路中的电阻、电容、电感等元器件，并更换损坏的元器件。

图 9-14　测量听筒触点对地阻值

（5）若上述检查都没有问题，则故障可能是 CPU（集成音频处理电路）或音频处理器芯片问题引起的。加焊 CPU 或音频处理器芯片，如果故障依旧，则试换 CPU 或音频处理器芯片。

9.3.4　快速诊断手机话筒无声故障

手机话筒无声故障会造成打电话时，对方听不到机主的声音。造成手机话筒无声故障的原因可能是：话筒损坏或接触不良、话筒无工作偏压、尾插接口接触不良或损坏、软排线损坏、话筒电路中元器件虚焊或损坏等。在检查故障时重点检查这几个方面。

手机话筒无声故障维修方法如下。

（1）检查尾插接口的连接是否有问题，如图 9-15 所示。

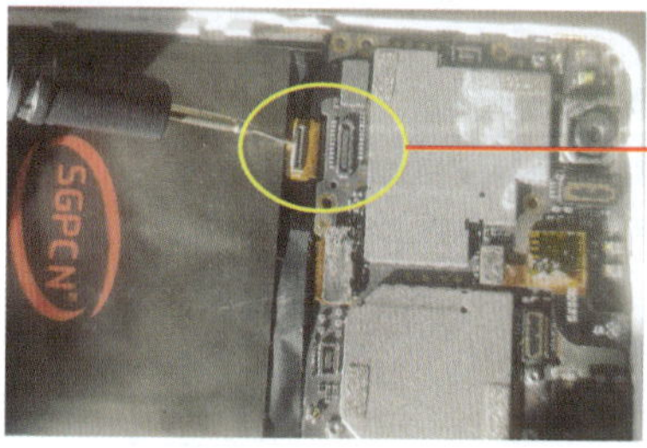

检查尾插软排线接口的连接是否松动、接触不良、腐蚀或接口有损坏。如果接口松动或接触不良，重新安装即可；如果接口有腐蚀或损坏，则需要更换接口。

图 9-15　检查接口的连接

（2）检查尾插接口中金属针脚是否损坏，如图 9-16 所示。

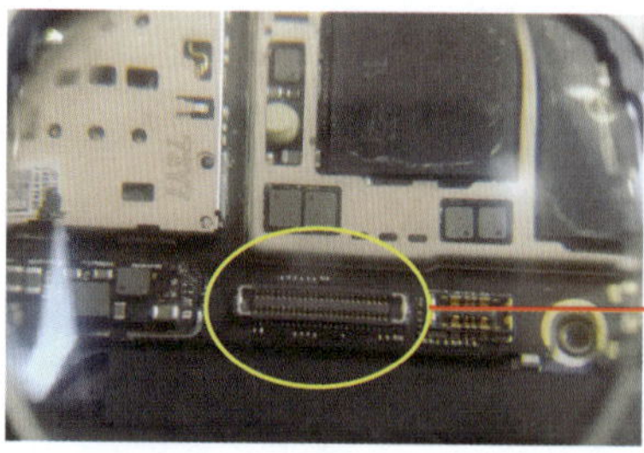

用放大镜检查尾插接口的金属针脚是否有损坏，特别是摔过的手机。如果有损坏的针脚，但只是变形了，可以用镊子调整一下；如果针脚脱落或断裂，就需要更换接口。

图 9-16　检查尾插接口的针脚

（3）检查手机尾插小板连接软排线是否有损坏，如图 9-17 所示。

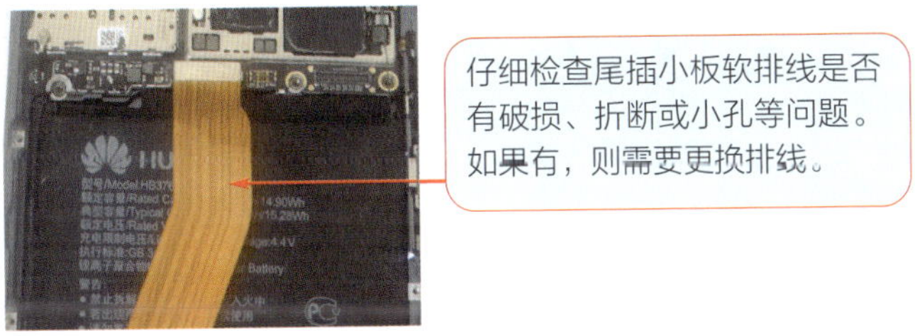

图 9-17　检查尾插小板软排线

（4）用万用表检测尾插接口中话筒相关针脚的对地阻值，通过对地阻值来判断话筒电路中是否有损坏的元器件，如图 9-18 所示。

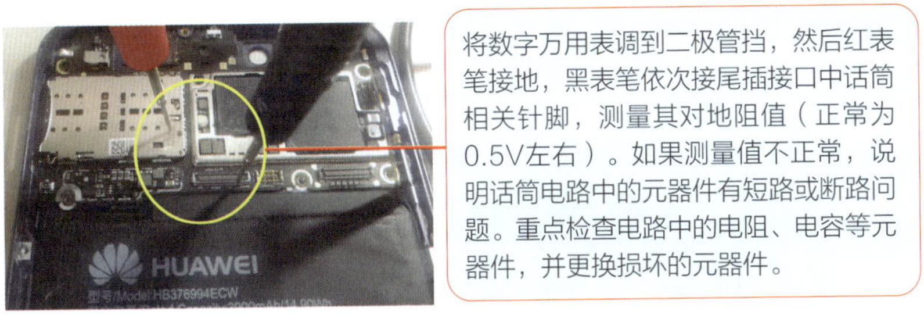

图 9-18　测量尾插话筒针脚对地阻值

（5）若上述检查都没有问题，则故障可能是 CPU（集成音频处理电路）或音频处理器芯片问题引起的。加焊 CPU 或音频处理器芯片，如果故障依旧，则试换 CPU 或音频处理器芯片。

9.3.5　快速诊断手机耳机无声故障

手机耳机故障一般表现为插入耳机后耳机无声、耳机无法被识别等。手机耳机无声故障通常由尾插接口接触不良或损坏、软排线损坏、耳机接口接触不良或损坏、耳机电路中元器件虚焊或损坏等引起，在检查故障时重点检查这几个方面。

手机耳机无声故障维修方法如下。

（1）将耳机插入手机耳机孔，查看屏幕是否出现耳机图标，如图 9-19 所示。

（2）如果插入耳机后出现耳机图标，那么拆开手机，在插入耳机的情况下，测量耳机插座 5 个针脚对地阻值是否正常，如图 9-20 所示。

（3）检查耳机信号放大器芯片周围的元器件是否正常，如图 9-21 所示。

（4）如果以上检测均正常，则可能是耳机信号放大器芯片或 CPU（集成音频处理芯片）有问题，对其进行加焊处理。如果不行的话，则试换这几个芯片。

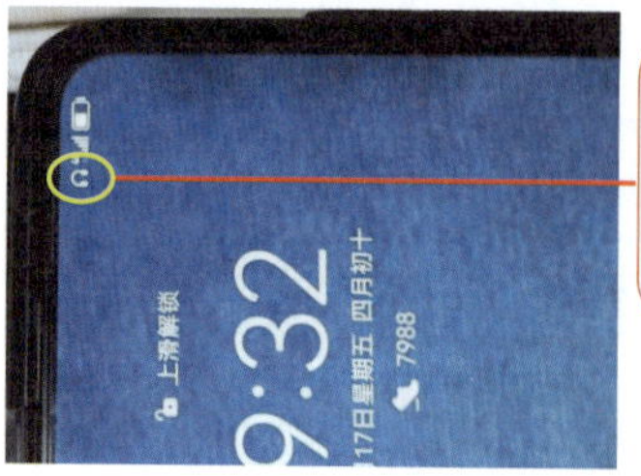

如果插入耳机后没有耳机图标，则可能是耳机插座接触不良或损坏，加焊耳机插座，如果不行的话，则需更换耳机插座。

图 9-19　测试耳机插孔

将数字万用表调到二极管挡，然后红表笔接地，黑表笔依次接耳机接口中的几个针脚，测量其对地阻值。如果测量的对地阻值不正常（正常有4个针脚对地阻值为0.5V左右），检查耳机电路中电阻、电容等元器件，并更换损坏的元器件。

图 9-20　测量耳机插座针脚对地阻值

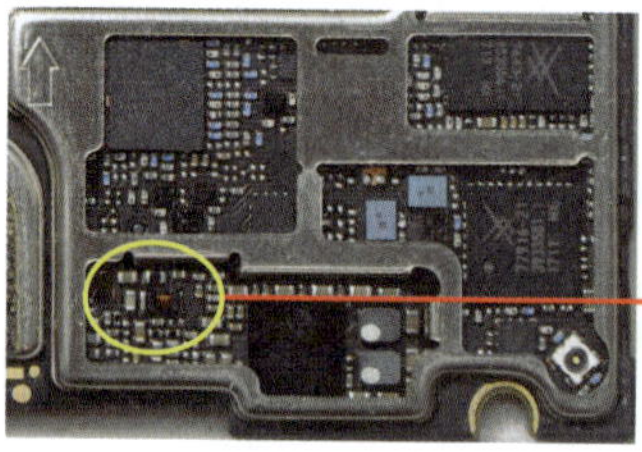

将万用表调到蜂鸣挡，然后检测耳机信号放大器芯片周围的电容、电阻等元器件，并更换损坏的元器件。

图 9-21　检测耳机信号放大器电路

9.4 动手维修：手机声音故障检测维修实战案例

手机声音故障包括听筒故障、扬声器故障、耳机故障、话筒故障等，前面章节已经做了分析，本节将通过几个实战案例来讲解手机声音故障的检测维修方法，使维修人员通过实战案例掌握手机声音故障的维修经验。

9.4.1 手机听筒无声免提正常故障维修实战

一台iPhone手机，客户描述打电话时听筒没有声音，但按免提键可以听到声音。此故障的维修方法如下。

第 1 步：用故障手机打电话进行测试，发现正如客户描述，打电话时听筒没有声音，打开免提后，可以听见声音。分析此故障可能是由听筒电路中的软排线、接口、听筒等故障引起的。

第 2 步：拆开手机，拆下屏幕，进行检查。由于此手机的听筒位于屏幕上方的刘海屏区域内，因此先测量液晶屏接口针脚的对地阻值，如图 9-22 所示。

图 9-22　测量 J4600 接口

第 3 步：测量液晶屏上听筒软排线接头对地阻值，如图 9-23 所示。

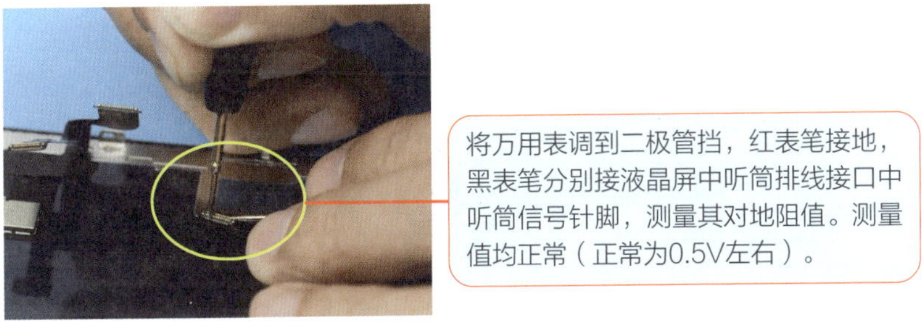

图 9-23　测量听筒软排线接头对地阻值

第 4 步：仔细检查听筒软排线，发现一处折痕，如图 9-24 所示。

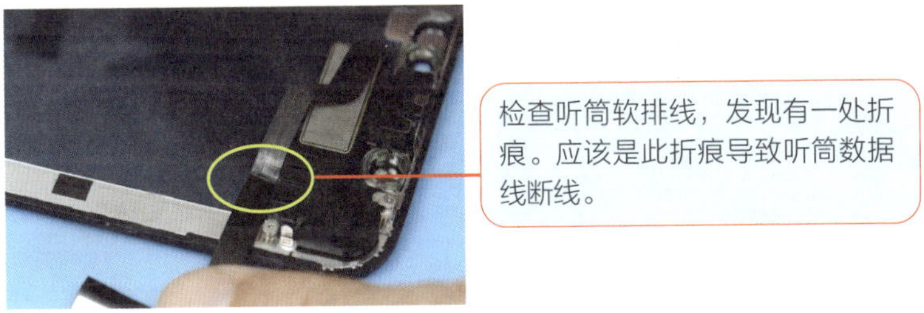

图 9-24　检查听筒软排线

第 5 步：由于手头没有配件，准备对软排线进行修复，如图 9-25 所示。

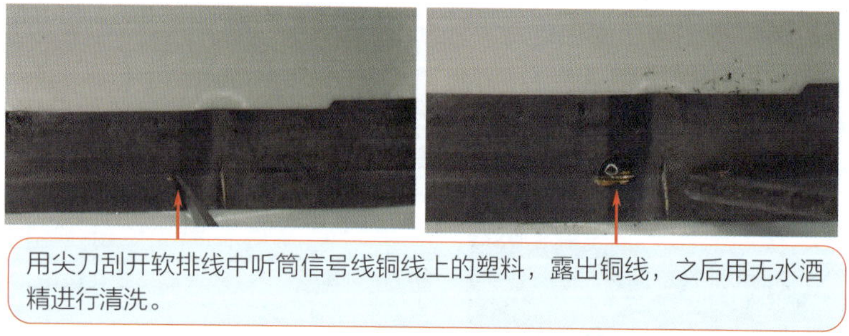

图 9-25　修复软排线

第 6 步：用电烙铁在排线上的铜线上镀一些焊锡，然后焊接一条铜线以修复软排线，如图 9-26 所示。

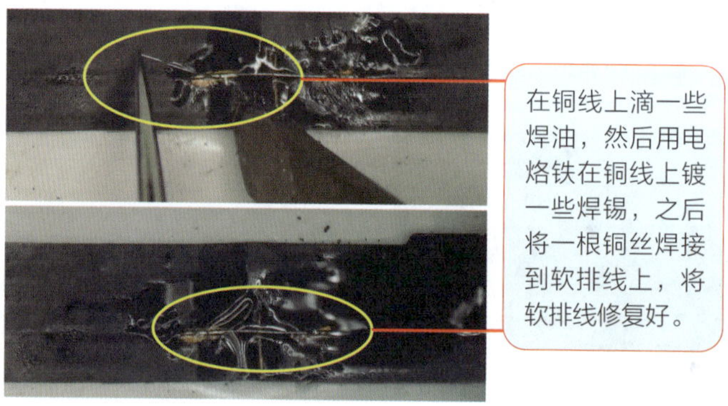

图 9-26　给软排线焊接铜线

第 7 步：将听筒排线装好，将手机安装好，开机测试，如图 9-27 所示。

图 9-27　测试手机

9.4.2 手机扬声器无声故障维修实战

一台荣耀手机，出现扬声器无声音故障，话筒和听筒均正常。

此故障维修方法如下。

第 1 步：打开故障手机进行测试，打电话可以听见声音，播放铃声，扬声器无声，如图 9-28 所示。

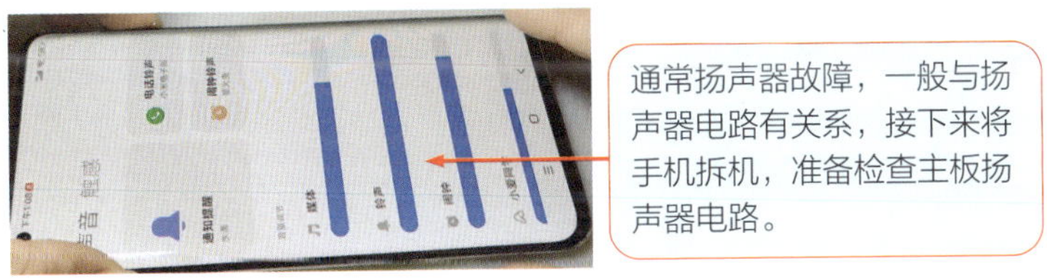

图 9-28　查看手机故障现象

第 2 步：拆开手机，检查尾插接口（连接扬声器的接口），如图 9-29 所示。

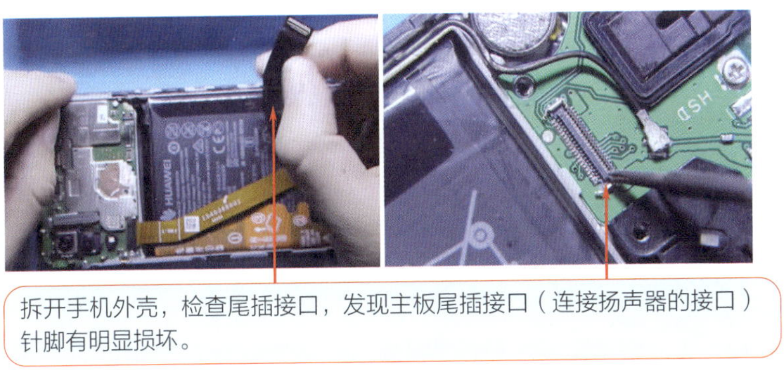

图 9-29　检查尾插接口

第 3 步：拆下尾插接口，准备更换新接口，如图 9-30 所示。

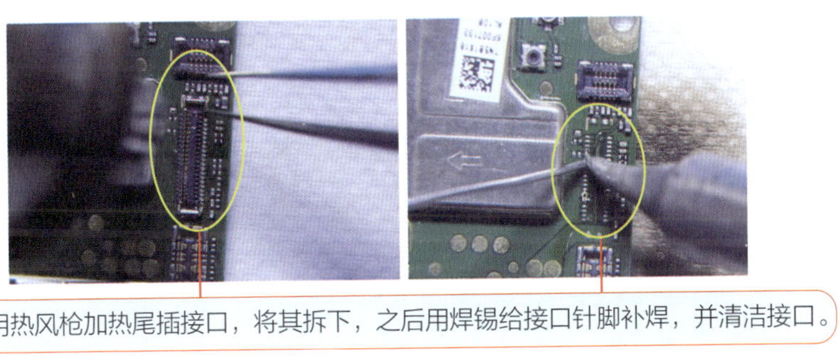

图 9-30　拆下尾插接口

第 4 步：将新的尾插接口放到主板上，准备焊接新尾插接口，如图 9-31 所示。

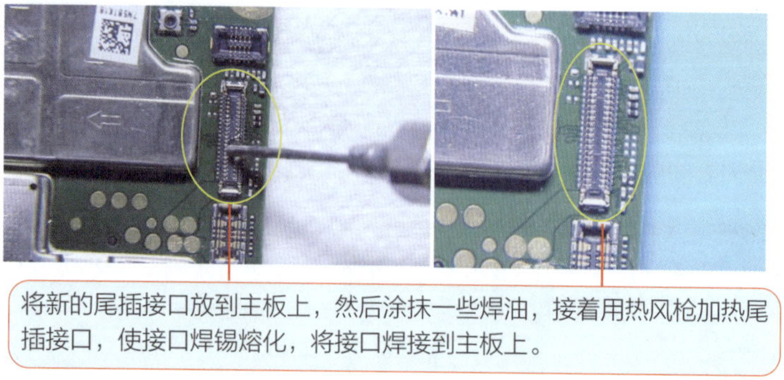

图 9-31　焊接尾插接口

第 5 步：焊接好尾插接口后，将主板安装到手机进行测试，如图 9-32 所示。

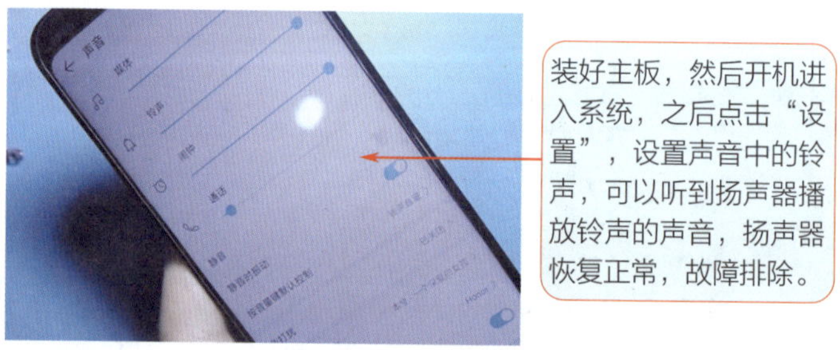

图 9-32　测试手机

9.4.3　手机打电话听筒无声故障维修实战

一台华为 nova 手机，客户说手机可以正常开机但打电话时听筒无声音。

此故障维修方法如下。

第 1 步：用故障手机拨打电话进行测试，发现电话可以正常接通，但无法听到对方说话的声音。根据经验，估计是手机电路板听筒电路有损坏或接触不良问题。拆开手机检查，如图 9-33 所示。

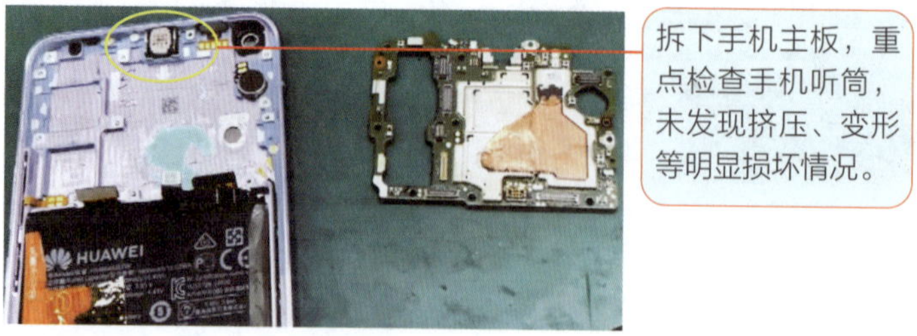

图 9-33　检查手机听筒

第 2 步：测量听筒的阻值，判断听筒是否损坏，如图 9-34 所示。

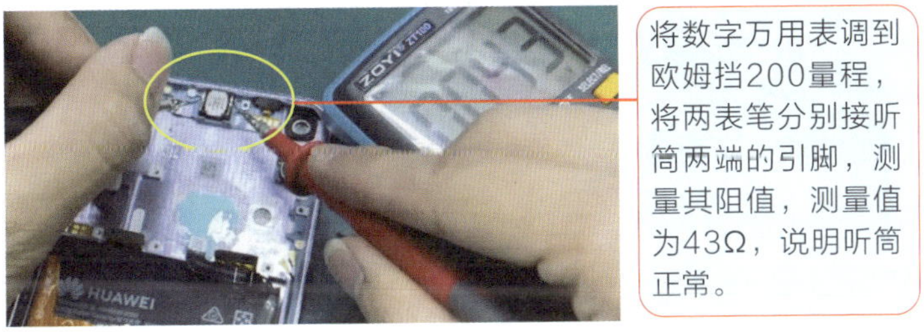

图 9-34　测量听筒阻值

第 3 步：测量主板中连接听筒的触点的对地阻值，判断听筒电路是否正常，如图 9-35 所示。

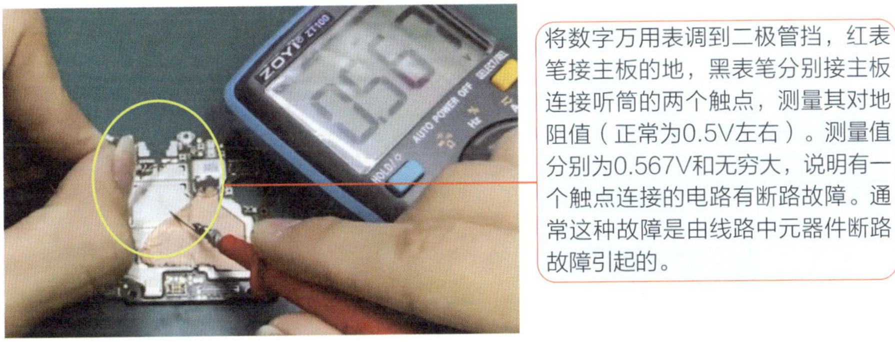

图 9-35　测量听筒电路

第 4 步：查看手机电路图，找出与此触点连接的元器件，如图 9-36 所示。

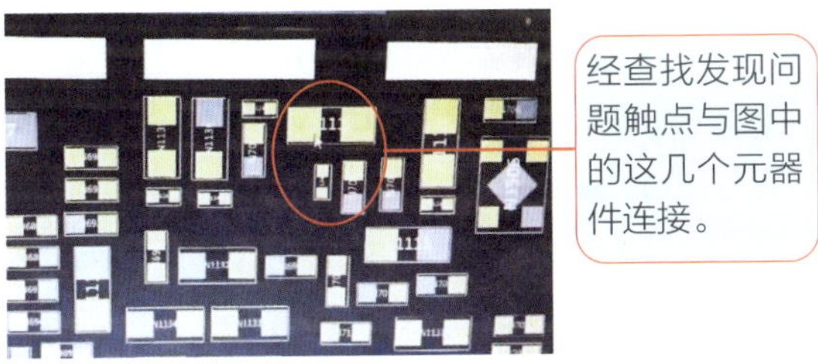

图 9-36　查找连接元器件

第 5 步：用万用表检测连接的元器件，如图 9-37 所示。

第 6 步：更换损坏的元器件后，再次测量问题触点的对地阻值，如图 9-38 所示。

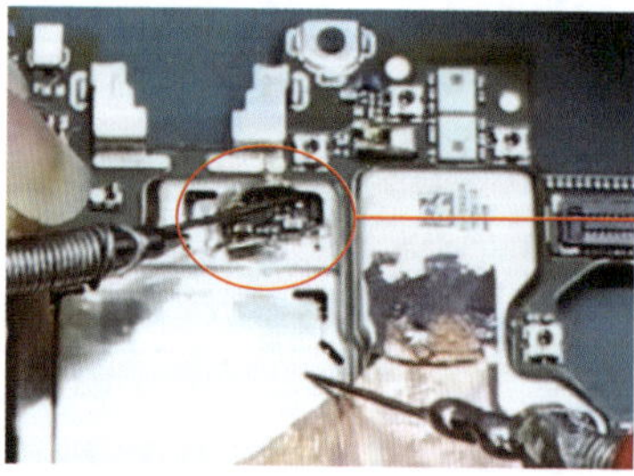

图 9-37　检测连接的元器件

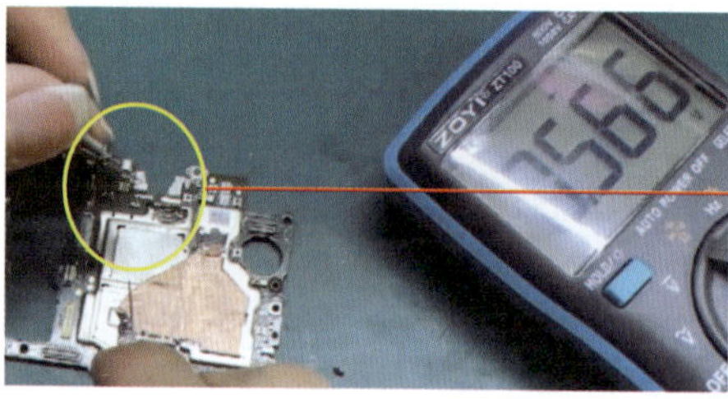

图 9-38　测量问题触点对地阻值

第 7 步：将主板装好，准备开机测试，如图 9-39 所示。

图 9-39　测试手机

9.4.4　手机无声音故障维修实战

一台华为 P 系列手机，开机使用基本正常，但接听电话时无来电铃声。

此故障维修方法如下。

第 1 步：打开故障手机进行测试，进入设置界面调整铃声，没有播放任何声音，如图 9-40 所示。

第 2 步：拆开手机，检查尾插接口（连接扬声器的接口）对地阻值，如图 9-41 所示。

第 3 步：检查尾插软排线及接口，如图 9-42 所示。

第 4 步：更换一个新的尾插软排线，如图 9-43 所示。

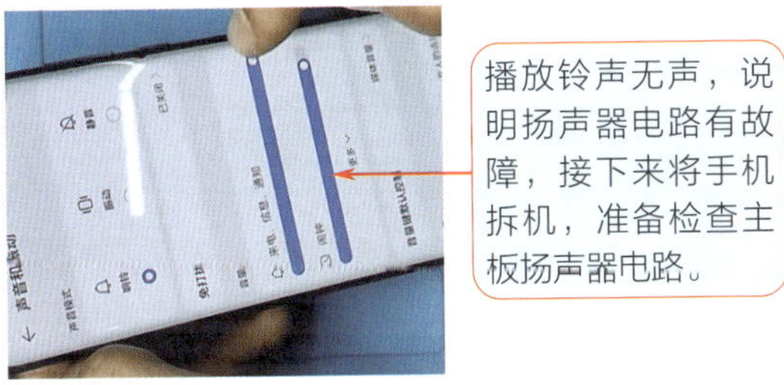

图 9-40　查看手机故障现象

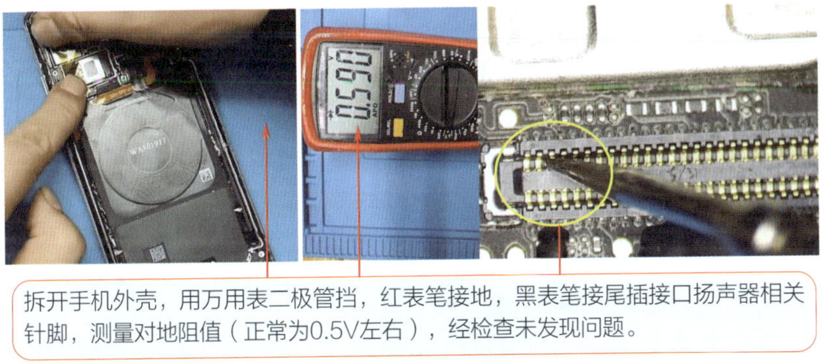

图 9-41　检查尾插接口

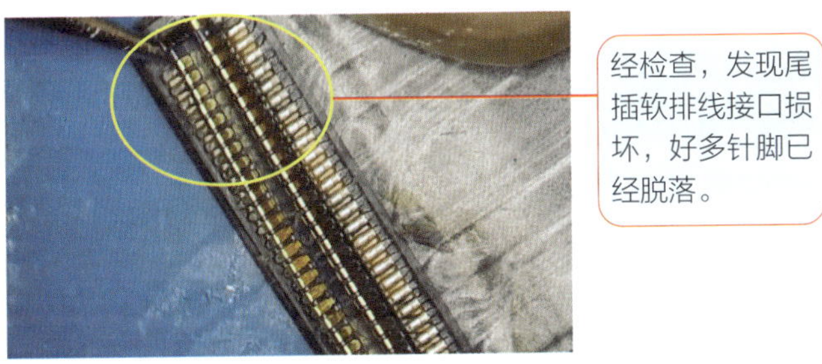

图 9-42　检查尾插软排线及接口

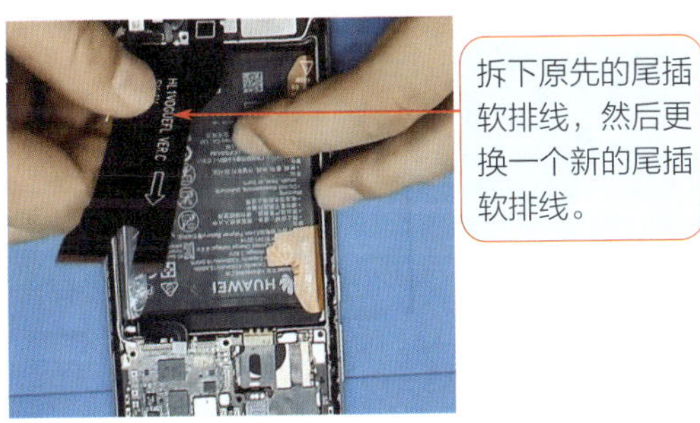

图 9-43　更换尾插软排线

第 5 步：将手机安装好，然后开机测试，如图 9-44 所示。

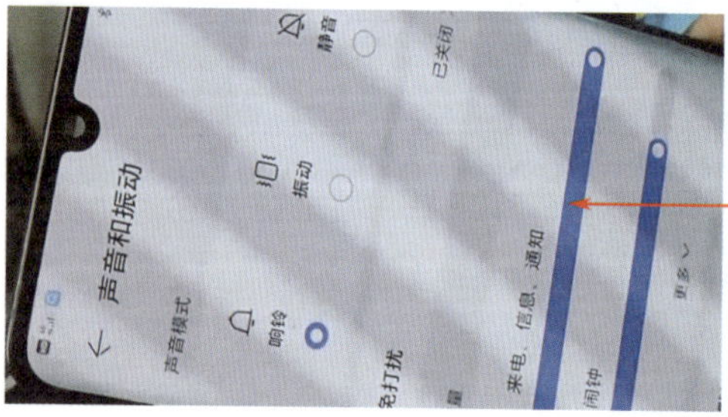

进入手机系统，打开设置界面，然后设置铃声，可以听到扬声器播放铃声，再测试其他声音都正常，手机无声音故障排除。

图 9-44　测试手机

9.4.5　手机插入耳机无声故障维修实战

一台 vivo 手机，客户说插入耳机后播放歌曲，耳机没有声音，扬声器有声音。此故障维修方法如下。

第 1 步：打开故障手机播放一首歌曲进行测试，如图 9-45 所示。

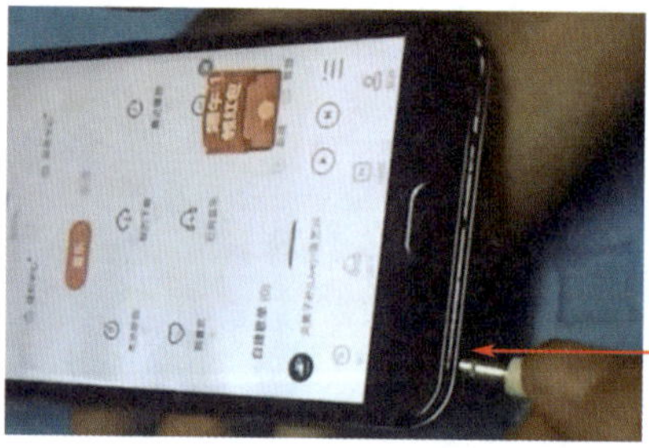

插入耳机，播放一首歌曲，发现声音依旧从扬声器播放，而且手机最上方也不显示耳机图标，说明手机耳机插孔可能有问题。

图 9-45　查看故障现象

第 2 步：拆开手机，清洁耳机插孔，如图 9-46 所示。

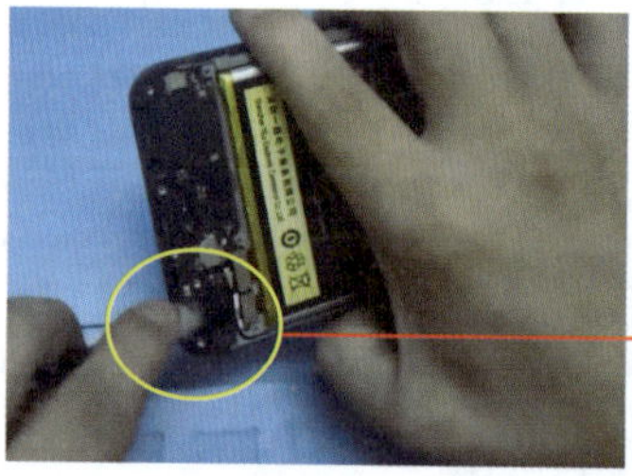

拆开手机尾部的耳机部分的挡板，然后用棉签蘸取洗板水清洁耳机插孔。清洁后试机，故障依旧。

图 9-46　清洁耳机插孔

第 3 步：拆下尾板，进一步检查耳机插孔，如图 9-47 所示。

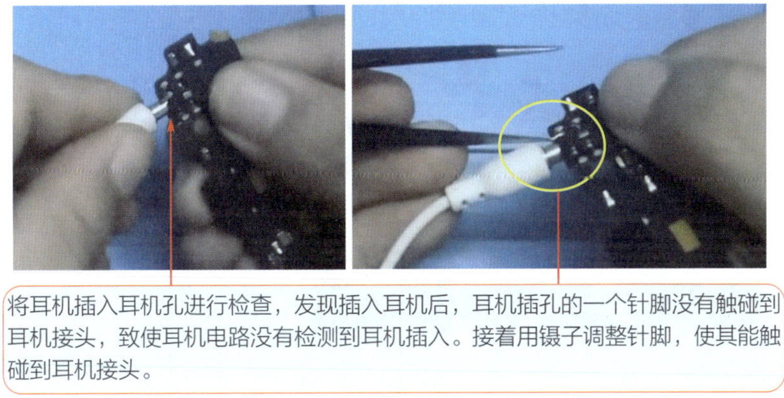

图 9-47　检查耳机插孔

第 4 步：将小板装好，然后开机播放歌曲，进行测试，如图 9-48 所示。

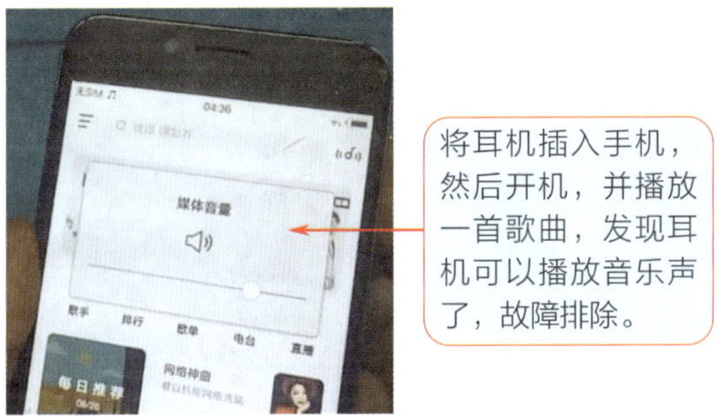

图 9-48　测试手机

9.4.6　手机无任何声音故障维修实战

一台小米手机，客户说打电话听筒无声，接电话无铃声，录音时提示错误。

此故障维修方法如下。

第 1 步：打开故障手机的录音机，进行测试，查看故障现象，如图 9-49 所示。

图 9-49　查看故障现象

第 2 步：准备拆开手机，发现手机背壳已经被摔裂，如图 9-50 所示。

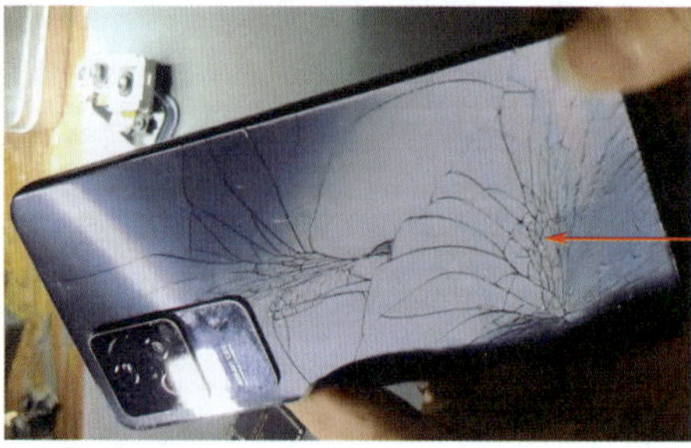

图 9-50　检查手机

第 3 步：拆开手机外壳，拆下主板，并焊下音频电路的屏蔽壳，然后拆下音频芯片，如图 9-51 所示。

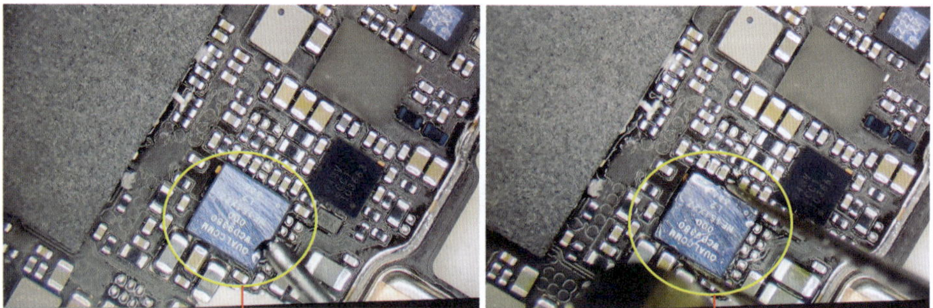

图 9-51　拆下音频芯片

第 4 步：拆下后先清洁焊盘，如图 9-52 所示。

图 9-52　清洁焊盘

第 5 步：清洁焊盘之后，用同样的方法将芯片上的焊锡也清理干净，然后给芯片植锡，焊接芯片，如图 9-53 所示。

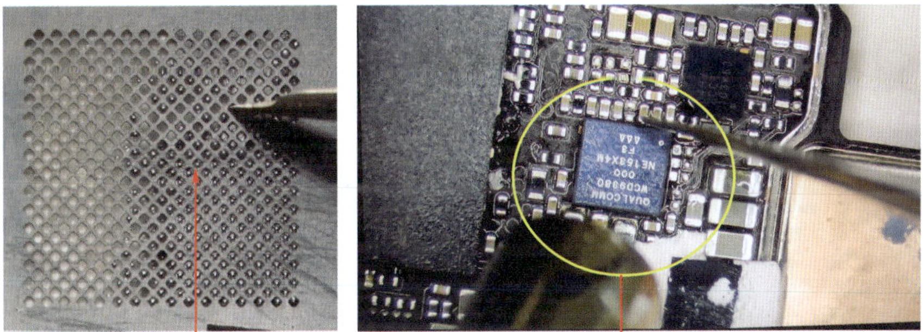

将芯片放在植锡板下面，然后刮一些锡浆，用电烙铁加热植锡板，使锡浆熔化变成球状。接着在焊盘上滴一些焊油，然后将芯片放在焊盘上，再将热风枪风嘴对着芯片中心转圈吹，当芯片底下有焊油渗出时，表明芯片焊接好了。

图 9-53　焊接芯片

第 6 步：将主板重新安装回手机，然后开机测试，如图 9-54 所示。

将手机装好后，按开关键开机，然后进入设置中的铃声设置界面，点击铃声音乐，手机扬声器开始播放音乐。之后再打开录音机，进行录音，也可以正常录音，播放录音也正常。手机声音恢复正常，故障排除。

图 9-54　测试手机

第 10 章

图解手机充电 /SIM 卡 / 照相 / 指纹 /Wi-Fi 故障维修实战

智能手机充电 /SIM 卡 / 照相 / 指纹 /Wi-Fi 故障一般会引起无法充电、无法识别 SIM 卡、照相功能异常、指纹无法使用或不灵敏、Wi-Fi 无法联网或总断线等，而这些故障通常都是由充电电路故障、SIM 卡电路故障、照相电路故障、指纹电路故障、Wi-Fi 电路故障等引起。本章将详细讲解充电 /SIM 卡 / 照相 / 指纹 /Wi-Fi 故障的维修诊断方法和维修实战案例。

10.1 手机充电 /SIM 卡 / 照相 / 指纹 /Wi-Fi 故障检测点

在检修智能手机充电 /SIM 卡 / 照相 / 指纹 /Wi-Fi 故障时，要重点检测电路中故障率较高的元器件，这样可以快速找到故障原因。本节总结智能手机充电 /SIM 卡 / 照相 / 指纹 /Wi-Fi 故障关键元器件检测点。如图 10-1 所示为智能手机充电故障检测点。

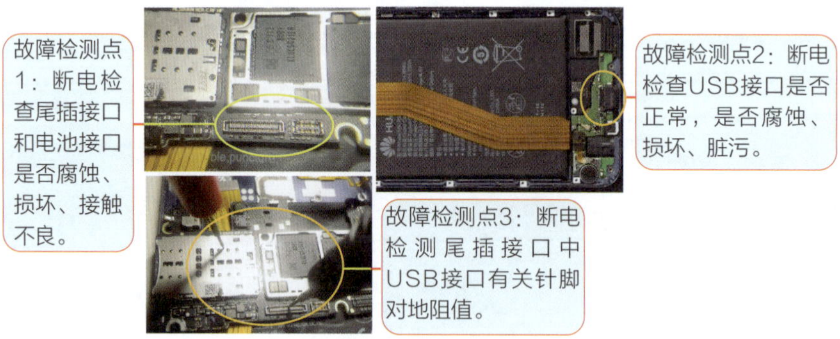

图 10-1 智能手机充电故障检测点

如图 10-2 所示为智能手机 SIM 卡故障检测点。

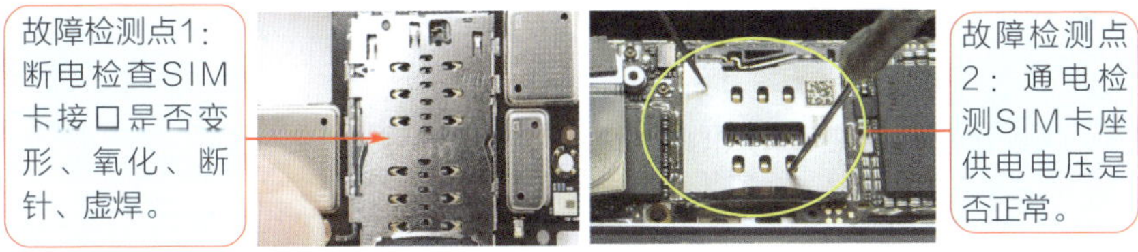

图 10-2　智能手机 SIM 卡故障检测点

如图 10-3 所示为智能手机照相故障检测点。

图 10-3　智能手机照相故障检测点

如图 10-4 所示为智能手机指纹故障检测点。

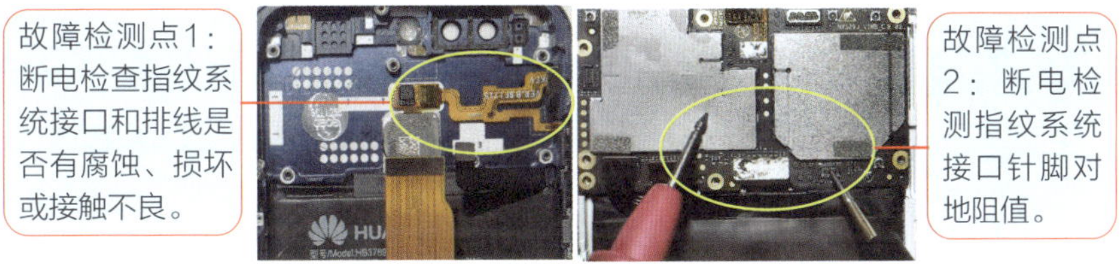

图 10-4　智能手机指纹故障检测点

如图 10-5 所示为智能手机联网故障检测点。

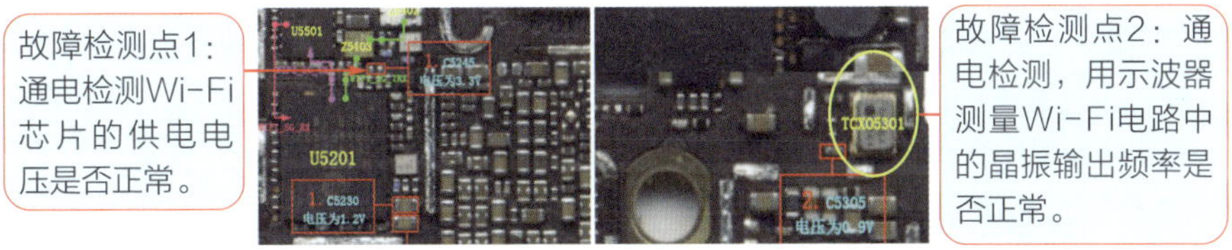

图 10-5　智能手机联网故障检测点

10.2 快速诊断手机充电/SIM卡/照相/指纹/Wi-Fi故障

10.2.1 快速诊断电池充电电路故障

充电电路一般采用两个充电管理芯片并行充电的原理，当快速充电管理芯片不工作时，所有的充电任务都由普通充电管理芯片承担，此时温度会比两个并行充电芯片的高，当温度升高到一定程度时，充电电流会降低。

充电类故障一般由软件故障、尾插接口（连接USB等的排线）、电池排线接口、充电管理芯片问题等引起。

智能手机电池充电电路常见的故障，主要包括：

（1）连接充电器后，手机无任何反应；

（2）刚接上充电器时，手机可以充电，但充一会儿又没有任何反应了，把充电器拿下重新插上后又可以充了，但过一会儿又出现同样的情况；

（3）接上充电器后，手机显示充电，可是拿下充电器后，手机还是一样显示“正在充电”，要过一会儿才会消失；

（4）手机只要一装上电池就显示“正在充电”；

（5）用原装电池充电不能充电，而用非原装电池却能正常充电；

（6）刚接上充电器时，手机显示“正在充电”，但过了一会儿，就显示“未能充电”了；

（7）接上充电器后，手机直接显示“未能充电”；

（8）电池电量显示总是满格，充电则显示“未能充电”，伴随有用电池不开机，用稳压电源却可以开机的故障，但不是那种短路电池对地的人为情况。

手机充电电路一般由三部分电路组成。一是充电检测电路，用来检测充电器是否插入手机充电座；二是充电控制电路，用来控制外接电源向手机电池进行充电；三是电池电量检测电路，用以检测充电电量的多少。

一般来说，当充电检测电路出现问题时，会出现开机就显示充电符号、不充电等故障；当充电控制电路出现问题时，一般会出现不充电故障；当电池电量检测电路出现故障时，一般会出现充电时始终充电或显示充电符号但不能充电的故障。

手机充电电路检修方法如下。

（1）检查连接USB接口的尾插接口、电池接口和软排线，如图10-6所示。

（2）仔细检查尾插接口和电池接口是否有损坏，如图10-7所示。

（3）检测电池接口针脚的对地阻值，如图10-8所示。

（4）检测尾插接口中USB接口有关针脚的对地阻值，如图10-9所示。

（5）若尾插接口USB针脚对地阻值正常，接着检查USB接口是否有问题，如图 10-10 所示。

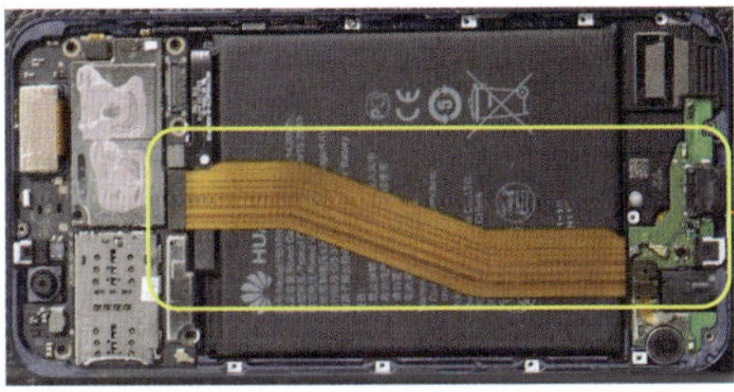

仔细检查尾插接口和电池接口是否安装好，如果接触不良，则重新安装。然后检查软排线是否有折断、小孔等损坏，如果有，则更换软排线。

图 10-6　检查尾插接口和电池接口连接

使用放大镜仔细检查尾插接口和电池接口有没有腐蚀、断针、变形等损坏。如果有变形，则调整针脚；如果有断针或腐蚀等问题，则更换接口。

图 10-7　检查尾插接口和电池接口

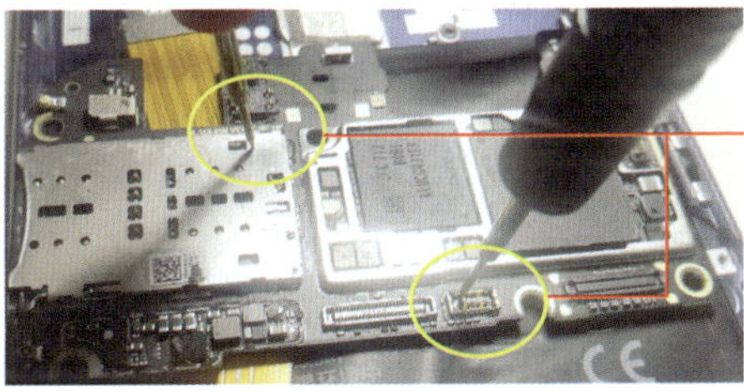

将万用表调到二极管挡，红表笔接地，黑表笔接电池接口的针脚，测量电池接口针脚的对地阻值。如果测量的对地阻值较小或无穷大，则不正常。重点检查电池接口连接的元器件，并更换损坏的元器件。

图 10-8　检测电池接口针脚对地阻值

将万用表调到二极管挡，红表笔接地，黑表笔接尾插接口中USB接口有关针脚，测量这些针脚的对地阻值。主要测量供电（VBUS）、USB数据信号线（USB_DP和USB_DM）、USB信息线（USB_ID）这四组信号，正常为0.5V左右。如果测量的对地阻值较小或无穷大，则不正常，说明USB电路中有损坏的元器件，结合电路图查找并测量USB电路连接的元器件，重点检查接口周围的元器件。

图 10-9　检测尾插接口 USB 针脚对地阻值

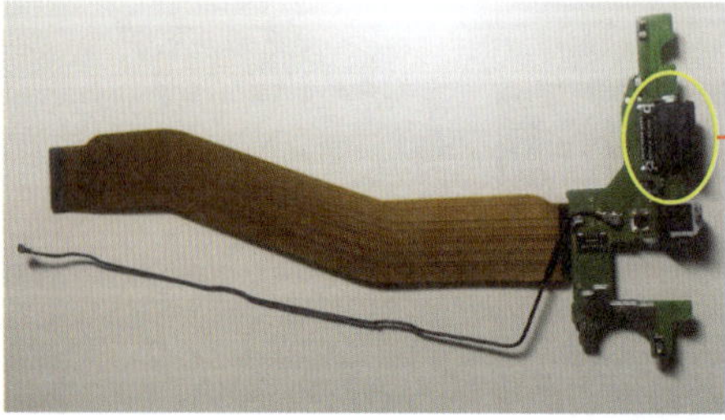

图 10-10　检查 USB 接口

（6）若上述检查都没有问题，则故障可能是 USB 供电电路中元器件问题引起的。接着检查 USB 供电电路，如图 10-11 所示。

图 10-11　检查 USB 供电电路

10.2.2　快速诊断 SIM 卡电路故障

SIM 卡电路故障一般由 SIM 卡供电问题、SIM 卡插座问题、CPU 问题等引起。SIM 卡电路检修方法如下。

（1）检查 SIM 卡插座是否有问题，如图 10-12 所示。

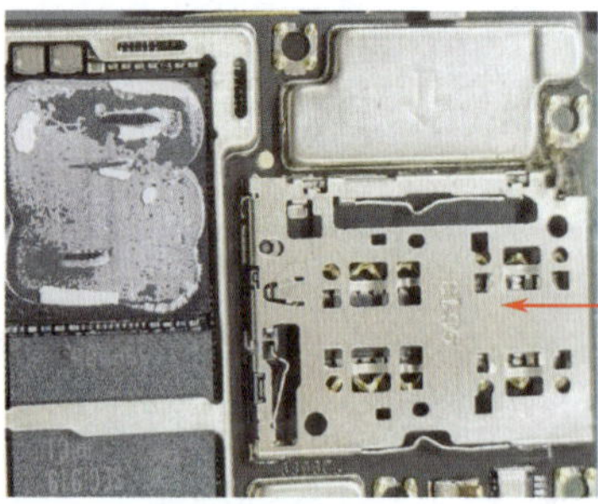

图 10-12　检查 SIM 卡插座

（2）开机测试 SIM 卡插座的供电电压，以及时钟信号、复位信号、数据信号的电压是否正常，如图 10-13 所示。

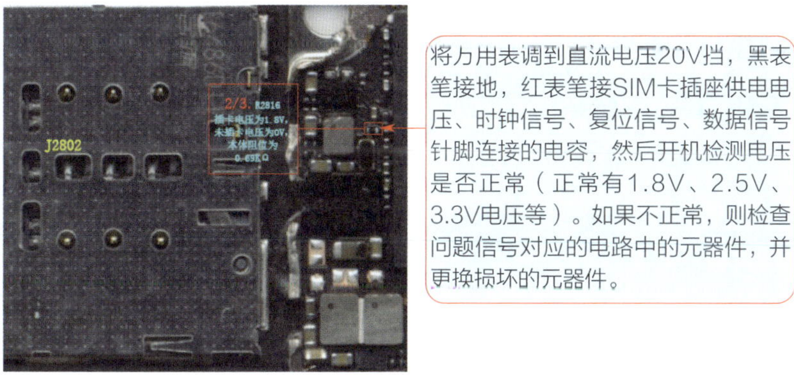

图 10-13　检测 SIM 卡插座信号电压

（3）若以上信号均正常，则可能是 CPU 的问题，加焊或更换 CPU。

10.2.3　快速诊断照相电路故障

照相电路故障一般由摄像头接口接触不良、摄像头软排线损坏、摄像头损坏、照相电路中元器件虚焊或损坏、CPU 虚焊或损坏等问题引起。

照相电路检修方法如下。

（1）检查摄像头接口及软排线是否正常，如图 10-14 所示。

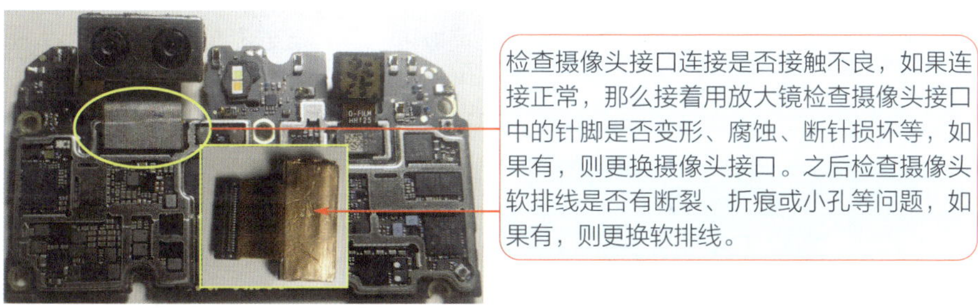

图 10-14　检查摄像头接口和软排线

（2）检测摄像头接口针脚的对地阻值，如图 10-15 所示。

（3）通电测量照相电路的 1.8V、2.8V、3.7V 供电电压是否正常，如图 10-16 所示。

（4）若以上检查均正常，则可能是 CPU 问题引起的故障，对 CPU 进行加焊处理，如果不行的话，则试换 CPU。

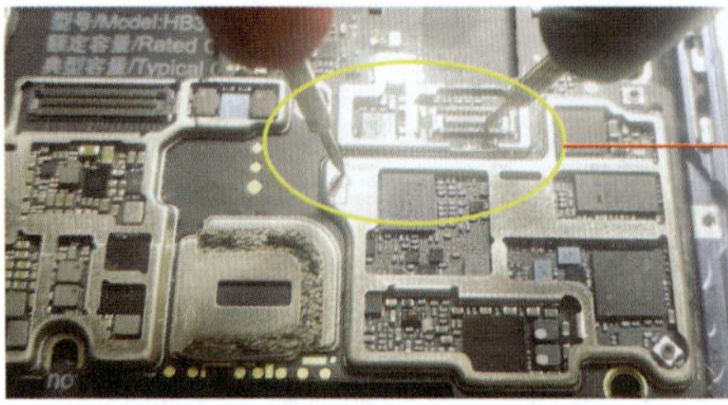

将万用表调到二极管挡，红表笔接地，黑表笔分别接摄像头接口的数据针脚、时钟信号针脚、供电针脚等，测量其对地阻值（正常为0.5V左右）。如果测量的对地阻值较小或无穷大，则不正常，重点检查照相电路中的元器件，并更换损坏的元器件。

图 10-15　检测摄像头接口针脚的对地阻值

将万用表调到直流电压20V挡，黑表笔接地，红表笔分别接照相电路中1.8V、2.8V、3.7V供电电路中的电容，测量这三个电压。如果某一供电电压不正常，则检查该供电电路中的稳压器、滤波电容及电感等元器件是否虚焊或短路损坏（对于稳压器无法判断虚焊的情况下，可以直接加焊）。对于损坏的元器件，直接更换即可。

图 10-16　测量照相电路的供电电压

10.2.4　快速诊断指纹故障

指纹故障一般是由手机软件问题、指纹数据线接口问题、指纹模块问题、CPU 问题等引起的。

指纹故障维修方法如下。

（1）如果手机在系统进行升级或重新刷机后，出现指纹使用故障，则可能是手机系统问题引起的故障，可以通过重置手机系统，或刷机来修复故障。

（2）检查指纹模块接口及软排线是否正常，如图 10-17 所示。

检查指纹模块接口连接是否接触不良，如果连接正常，那么接着用放大镜检查指纹模块接口中的针脚是否变形、腐蚀、断针损坏等，如果有，则更换指纹模块接口。之后检查指纹模块软排线是否有断裂、折痕或小孔等问题，如果有，则更换软排线。

图 10-17　检查指纹模块接口和软排线

（3）检查指纹模块接口供电针脚、数据针脚对地阻值是否正常，如图 10-18 所示。

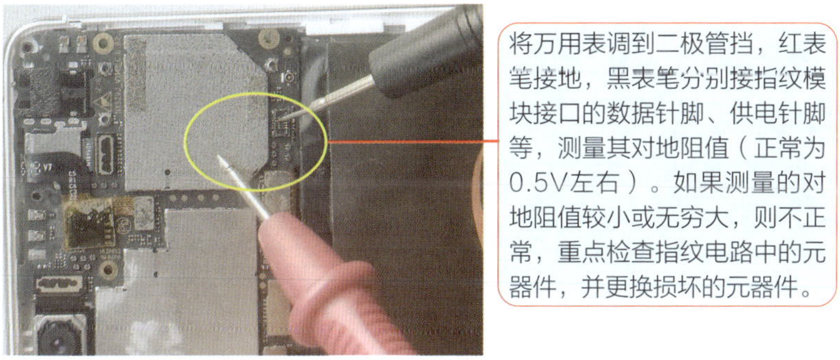

图 10-18　检查指纹模块接口针脚对地阻值

（4）通电测量指纹电路的供电电压是否正常，如图 10-19 所示。

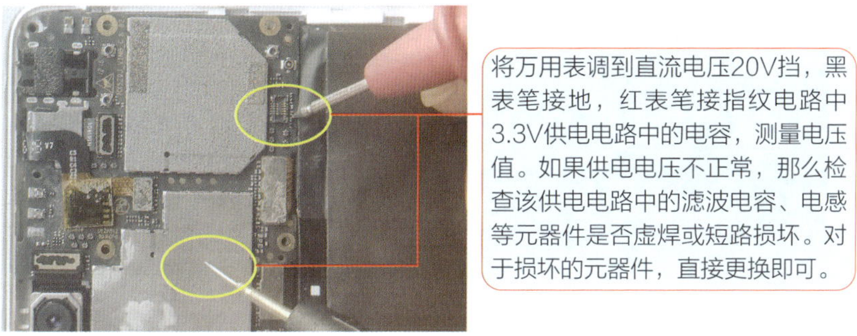

图 10-19　测量指纹电路的供电电压

（5）若以上检查均正常，则可能是指纹模块损坏或 CPU 问题引起的故障，可以试换指纹模块，如果故障依旧无法排查，那么再对 CPU 进行加焊处理。

10.2.5　快速诊断 Wi-Fi 和蓝牙联网故障

Wi-Fi 和蓝牙联网故障一般由手机操作系统软件问题、晶振问题、Wi-Fi/ 蓝牙电路供电电路问题、Wi-Fi/ 蓝牙芯片问题、CPU 问题等引起。

Wi-Fi 和蓝牙联网故障维修方法如下。

（1）如果手机在系统升级或重新刷机后，出现 Wi-Fi 和蓝牙联网故障，则可能是手机系统问题引起的故障，可以通过重置手机系统，或刷机来修复故障。

（2）通电测量 Wi-Fi 芯片的供电电压、使能信号是否正常，如图 10-20 所示。

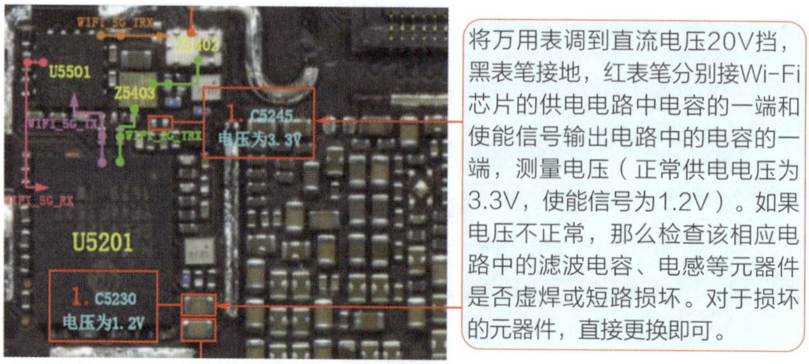

图 10-20　测量 Wi-Fi 芯片的供电电压和使能信号

（3）测量 Wi-Fi 电路中的晶振输出频率是否正常，如图 10-21 所示。

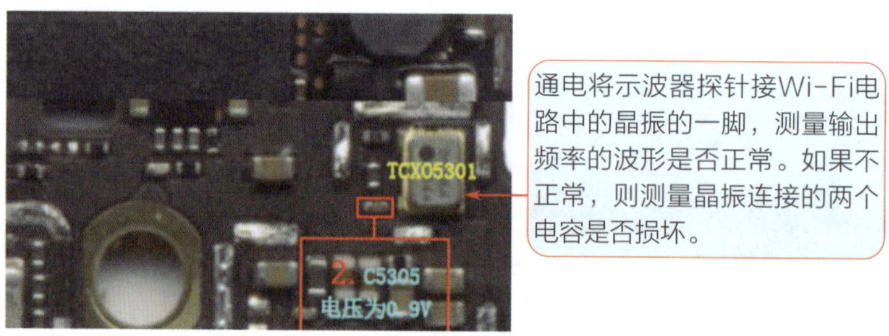

图 10-21　测量输出频率

（4）如果上述检测均正常，则可能是 Wi-Fi 芯片或 CPU 的问题，加焊或更换 Wi-Fi 芯片或 CPU。

10.3 动手维修：充电及其他故障检测维修实战案例

手机充电及其他故障的维修技巧，前面章节已经做了分析，本节将通过几个典型实例来讲解手机充电及其他故障的检测维修过程，帮助大家总结这些故障的维修经验。

10.3.1　手机被摔后无法充电故障维修实战

一台华为 Mate 手机被摔后，无法充电。客户描述，此手机之前被摔过，手机可以正常开机、打电话。根据故障现象，可能是手机内部的充电电路有损坏的元器件。

此故障的维修方法如下。

第 1 步：将故障手机连接充电器进行充电测试，如图 10-22 所示。

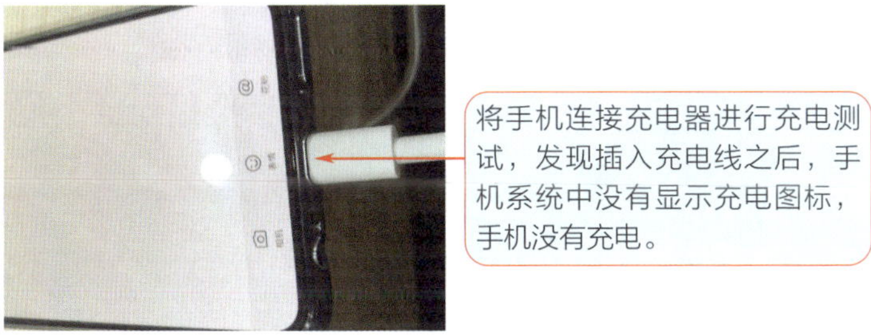

图 10-22　充电测试

第 2 步：怀疑是手机被摔后，导致手机主板充电电路中有元器件损坏。将手机拆开，准备检测充电电路，如图 10-23 所示。

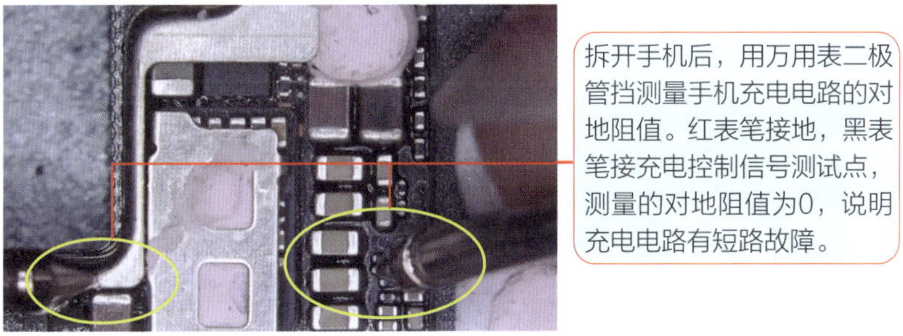

图 10-23　检测充电电路

第 3 步：怀疑故障是由充电管理芯片接触不良引起的，准备检查充电管理芯片是否接触不良，如图 10-24 所示。

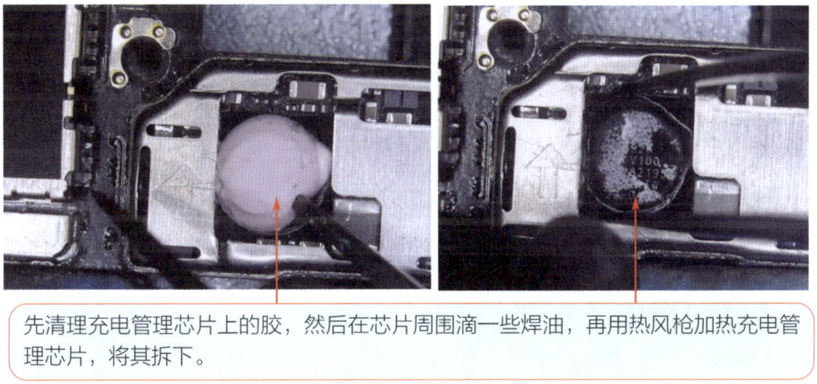

图 10-24　拆卸充电管理芯片

第 4 步：拆下之后，清理焊盘和芯片焊点，然后给充电管理芯片植锡，如图 10-25 所示。

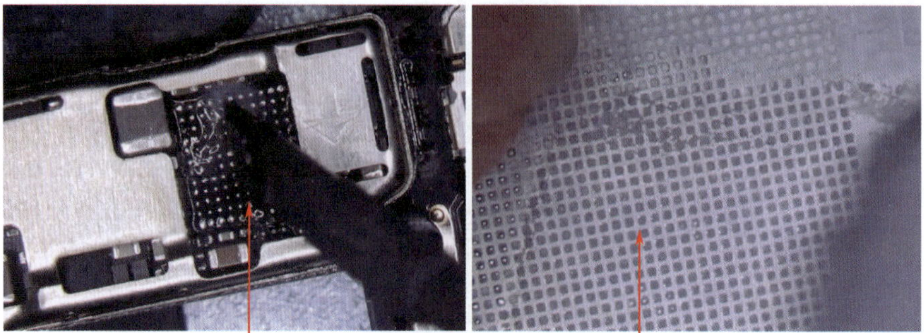

图 10-25 清理焊盘和芯片并植锡

第 5 步：将芯片重新焊接到主板上，如图 10-26 所示。

图 10-26 焊接芯片

第 6 步：将芯片焊接好后，将主板安装到手机，测试手机，如图 10-27 所示。

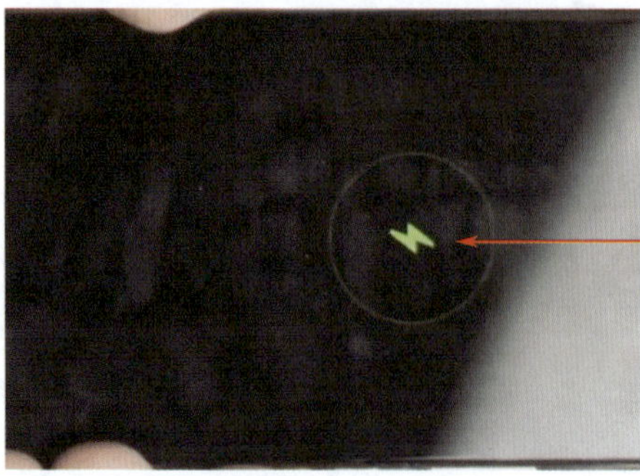

图 10-27 测试手机

10.3.2　手机无法正常充电故障维修实战

一台小米手机可以正常开机，但手机无法充电。

此故障的维修方法如下。

第 1 步：将手机连接充电器进行充电测试，发现插入充电线之后，手机上没有充电图标，手机没有充电。怀疑手机主板有问题，接着拆机准备检查，如图 10-28 所示。

图 10-28　拆开手机

第 2 步：测量 USB 接口输入的 5V 电压是否正常，如图 10-29 所示。

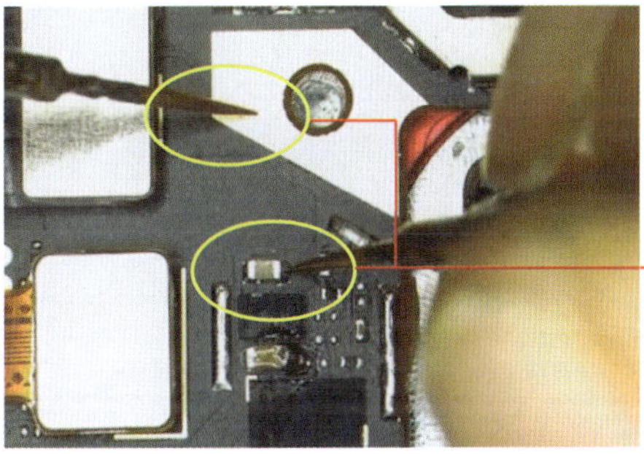

图 10-29　测量 USB 接口输入的电压

第 3 步：准备检测充电电压，先查找充电电压输出端连接的元器件，如图 10-30 所示。

第 4 步：在接通充电线的情况下，用万用表测量充电芯片输出的充电电压，如图 10-31 所示。

第 5 步：拔下充电线，测量充电电路中的几个元器件，如图 10-32 所示。

第 6 步：将电感 L607 拆下，再次测量，如图 10-33 所示。

第 7 步：更换一个相同大小和颜色的电感器，然后装好电路，准备测试，如图 10-34 所示。

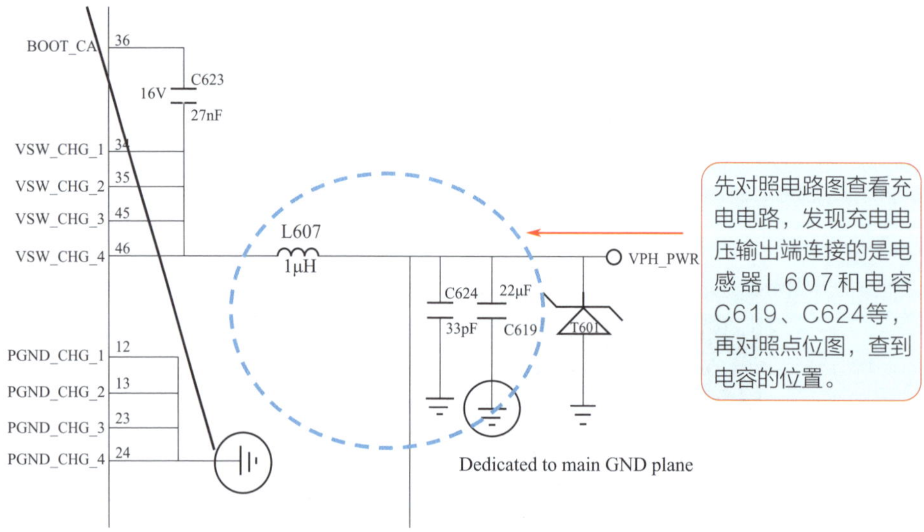

图 10-30　查找充电电路中元器件

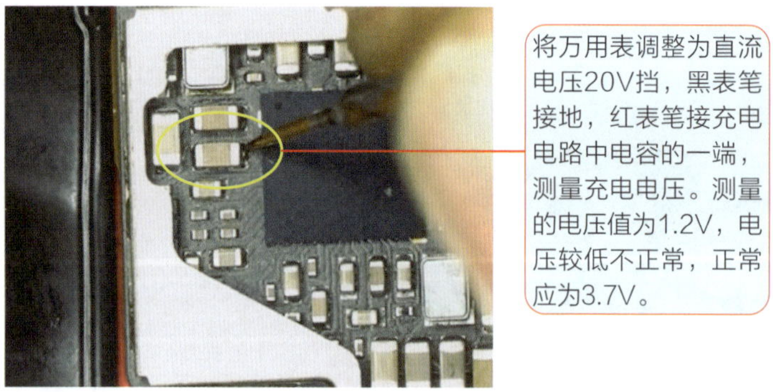

图 10-31　测量充电电压

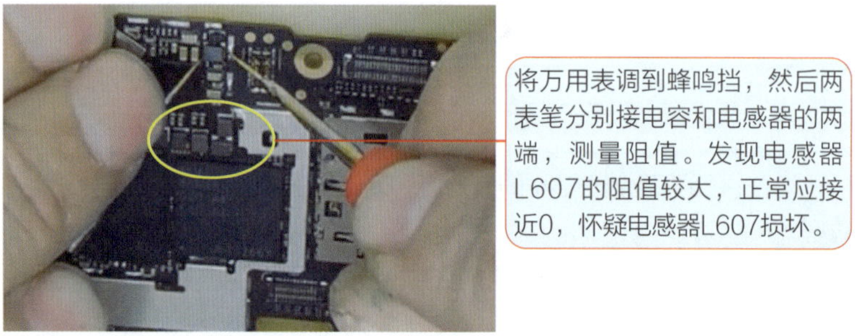

图 10-32　测量充电电路的元器件

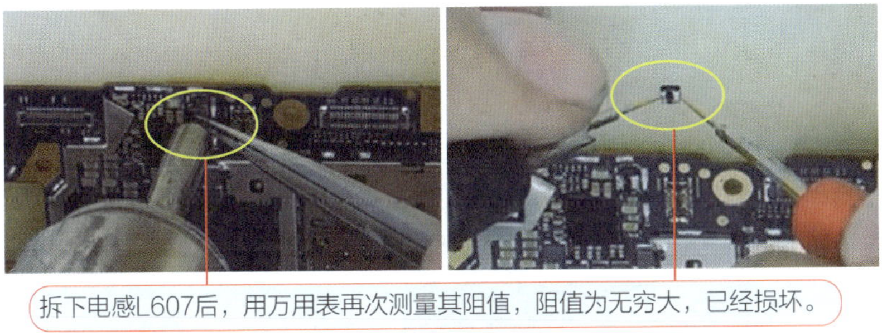

图 10-33　拆下电感测量阻值

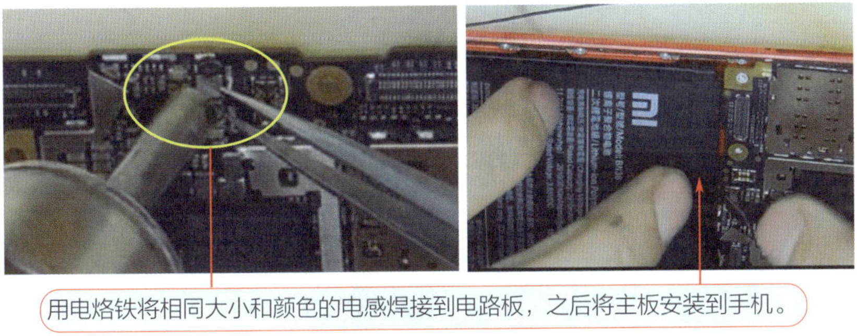

图 10-34　更换电感器

第 8 步：装好手机主板后，插入充电线开机测试，如图 10-35 所示。

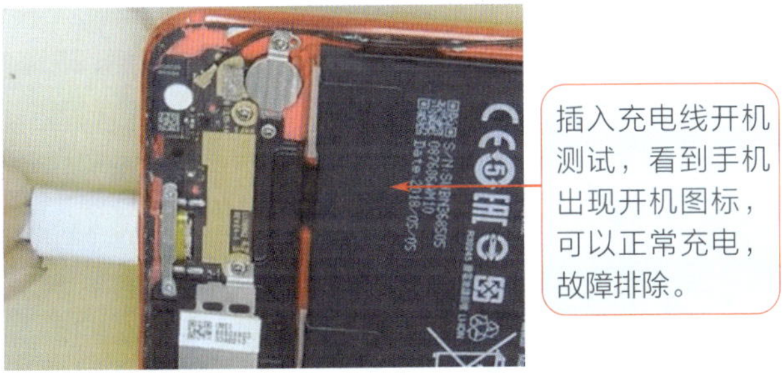

图 10-35　测试手机

10.3.3　手机可以开机但无法充电故障维修实战

一台 iPhone 手机可以正常开机，打电话，但手机无法充电。

此故障的维修方法如下。

第 1 步：将故障手机连接充电器进行充电测试，发现插入充电线后手机上没有充电图标，手机没有充电。怀疑手机主板有问题，接着拆机准备检查，如图 10-36

所示。

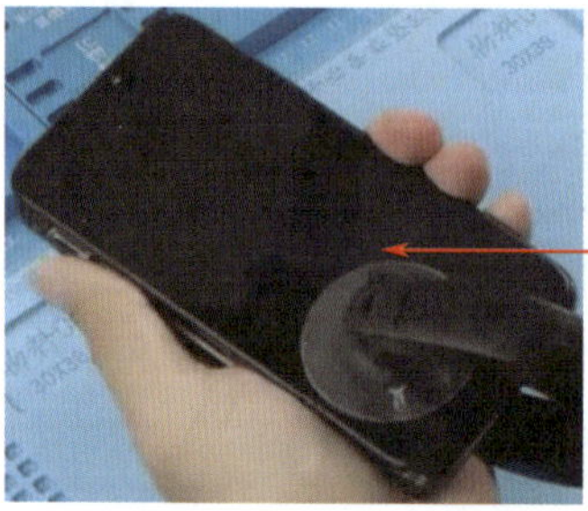

图 10-36　拆开手机外壳

第 2 步：拆开手机之后，用万用表测量手机电池插头和插座的对地阻值，如图 10-37 所示。

图 10-37　检测电池插座对地阻值

第 3 步：用可调稳压电源给电池充电，看电池是否可以正常充电，如图 10-38 所示。

图 10-38　测试电池

第 4 步：用万用表测量尾插接口针脚的对地阻值，如图 10-39 所示。

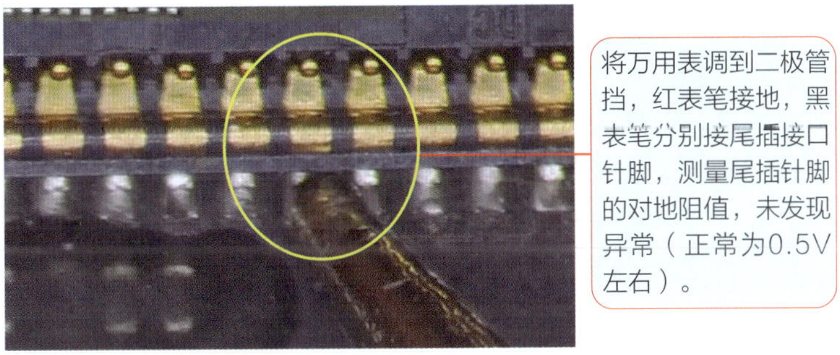

图 10-39　测量尾插接口针脚对地阻值

第 5 步：准备进一步检测主板充电电路，如图 10-40 所示。

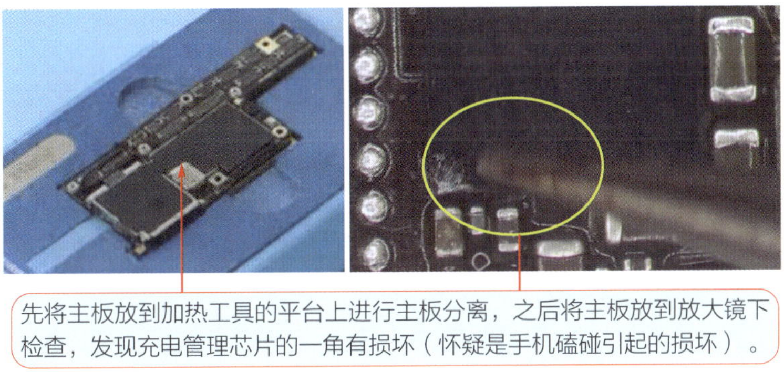

图 10-40　检测主板充电电路

第 6 步：测量充电管理芯片周围元器件的对地阻值，如图 10-41 所示。

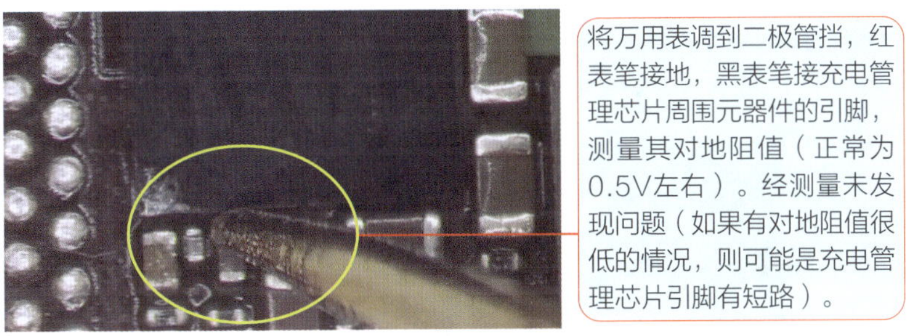

图 10-41　测量充电管理芯片周围元器件的对地阻值

第 7 步：准备加焊充电管理芯片，如图 10-42 所示。

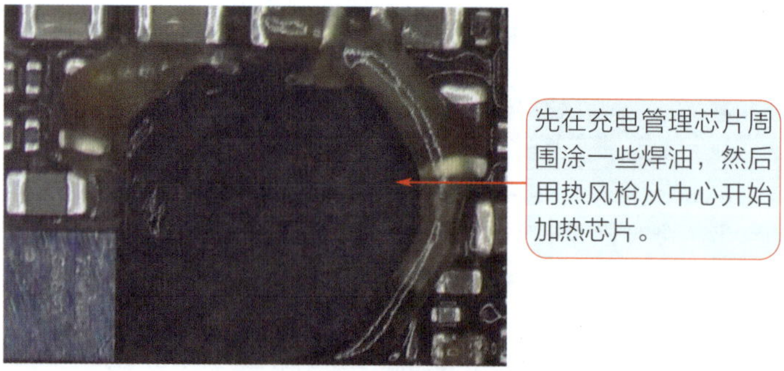

图 10-42　加焊充电管理芯片

第 8 步：加焊充电管理芯片之后，在两块主板的接口处涂抹一些焊油，然后将其放到加热台上，将两块主板重新连接好，接下来将主板装到手机，开始测试，如图 10-43 所示。

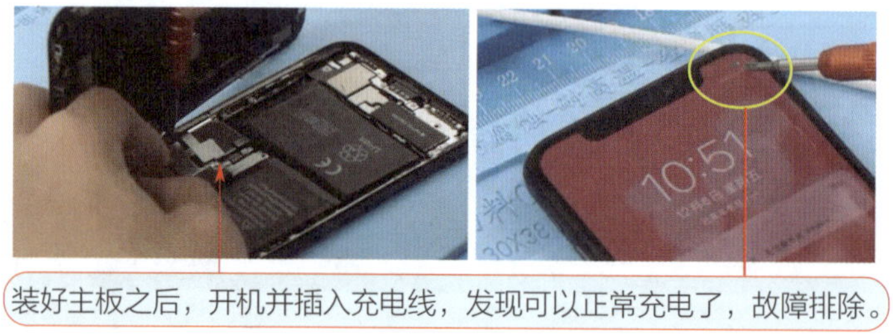

图 10-43　测试手机

10.3.4　手机开机无 Wi-Fi 信号故障维修实战

一台 vivo 手机可以正常开机并使用，但无法打开 Wi-Fi 功能，不能联网。

此故障的维修方法如下。

第 1 步：检查手机故障现象，发现无法打开 Wi-Fi 开关，怀疑手机 Wi-Fi 芯片有接触不良的问题，接下来拆开手机外壳准备检查，如图 10-44 所示。

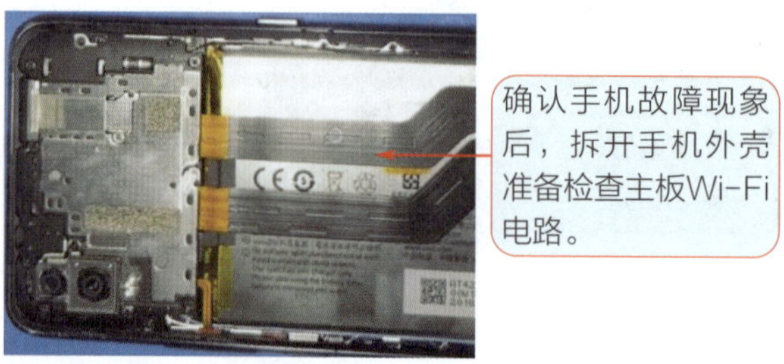

图 10-44　拆开手机准备检查

第 2 步：拆下主板，仔细检查发现主板有轻微变形，接着把屏蔽壳拆下，如图 10-45 所示。

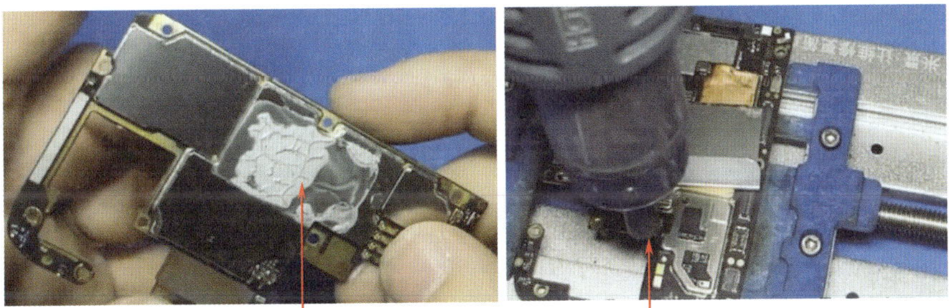

图 10-45　拆卸主板屏蔽壳

第 3 步：用热风枪拆下 Wi-Fi 芯片进行检查，如图 10-46 所示。

图 10-46　拆卸 Wi-Fi 芯片

第 4 步：拆下之后，将主板放到放大镜下进行检查。之后清理焊盘和芯片焊点，然后给 Wi-Fi 芯片植锡，如图 10-47 所示。

第 5 步：在焊盘上涂一些焊油，然后用热风枪将 Wi-Fi 芯片焊接到主板上，如图 10-48 所示。

第 6 步：将主板安装到手机，然后开机打开 WLAN 开关进行测试，如图 10-49 所示。

10.3.5　手机指纹识别失灵故障维修实战

一台 iPhone 手机指纹识别系统失灵，且耗电很快，客户说手机之前换过电池，但故障依旧。

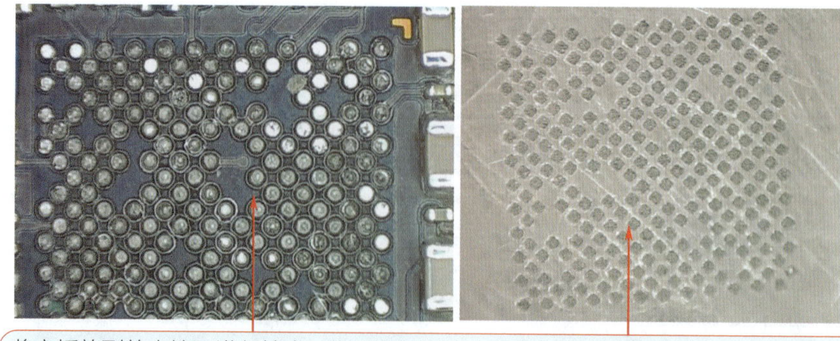

将主板放到放大镜下进行检查，发现主板焊盘上有些焊点有虚焊情况（发白的焊点是虚焊的焊点）。接着在焊盘上滴一些焊油，然后用电烙铁清理焊盘，之后在芯片上滴一些焊油，用电烙铁清理芯片的焊点。最后用吸锡条将拆下的芯片上的焊锡吸干净，并重新植锡。

图 10-47　清理焊盘和芯片并植锡

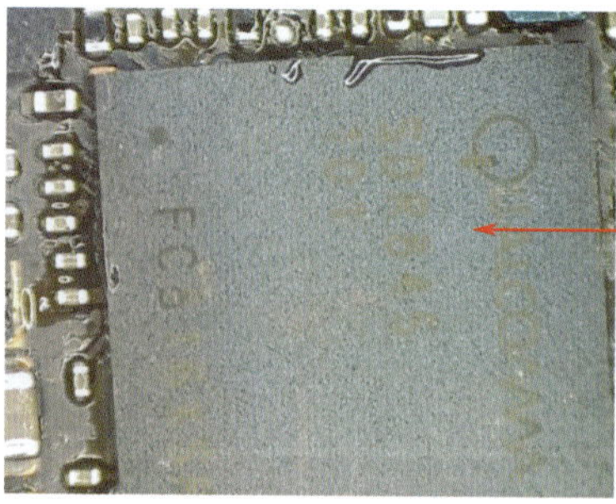

在焊盘上涂一些焊油，将芯片放到焊盘上，然后将热风枪温度调到350℃左右（3～4挡），风速调到2～3挡，用热风枪对着芯片中心转圈吹，当有焊油溢出的时候，焊锡就熔化了，芯片就焊接好了。

图 10-48　焊接芯片

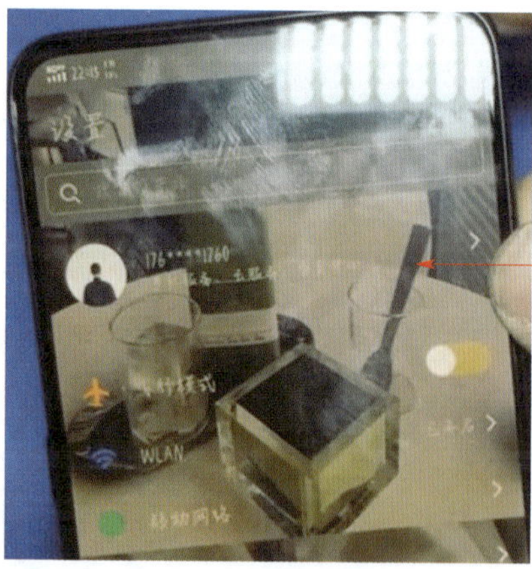

开机打开WLAN开关，发现Wi-Fi功能可以正常打开，手机可以联网了，故障排除。

图 10-49　测试手机

此故障的维修方法如下。

第 1 步：测试手机功能，确认除指纹功能外其他各项功能都正常，怀疑是手机指纹电路故障。接着拆开手机，将手机主板接入可调稳压电源，然后检测开机电流，如图 10-50 所示。

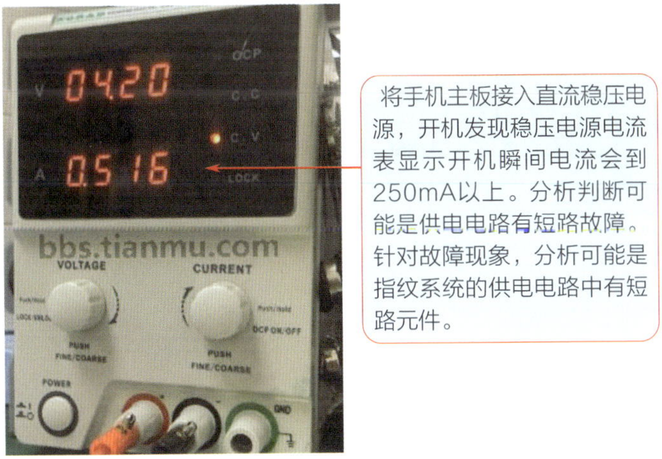

图 10-50　检测主板开机电流

第 2 步：查看手机电路原理图，查找指纹系统的接口（电路图中指纹系统缩写为 MESA），如图 10-51 所示。

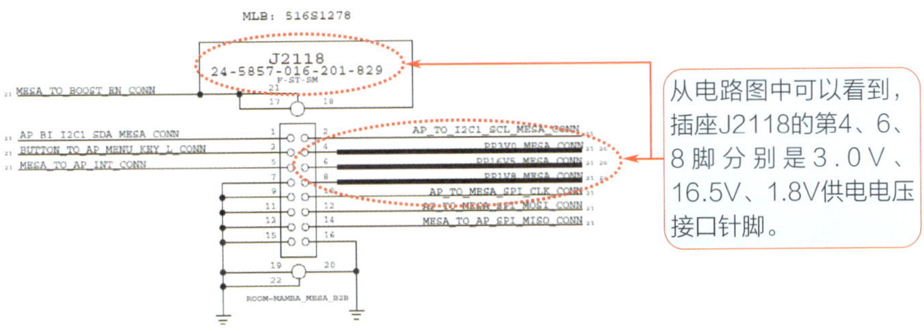

图 10-51　查看电路图中指纹系统接口电路

第 3 步：用万用表测量电路板上指纹系统接口插座的第 4、6、8 脚的对地阻值，如图 10-52 所示。

第 4 步：查看电路原理图中 J2118 插座第 4 脚连接的元器件，然后对照元器件位置图和主板查找这些元器件，如图 10-53 所示。

第 5 步：用万用表测量这些元器件的好坏，如图 10-54 所示。

图 10-52　测量指纹接口针脚对地阻值

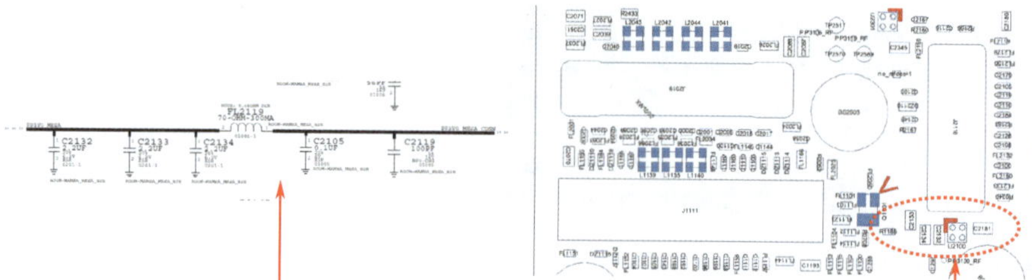

图 10-53　查找问题电路中的元器件位置

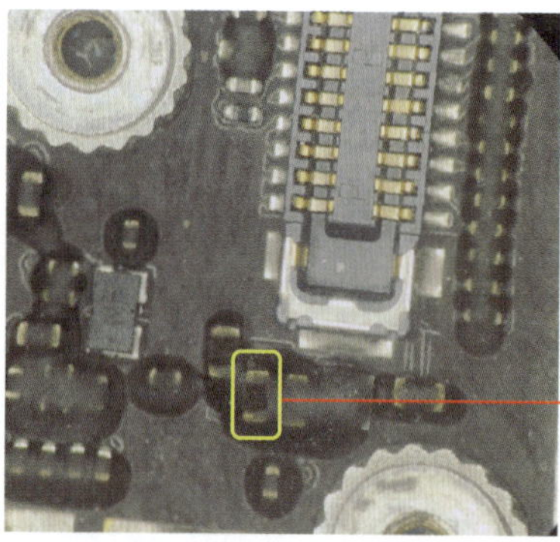

图 10-54　测量元器件好坏

第 6 步：更换损坏的电容后，将主板安装到手机，然后开机测试，如图 10-55 所示。

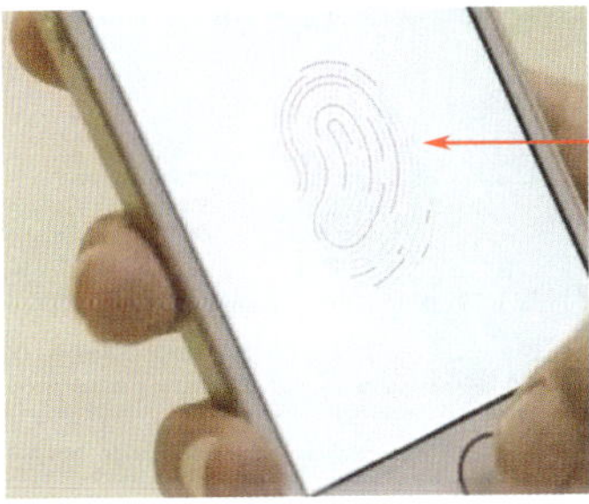

图 10-55　测试指纹系统

10.3.6　手机后置照相机无法拍照故障维修实战

一台荣耀手机的前置摄像头可以正常拍照，但切换到后置摄像头后屏幕显示黑屏，无法拍照，手机的其他功能正常。

此故障的维修方法如下。

第 1 步：打开故障手机的后置摄像头查看故障现象，如图 10-56 所示。

图 10-56　查看故障现象

第 2 步：怀疑后置摄像头有问题，或后置照相电路有问题导致手机无法用后置摄像头拍照。将手机拆开，准备检查后置摄像头及照相电路，如图 10-57 所示。

图 10-57　检测充电电路

第 3 步：测量主板后置摄像头的插座针脚的对地阻值，如图 10-58 所示。

将万用表调到二极管挡，红表笔接地，黑表笔接主板后置摄像头插座的各个针脚，测量其对地阻值。发现测量左侧第4个针脚的对地阻值为无穷大（此针脚为供电针脚，正常应该为0.3~0.5V），说明此针脚连接的电路有断路的故障。

图 10-58　测量后置摄像头插座对地阻值

第 4 步：打开元器件位置图，查看问题针脚连接的元器件，如图 10-59 所示。

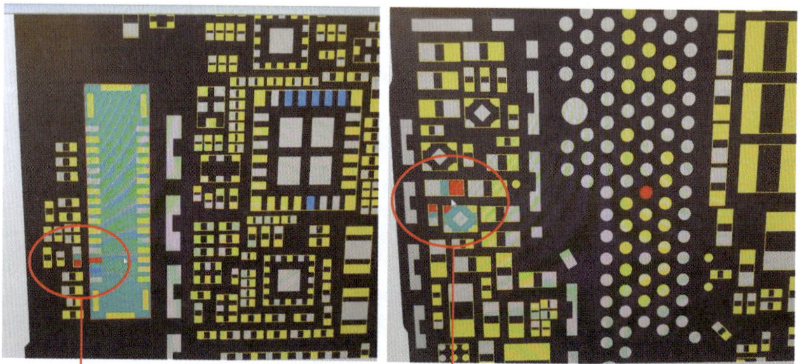

打开该手机的元器件位置图，找到后置摄像头插座。然后在图中点击第4针脚，在图中看到该针脚连接的元器件（红色显示的为连接元器件）。

图 10-59　查看问题针脚连接的元器件

第 5 步：对照主板，发现连接的元器件有屏蔽罩，先用热风枪取下屏蔽罩，如图 10-60 所示。

用热风枪转圈加热屏蔽罩，然后用镊子配合将屏蔽罩拆下。

图 10-60　拆卸屏蔽罩

第 6 步：拆下屏蔽罩后，用万用表测量之前元器件位置图中显示的红色元器件，如图 10-61 所示。

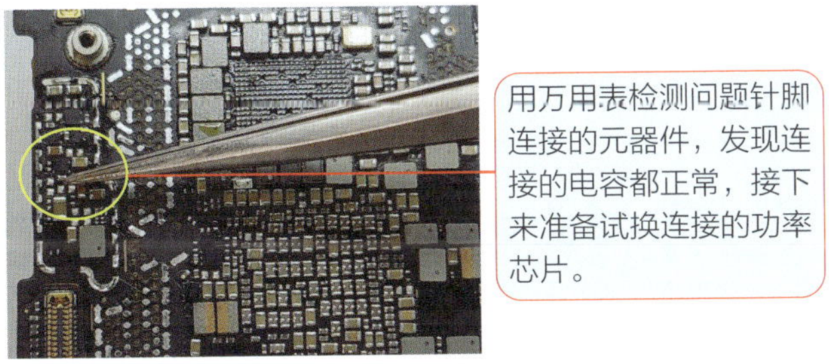

图 10-61　检测问题针脚连接的元器件

第 7 步：试换功率芯片后，检测后置摄像头插座问题针脚对地阻值，如图 10-62 所示。

图 10-62　检测问题针脚对地阻值

第 8 步：将手机安装好，然后开机测试手机，如图 10-63 所示。

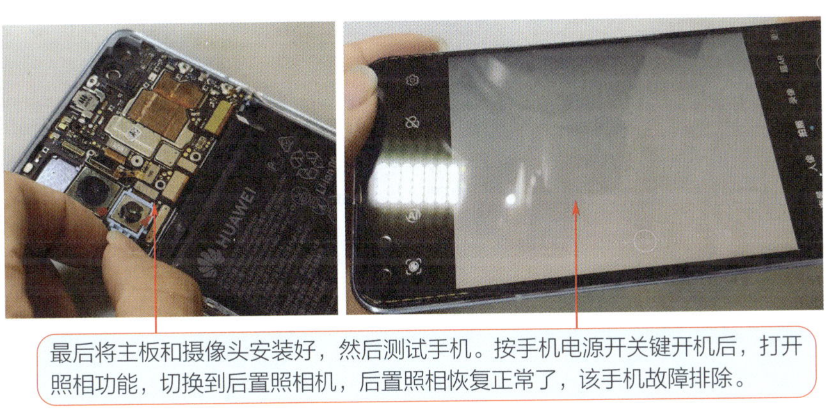

图 10-63　测试手机

第 11 章 图解手机进水故障维修实战

智能手机进水后可能使内部电路发生短路故障，还可能腐蚀内部元器件导致接触不良而出现故障。手机进水后，多数情况下会造成不能开机、手机显示不正常及通话出现杂音等故障。本章将详细讲解手机进水故障的处理关键步骤、维修流程图、维修诊断方法和维修实战案例。

11.1 智能手机进水故障处理关键步骤

在处理智能手机进水故障时，要先对手机中的主板等部件进行清洗，然后用放大器重点检查电路板及各种开关、接口插件等部件中是否有被腐蚀的元器件。本节总结智能手机进水故障处理的关键步骤，如图 11-1 所示。

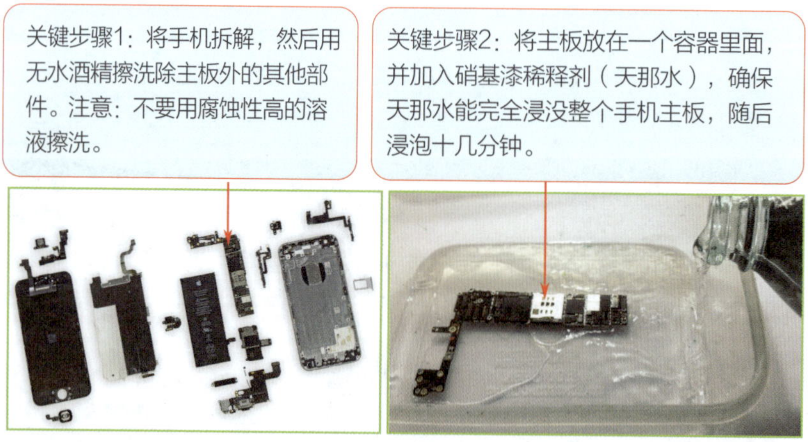

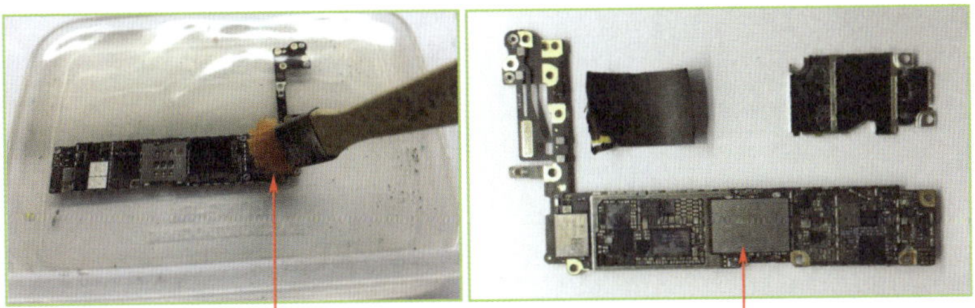

关键步骤3：浸泡十几分钟后，用刷子清洁主板。

关键步骤4：清洗之后将手机的部件晾在通风的地方，等部件完全干燥后，再安装。

图 11-1　手机进水处理方法

提示　如果手机清洗后，可以正常开机使用，说明手机中没有被腐蚀损坏的元器件。如果手机开机运行不正常，可以根据具体故障现象，对电路板中相应的单元电路的芯片等元器件进行加焊处理，多数故障都可以排除。如果还不行，则需要具体检测查找损坏的元器件，并更换。

11.2 智能手机进水故障维修流程图

智能手机进水故障是手机故障维修中经常遇到的问题。手机进水后多数情况下会造成不能开机、手机显示不正常及通话出现杂音等故障。本节以进水不开机故障为例讲解智能手机进水故障维修流程图，供维修时参考，如图 11-2 所示。

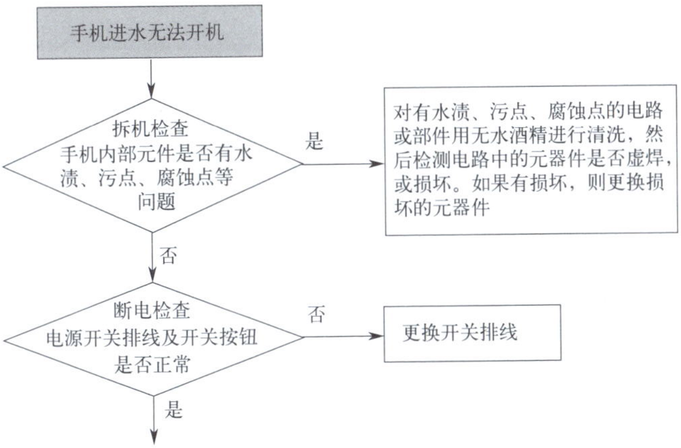

图 11-2

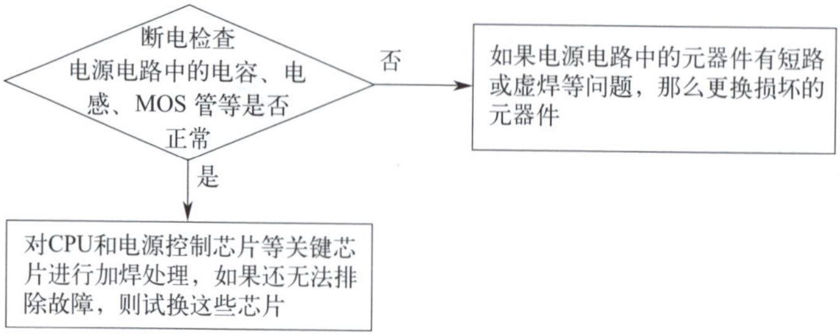

图 11-2 手机进水不开机故障维修流程图

11.3 快速诊断手机进水故障

智能手机进水故障经常发生，手机进水后如果处理不当，可能会导致电路短路、电路板中元器件被腐蚀等情况。本节将详细分析手机进水故障的维修方法。

11.3.1 进水手机主要部件的处理技巧

对进水手机进行维修时，需要针对不同的部件采用不同的处理方式，下面详细讲解进水手机主要部件的处理技巧。

手机电路板的处理技巧如图 11-3 所示。

图 11-3 手机电路板的处理技巧

手机电池的处理技巧如图 11-4 所示。

图 11-4　手机电池的处理技巧

手机液晶屏的处理技巧如图 11-5 所示。

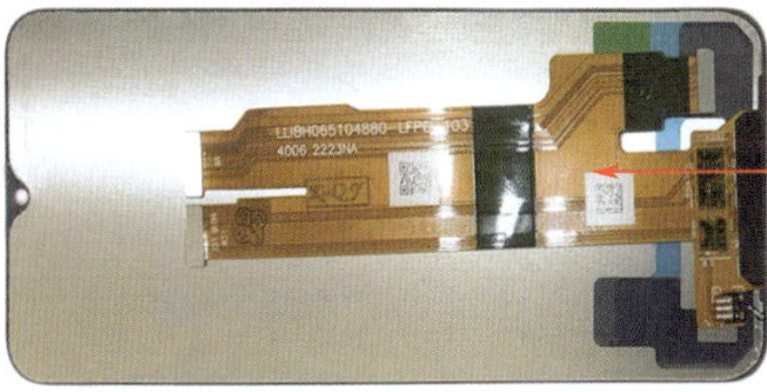

图 11-5　手机液晶屏的处理技巧

手机其他附件的处理技巧如图 11-6 所示。

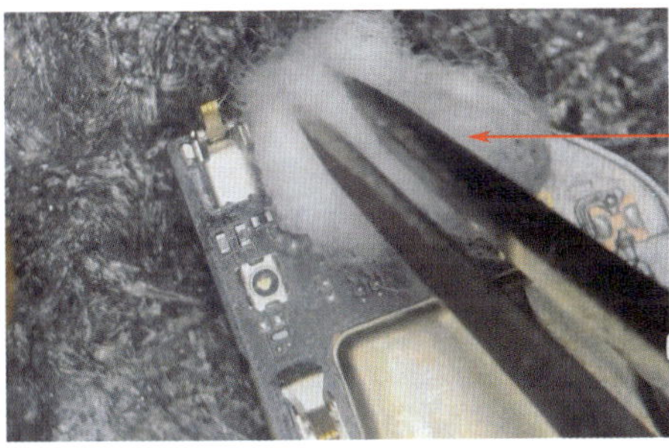

图 11-6　手机其他附件的处理技巧

11.3.2　进水手机的维修处理方法

（1）维修处理进水手机时，首先将手机完全拆解，然后清洗手机部件，如图 11-7 所示。

图 11-7 擦洗手机部件

（2）将主板上的屏蔽铁罩和屏蔽贴膜拆下，然后用主板清洗液清洗主板，如图 11-8 所示。

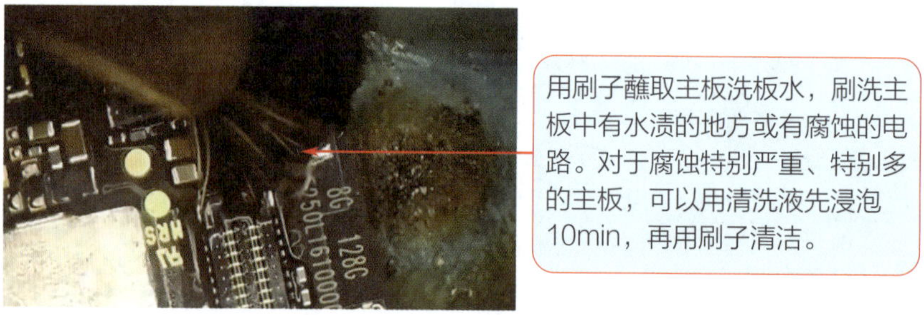

图 11-8 清洗主板

（3）将手机的部件晾在通风的地方，等手机部件完全干燥后，对之前有腐蚀或水渍的电路进行加焊处理，如图 11-9 所示。

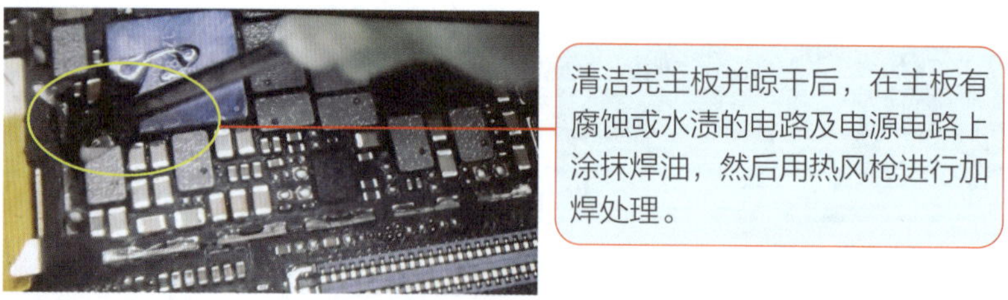

图 11-9 加焊主板电路

（4）用万用表检测主板电源电路及电池插座是否有短路故障，如图 11-10 所示。

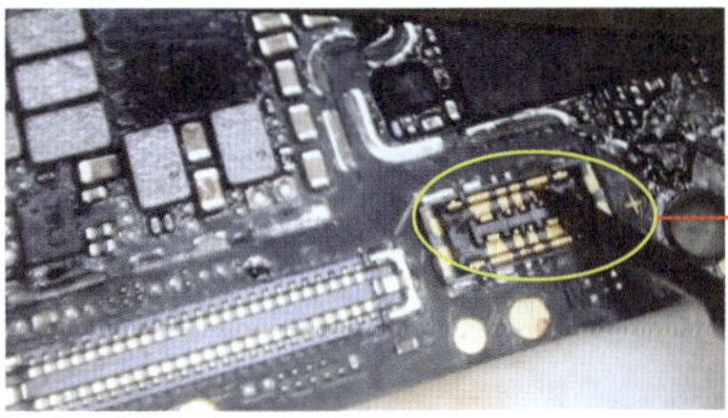

在对主板进行加焊处理后，接下来将万用表调到二极管挡，然后红表笔接地，黑表笔分别接电源电路中的电容正极端及电池插座的正极，测量对地阻值（正常为0.5V左右）。如果阻值接近0或无穷大，说明电路有短路或断路故障，根据电路图查找相应的故障元器件，并更换。

图 11-10　检查主板腐蚀的元件

（5）在检查完问题后，将手机主板装到手机中，接上稳压开关电源供电，然后开机运行，看是否开机运行正常。如果运行正常，再将主板屏蔽罩安装好，然后将手机装好并进行测试；如果手机运行不正常，根据故障现象，继续检查对应的电路中的元器件，可以对电路中的元器件进行加焊处理，排除虚焊问题，如果不行的话，则再找出损坏的元器件，并更换。

11.4 动手维修：手机进水故障检测维修实战案例

手机进水会造成很多故障，如不显示、不开机、重启、死机等，前面章节已经做了分析，本节将通过几个典型实例来讲解手机进水故障的检测维修过程，帮助大家总结一些手机进水故障维修经验。

11.4.1 手机进水不开机故障维修实战

一台荣耀手机无法开机，客户描述手机掉进水里后，就无法开机了。怀疑手机主板电路进水有短路问题。

此故障的维修方法如下。

第 1 步：拆开手机外壳，检查手机内部主板等部件，查看进水情况，如图 11-11 所示。

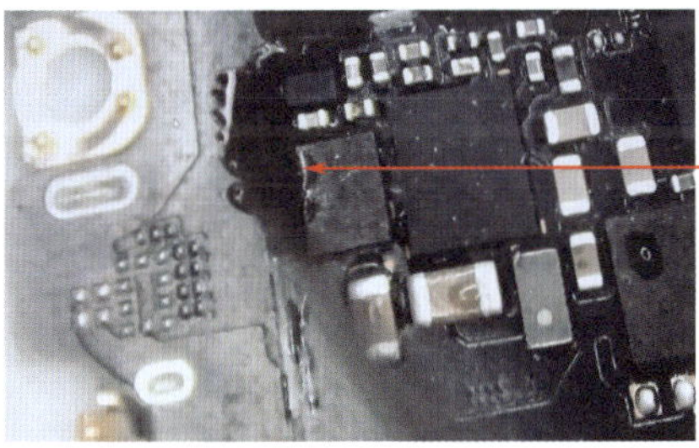

拆开手机外壳，拆下主板屏蔽壳，然后在放大镜下检查主板中的电路，看是否有水渍、腐蚀等进水迹象，并记录下来。经检查，在主板上发现大量明显有水渍和腐蚀痕迹的电路。

图 11-11　检查手机主板电路

第 2 步：清洗主板等进水部件，如图 11-12 所示。

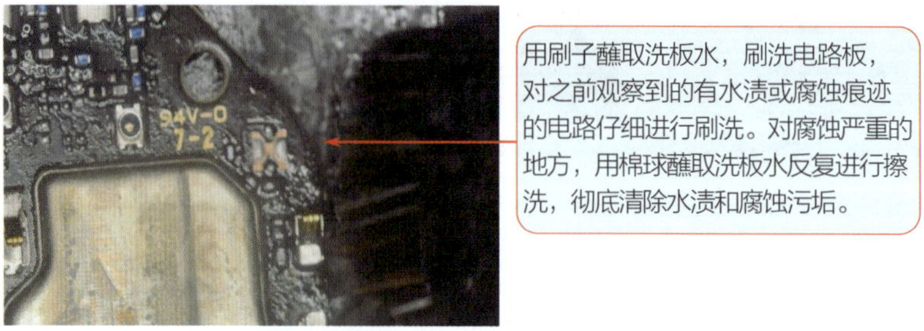

图 11-12　清洗主板

第 3 步：清洗主板之后，将主板在通风处放置 10 分钟，然后对电路板进行加焊处理，如图 11-13 所示。

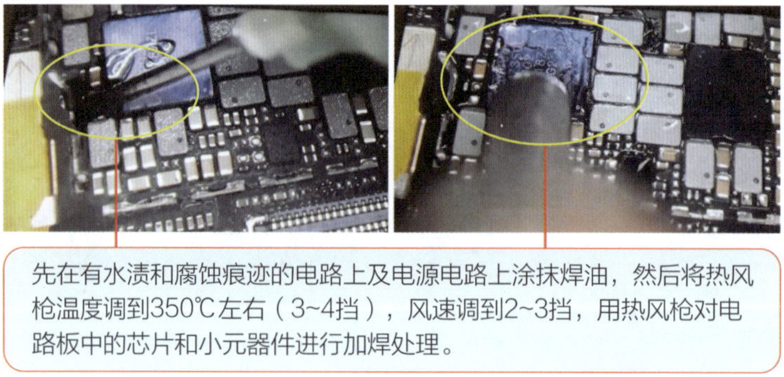

图 11-13　加焊电路板

第 4 步：检测主板电源电路及腐蚀严重的电路是否有短路问题，如图 11-14 所示。

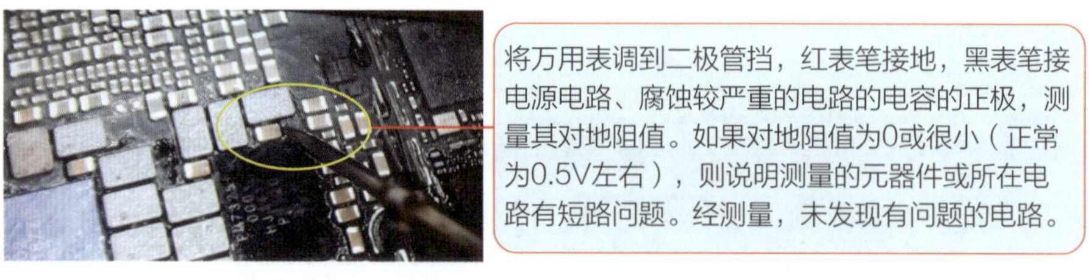

图 11-14　检测电源电路及腐蚀严重的电路

第 5 步：检测电池插座针脚的对地阻值，如图 11-15 所示。

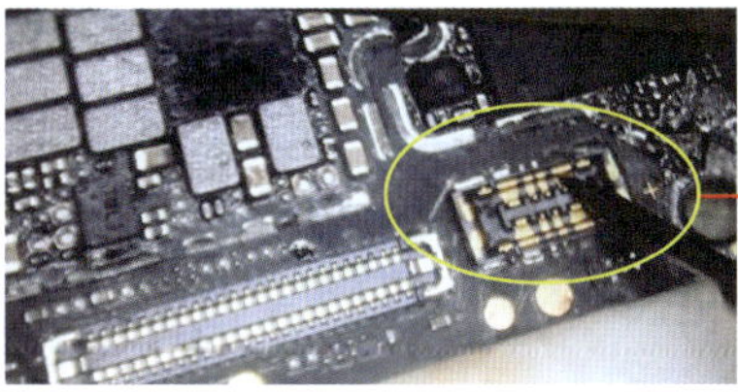

将万用表调到二极管挡，红表笔接地，黑表笔接电池插座的针脚，测量针脚的对地阻值（正常为0.5V左右，除负极针脚）。如果对地阻值为0或很小，则说明测量的针脚连接的电路有短路问题。经测量，发现正极针脚测量值为0，有问题。

图 11-15 测量电池插座针脚对地阻值

第 6 步：对照手机电路图，查找有问题的针脚连接的电路中的元器件，如图 11-16 所示。

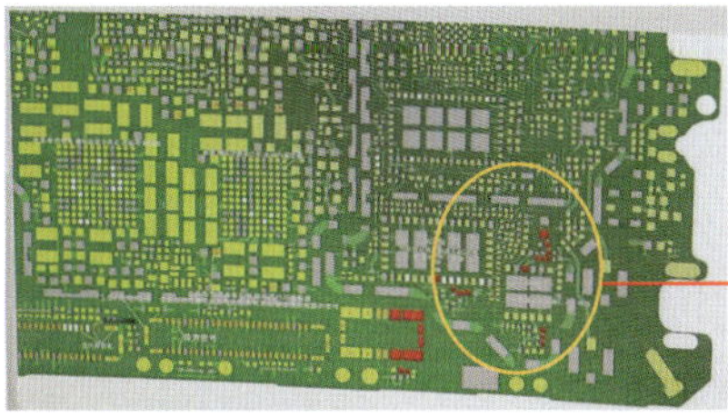

打开手机型号对应的电路图，然后点击电池插座的正极，查看正极连接的元器件。图中红色的元器件，为正极连接的元器件。

图 11-16 通过电路图查找问题针脚连接的元器件

第 7 步：对照电路图中红色的元器件，测量电路板中对应的元器件，如图 11-17 所示。

对照电路图中红色的元器件，找到电路板中对应的元器件，然后用万用表二极管挡，测量对应的元器件的对地阻值。发现有的电容的对地阻值为0，其他元器件正常。接下来将损坏的电容器拆下，更换一个相同大小的贴片电容器。

图 11-17 查找故障元器件

第 8 步：重新测量电池插座正极针脚对地阻值，如图 11-18 所示。

将万用表调到二极管挡，红表笔接地，黑表笔接电池插座的正极针脚，测量的对地阻值为0.526V。对地阻值变正常，说明电路中短路故障消除。

图 11-18 测量电池插座正极针脚对地阻值

第 9 步：将电路板接上供电，开机测试，如图 11-19 所示。

图 11-19 测试手机

11.4.2 手机进水屏幕没显示故障维修实战

一台红米手机，进水后无法显示，客户描述手机掉进水里后立刻取出关机，放置两天后开机，手机有振动，但没有显示。怀疑手机进水后液晶屏方面有短路问题。

此故障的维修方法如下。

第 1 步：拆开手机外壳，检查手机内部主板等部件，查看进水情况，如图 11-20 所示。

图 11-20 检查手机主板电路

第 2 步：清洗主板中被腐蚀的电路，如图 11-21 所示。

图 11-21 刷洗电路板

第 3 步：对腐蚀严重的芯片，将其拆下，再进一步清洁芯片的焊盘，如图 11-22 所示。

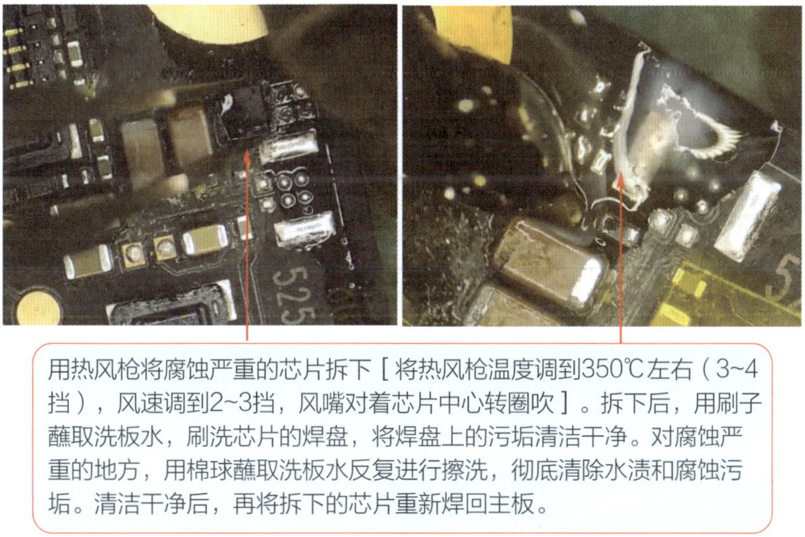

图 11-22　拆下芯片进一步清洁

第 4 步：由于之前客户反映开机时手机有振动但没有显示，判断手机可以正常开机，液晶屏电路有问题导致无法显示。接下来将清洗后的主板在通风处放置 10min，然后用万用表测量主板电池接口和液晶屏接口针脚的对地阻值，如图 11-23 所示。

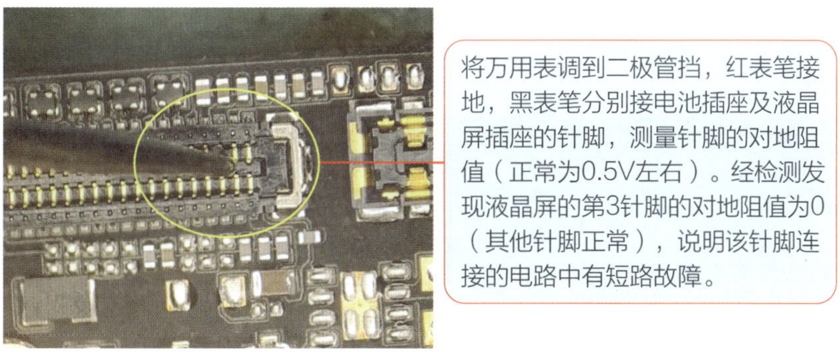

图 11-23　测量电池插座和液晶屏插座针脚对地阻值

第 5 步：对照手机电路图，查找有问题的针脚连接的电路中的元器件，如图 11-24 所示。

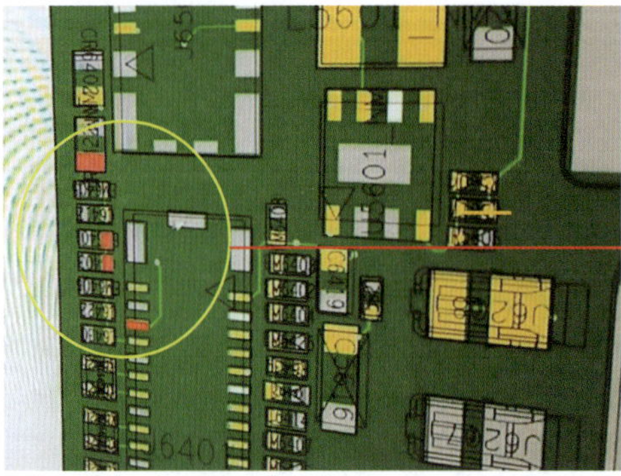

图 11-24 通过电路图查找问题针脚连接的元器件

第 6 步：对照电路图中红色的元器件，测量电路板中对应的元器件，如图 11-25 所示。

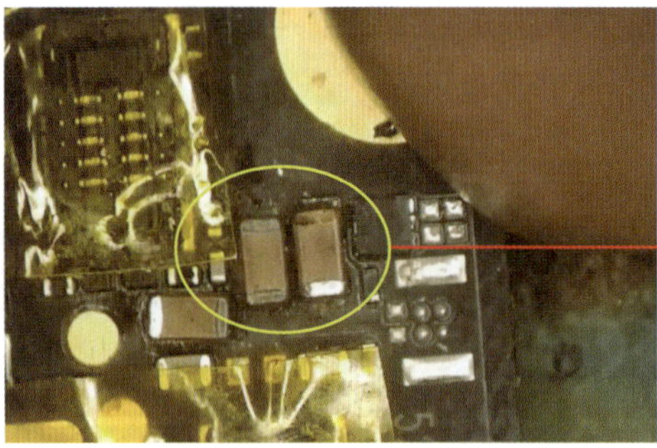

图 11-25 查找故障元器件

第 7 步：重新测量液晶屏插座第 3 针脚的对地阻值，如图 11-26 所示。

图 11-26 测量液晶屏插座第 3 针脚对地阻值

第 8 步：清洁手机的其他元件，如图 11-27 所示。

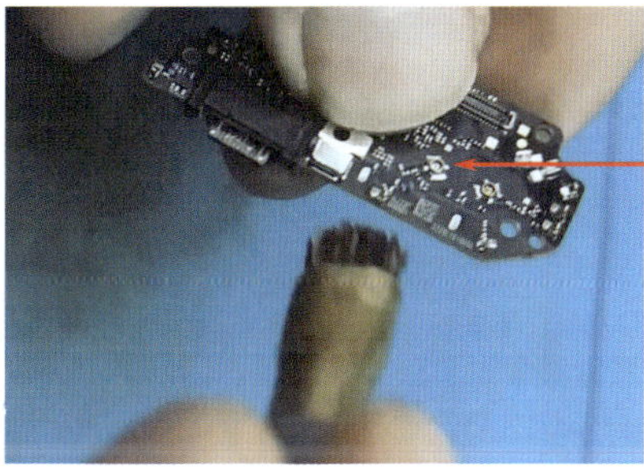

图 11-27　继续清洁手机

第 9 步：将手机主板安装好，然后开机测试，手机可以正常显示了，故障排除。

11.4.3　手机进水不断重启故障维修实战

一台 iPhone 手机进水后开机不断重启，客户描述此手机进水后找人维修处理过主板。

此故障的维修方法如下。

第 1 步：由于客户之前找人维修过，应该已经清洁过水渍，因此准备先开机看看手机的故障现象，如图 11-28 所示。

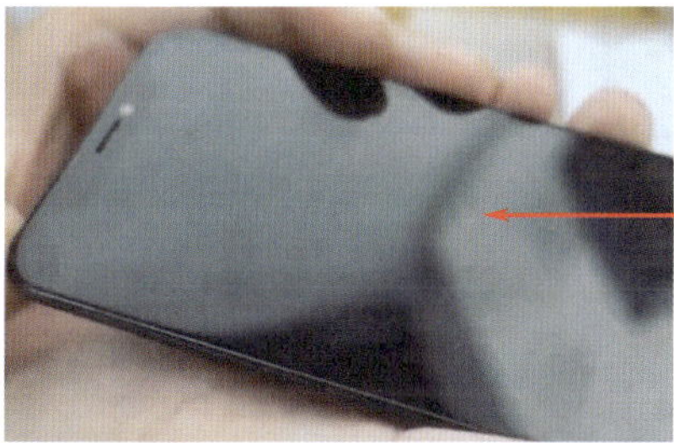

图 11-28　开机查看手机故障现象

第 2 步：拆开手机外壳，检查手机电路等部件，如图 11-29 所示。

图 11-29　检查手机内部

第3步：拆下电池排线，用外部稳压可调电源供电，开机测试，如图 11-30 所示。

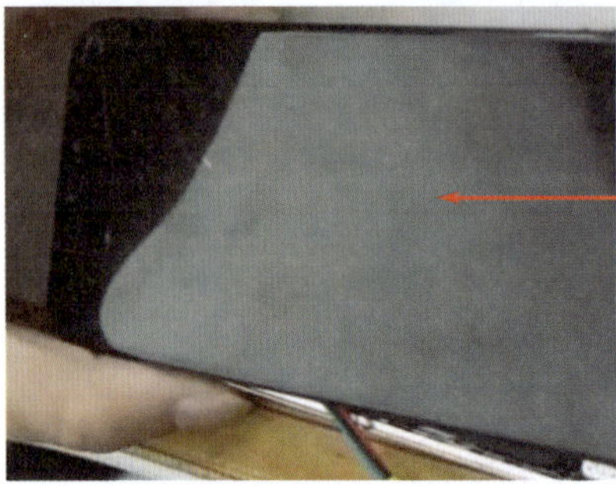

图 11-30　外部电源供电开机测试

第 4 步：用排除法进行检测，如图 11-31 所示。

图 11-31　用排除法测试

第 5 步：将开关排线接口拆下，然后用镊子短接开关插座进行开机测试，如图 11-32 所示。

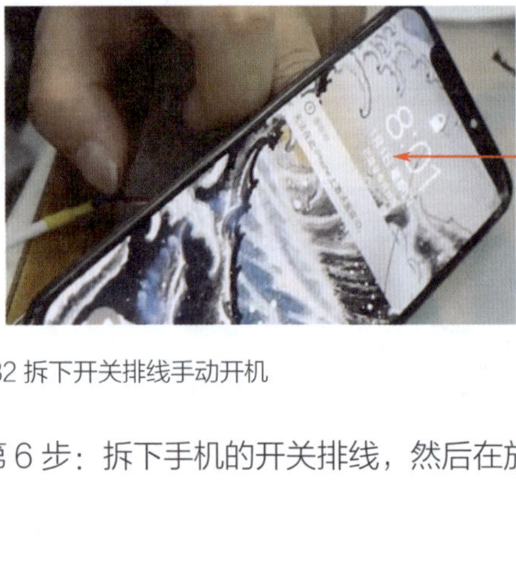

图 11-32 拆下开关排线手动开机

第 6 步：拆下手机的开关排线，然后在放大镜下检查，如图 11-33 所示。

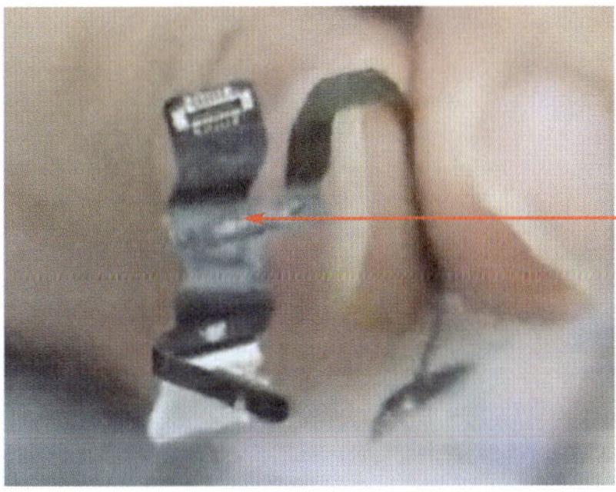

图 11-33　检查更换开关排线后开机测试

11.4.4　手机进水后不能充电故障维修实战

一台华为手机进水后，使用基本正常，但无法充电。

此故障的维修方法如下。

第 1 步：连接充电线给手机充电，查看手机的故障现象，如图 11-34 所示。

图 11-34　查看手机故障现象

第 2 步：怀疑手机主板被水腐蚀，接着拆开手机，拆下主板，准备清洁主板，如图 11-35 所示。

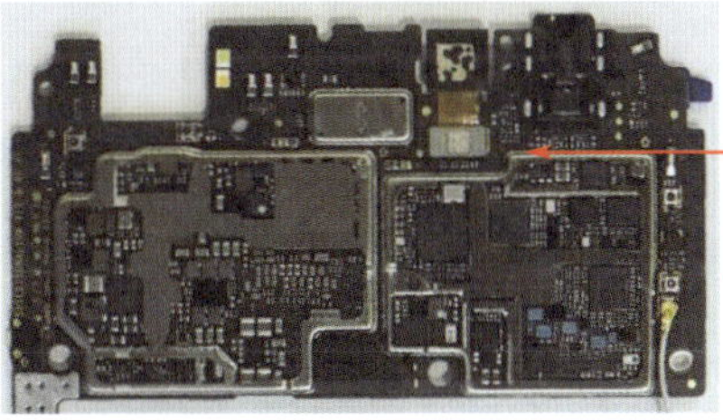

图 11-35　清洁主板

第 3 步：清洗主板之后，将主板在通风处放置 10min，然后对主板中的充电电路进行加焊处理，如图 11-36 所示。

先在充电控制芯片周围涂一些焊油，然后将热风枪温度调到350℃左右（3~4挡），风速调到2~3挡，风嘴对着充电控制芯片中心转圈吹，对充电控制芯片进行加焊。

图 11-36　加焊充电控制芯片

第 4 步：加焊之后，将主板安装好，然后接上充电线，测量充电电压，如图 11-37 所示。

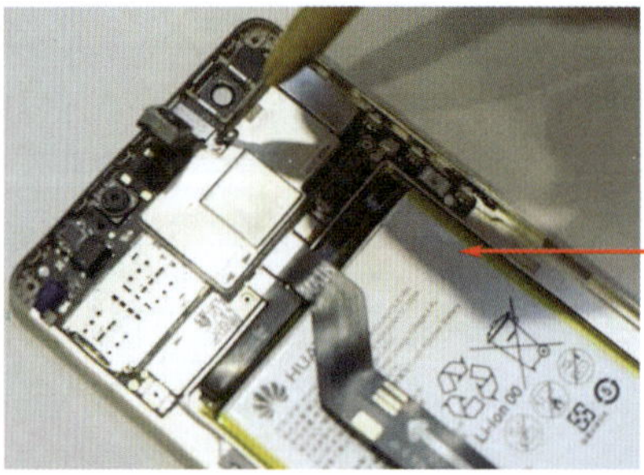

接好充电线进行测试。将万用表调到直流电压20V挡，黑表笔接地，红表笔接充电电路中的充电滤波电容的一端，测量充电电压。发现可以测到4.8V充电电压，充电电流也正常（正常应大于200mA），说明充电电路工作正常。接着将手机安装好，然后开机充电测试，可以正常充电了，故障排除。

图 11-37　开机进行充电测试

11.4.5　手机进水后 Wi-Fi 无法使用故障维修实战

一台华为 Mate 手机，进水后，可以开机，除了 Wi-Fi 联网外的其他功能均可以正常使用。

此故障的维修方法如下。

第 1 步：打开手机系统，查看手机故障现象，如图 11-38 所示。

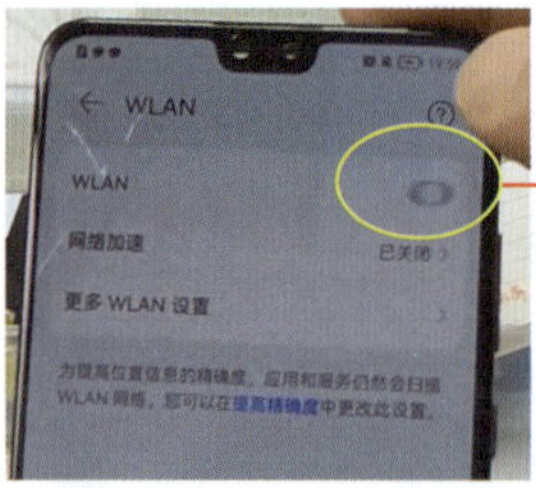

打开手机，然后进入“设置”界面，点击“WLAN”按钮，发现无法打开网络，无法连接Wi-Fi网络。

图 11-38　查看手机故障现象

第 2 步：怀疑手机主板被水腐蚀，拆开手机，拆下主板，然后用放大镜检查主板，查看有没有被腐蚀的电路，如图 11-39 所示。

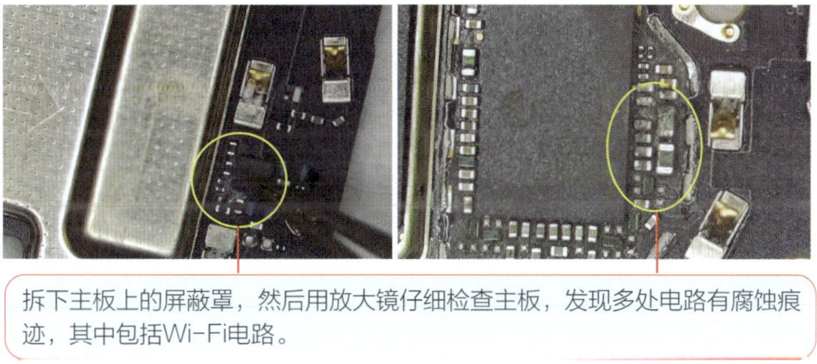

图 11-39　查看主板腐蚀情况

第 3 步：清洗主板被腐蚀的电路，如图 11-40 所示。

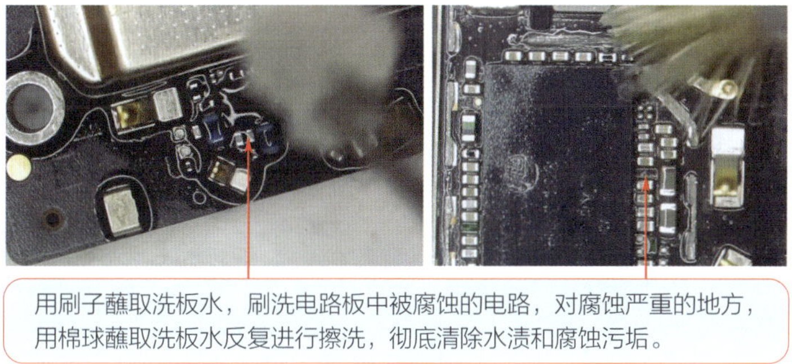

图 11-40　刷洗电路板

第 4 步：由于 Wi-Fi 电路腐蚀严重，因此将 Wi-Fi 芯片拆下，再进一步清洁芯片的焊盘，如图 11-41 所示。

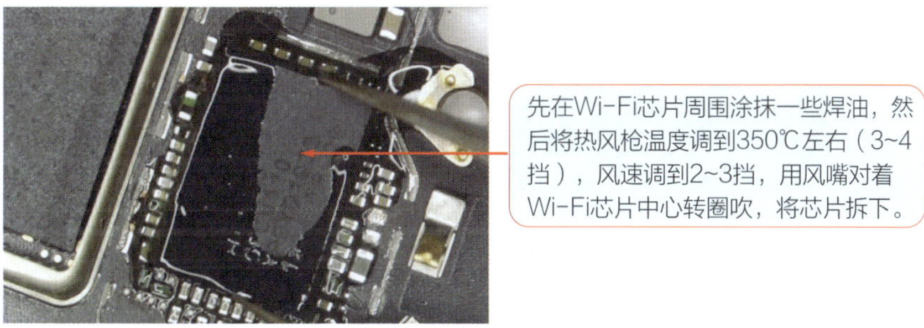

图 11-41　拆下 Wi-Fi 芯片

第 5 步：清理焊盘，如图 11-42 所示。

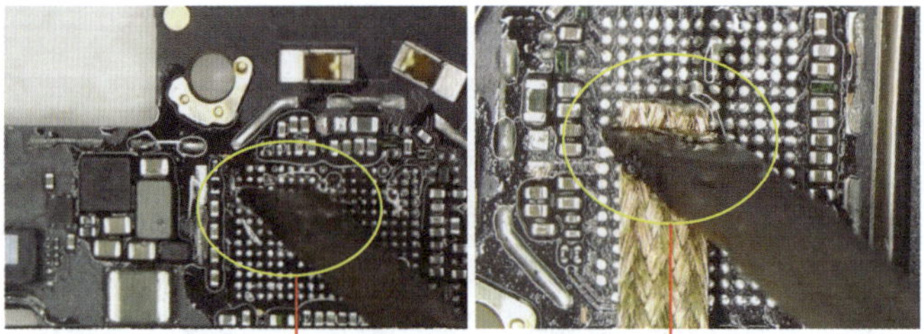

图 11-42 清理焊盘

第 6 步：清理焊盘之后，发现有几处腐蚀严重的焊点。用刀处理焊点，并清洁焊盘，如图 11-43 所示。

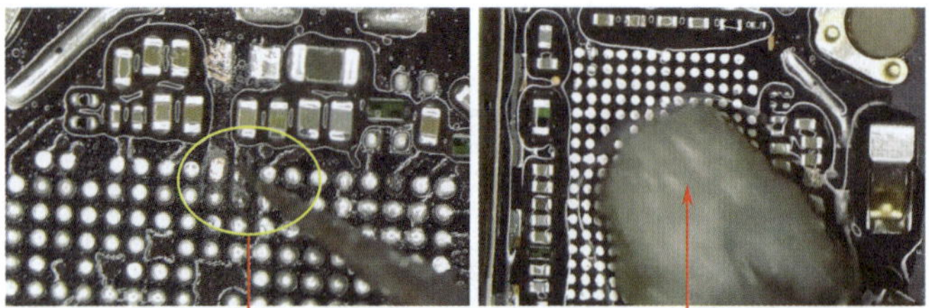

图 11-43 清洁焊盘

第 7 步：处理 Wi-Fi 芯片，清理芯片的焊点，修复焊点，并植锡，如图 11-44 所示。

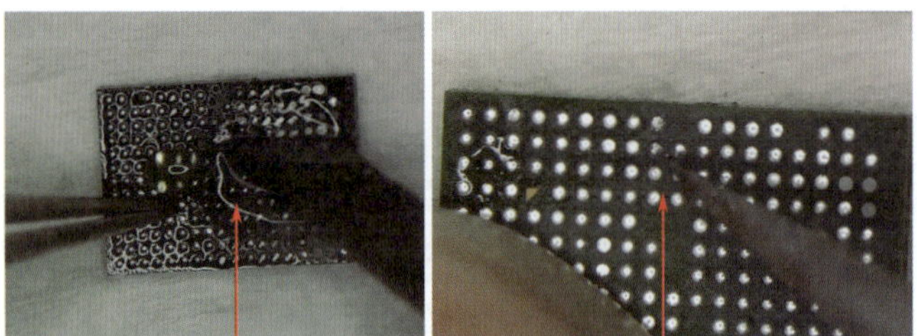

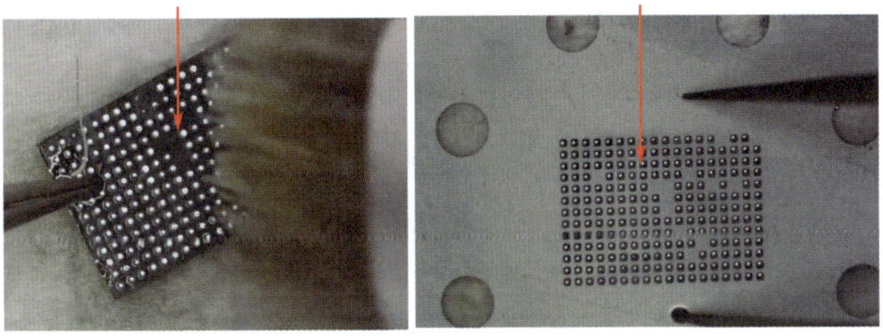

图 11-44　处理 Wi-Fi 芯片

第 8 步：处理好焊盘和芯片之后，接着将芯片焊接到主板，如图 11-45 所示。

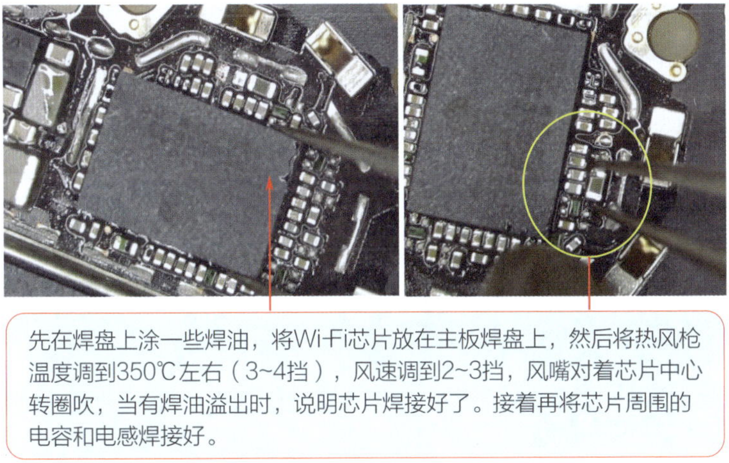

图 11-45　焊接芯片和电容、电感

第 9 步：将主板安装到手机，然后开机测试，如图 11-46 所示。

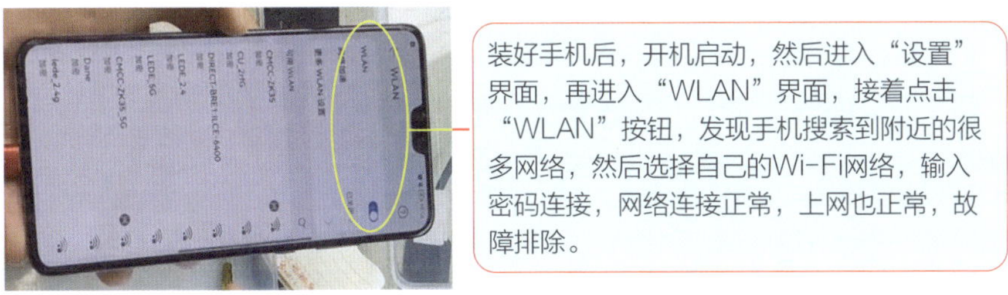

图 11-46　测试手机

第三篇
智能手表 / 手环维修实战

智能手表 / 手环体积小巧，设计精密，内部结构复杂，维修时要求掌握智能手表 / 手环常见故障的故障检修流程、故障检测点、故障快速诊断方法及一些维修经验，这样才能快速修好智能手表 / 手环的各种故障。

本篇将介绍智能手表 / 手环不开机故障、黑屏故障、不充电故障、触摸失灵故障、按键失灵故障等常见故障的芯片级维修的专业实战知识。

第 12 章

图解智能手表故障维修实战

智能手表故障通常是由电池问题、按键问题、受潮问题、液晶屏问题、触摸屏问题、系统软件问题等引起的。本章将详细讲解智能手表故障的故障检测点、维修流程图、维修诊断方法和维修实战案例。

12.1 智能手表故障检测点

在检修智能手表故障时，要重点检测手表中故障率较高的部件，这样可以快速找到故障原因。本节总结智能手表故障关键检测点，如图 12-1 所示。

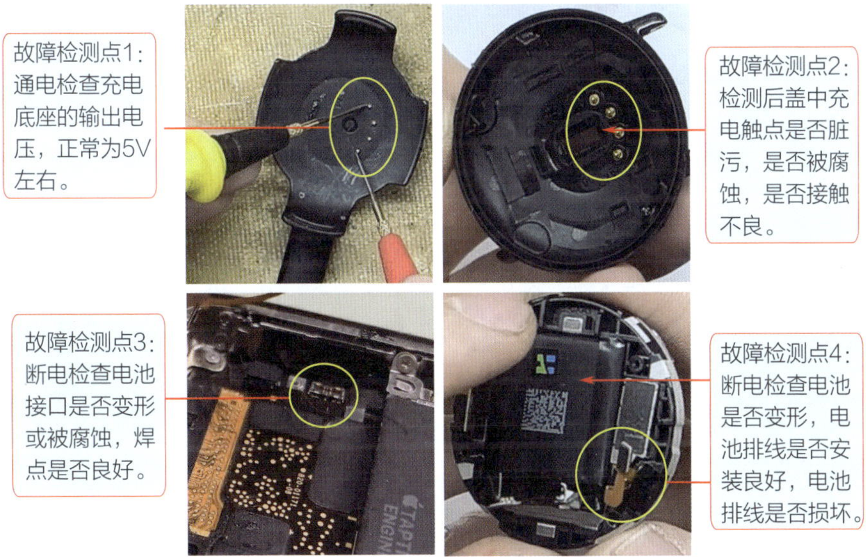

图 12-1

图 12-1　智能手表故障关键检测点

12.2 智能手表故障维修流程图

造成智能手表故障的原因有很多，不过引起智能手表不同故障的原因可能就一个或两个，因此在检测智能手表故障时，需要按一定的检测步骤进行检测。本节总结了智能手表故障维修流程图，供维修时参考。如图 12-2 所示为智能手表开机黑屏不显示故障维修流程图。

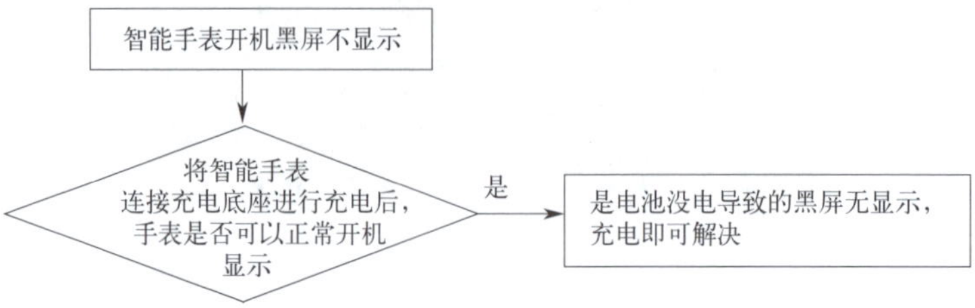

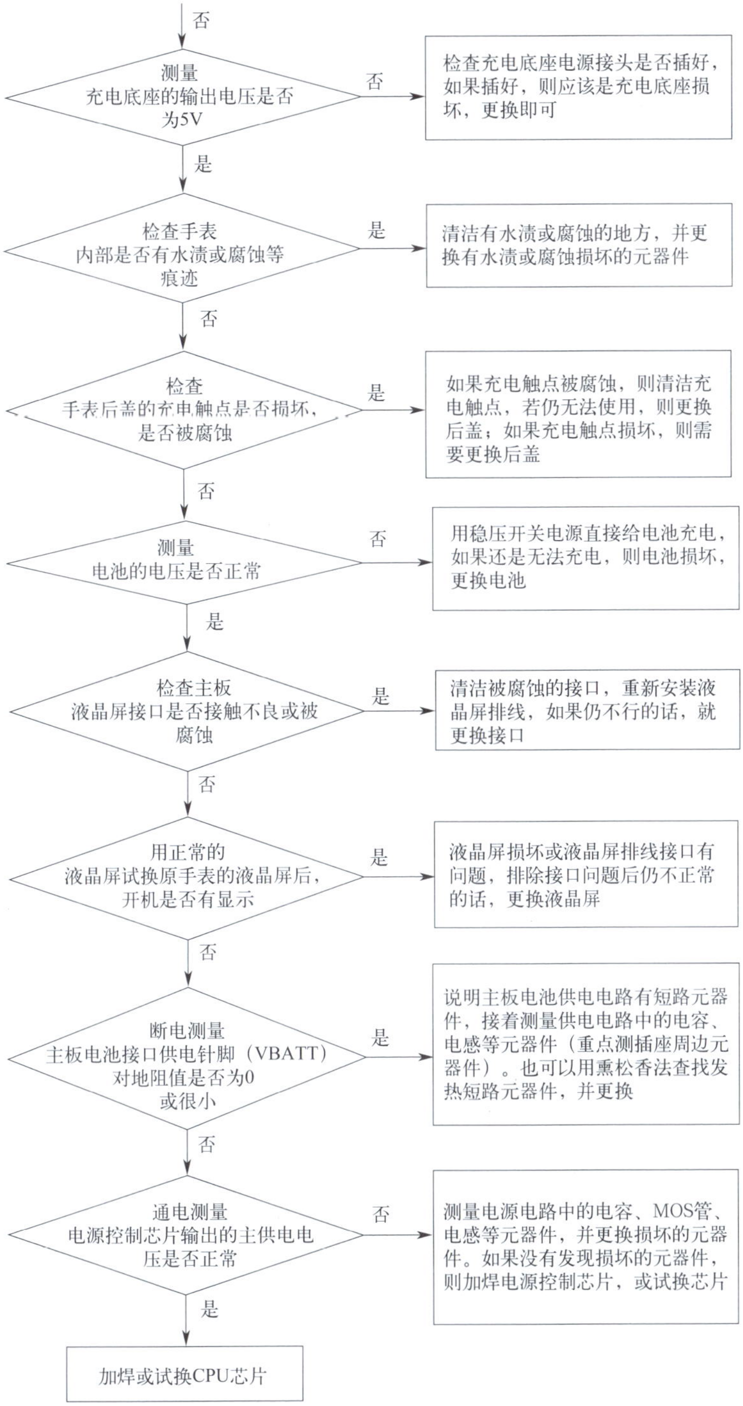

图 12-2　智能手表开机黑屏不显示故障检修流程图

12.3 快速诊断智能手表故障

智能手表故障一般包括无法开机、不显示、无法触摸、无法充电、按键失灵等几个方面，本节将重点讲解智能手表故障维修方法。

智能手表故障可能由电池问题、电池排线问题、开机排线问题、电源供电电路问题、CPU 电路问题、液晶屏问题、液晶屏排线问题、充电触点问题、主板电路问题等引起。而这些问题通常是由手表被摔、进水、被汗液腐蚀等造成的。

在检测手表黑屏不显示故障时，按下面的方法步骤进行检测。

（1）向客户了解智能手表不开机不显示故障发生前，手表是否被摔过，以前是否戴着手表游泳或洗澡。如果有，就重点检查手表内部被摔松动或被腐蚀的元器件。

（2）先给手表连接充电插座充电，看看是不是因为手表没电导致无法开机，如图 12-3 所示。

图 12-3　充电测试

（3）如果接上好的充电插座后，手表依旧没有出现充电提示，液晶屏没有显示，那么拆开手表，检查电池接口，如图 12-4 所示。

图 12-4　检测电池接口

（4）如果主板电池接口及电池排线接口正常，接着测量电池的电压是否正常，如图 12-5 所示。

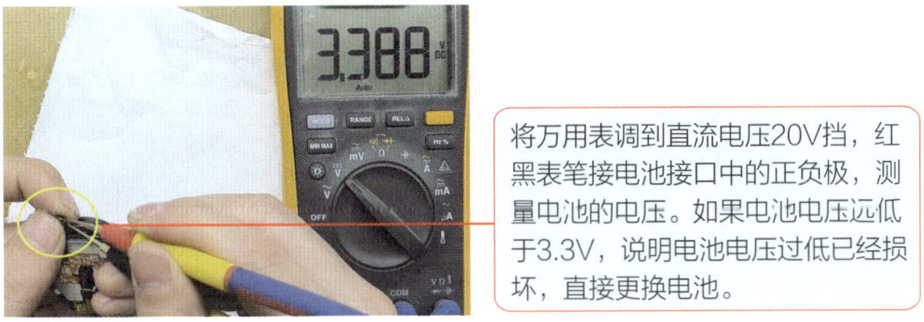

图 12-5　测量电池电压

（5）如果电池电压正常（3.8V 左右），接着检查液晶屏接口是否正常，如图 12-6 所示。

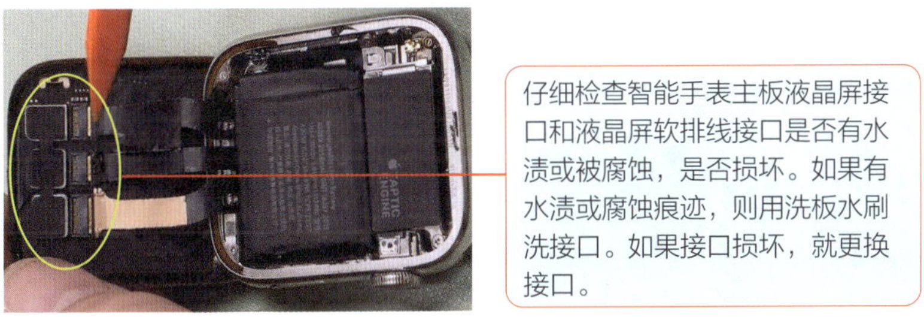

图 12-6　检查液晶屏接口

（6）如果液晶屏的接口正常，接着检测液晶屏是否正常，如图 12-7 所示。

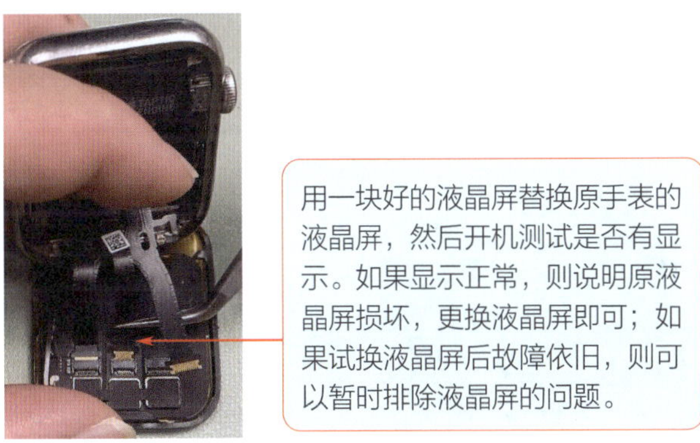

图 12-7　检测液晶屏

（7）排除液晶屏的问题之后，接下来检查开机按键是否正常，如图 12-8 所示。

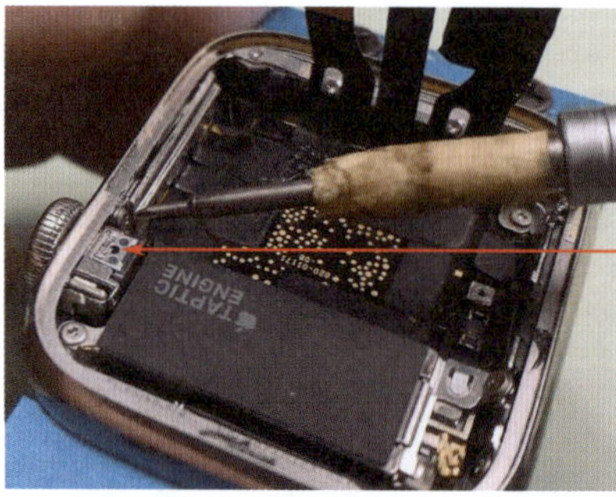

（1）先检查开机键排线接口及主板按键接口是否有水渍或被腐蚀，如果有，则用洗板水或无水酒精清洁接口。如果接口损坏，就更换接口。

（2）接着检查按键及按键排线是否损坏，如果损坏，就更换按键或按键排线。

图 12-8　检测开机按键

（8）之后检测主板电池接口针脚对地阻值是否正常，如图 12-9 所示。

用万用表二极管挡测量，红表笔接地，黑表笔接主板电池接口针脚的正极。如果对地阻值为0或很小，说明主板电池供电电路有短路故障。接着测量供电电路中的电容、电感等元器件（重点测插座周边元器件）。也可以用熏松香法查找发热短路元器件，并更换。

图 12-9　测量电池供电电路

（9）通电测量电源控制芯片输出的供电电压是否正常，如图 12-10 所示。

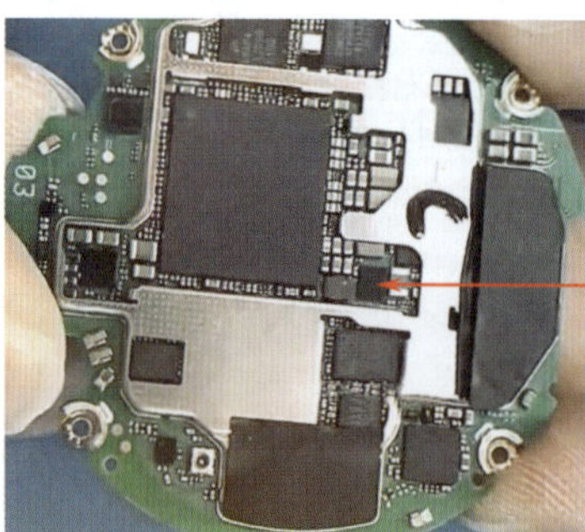

如果主供电电压不正常，则断电测量电源电路中的电容、MOS管、电感等元器件，并更换损坏的元器件。如果没有发现损坏的元器件，则加焊电源控制芯片或试换芯片。如果主供电电压正常，则加焊CPU或试换CPU。

图 12-10　测量主供电电压

12.4 动手维修：智能手表故障检测维修实战案例

造成智能手表故障的原因有很多，前面章节已经做了分析，木节将通过几个典型实例来讲解智能手表故障的检测维修过程，帮助大家总结一些智能手表故障维修经验。

12.4.1 智能手表不开机故障维修实战

一块苹果智能手表无法开机，插上充电座也没有任何反应。

此故障的维修方法如下。

第 1 步：按手表的电源开关，手表确实无法开机，充电也没有反应。接着拆开手表准备检查，如图 12-11 所示。

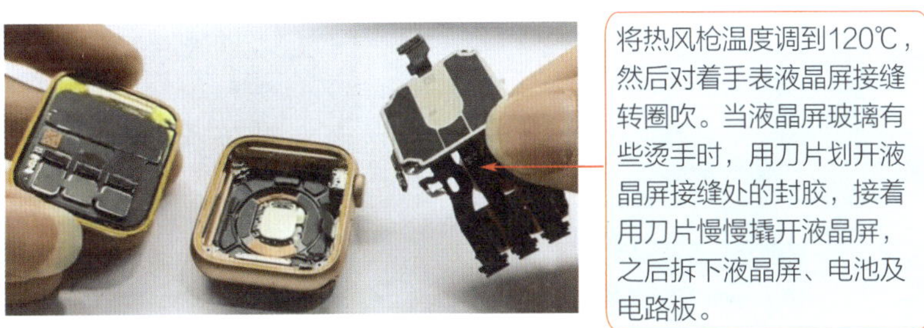

图 12-11 查看故障现象

第 2 步：用一块好的电池接入手表，然后开机测试，故障依旧，说明不是电池问题引起的故障。之后给手表主板外接供电，然后测试主板，如图 12-12 所示。

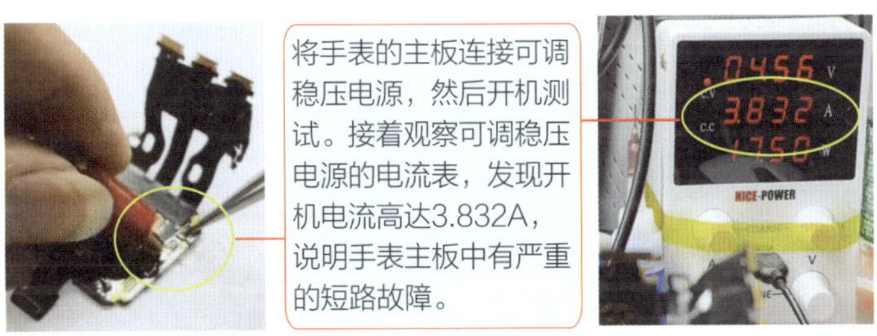

图 12-12 测试主板

第 3 步：用松香法查找主板短路故障点，如图 12-13 所示。

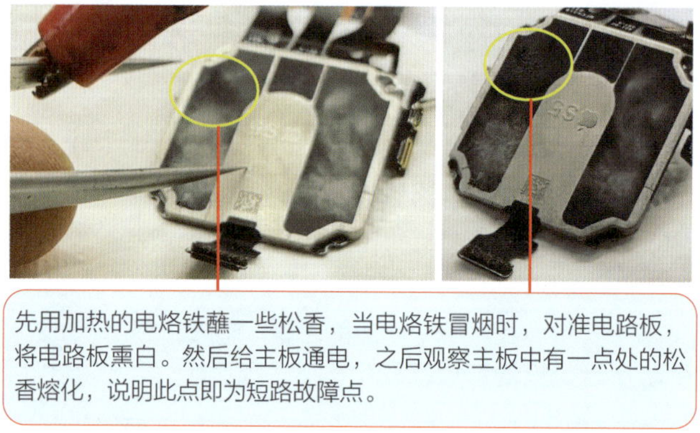

图 12-13　查找短路故障点

第 4 步：由于主板被绝缘材料密封着，因此刮开主板的密封材料，找到故障元器件，如图 12-14 所示。

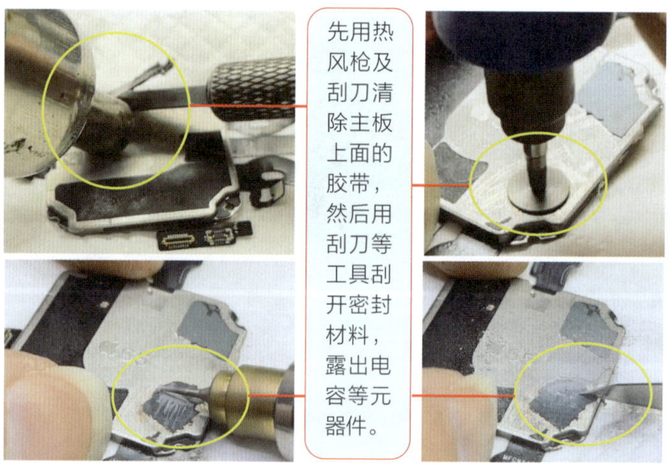

图 12-14　查找故障元器件

第 5 步：测量主板故障点的电容，如图 12-15 所示。

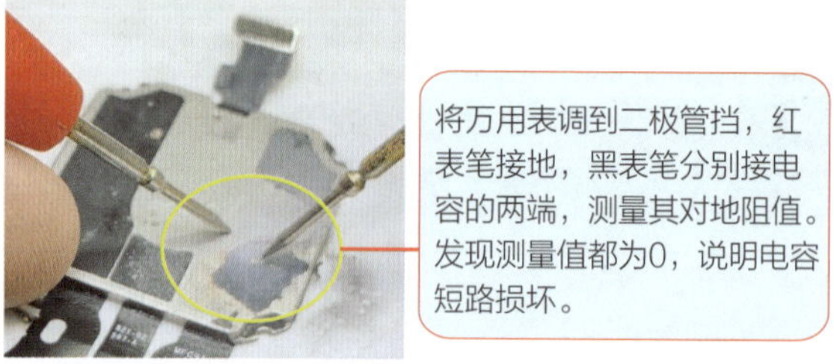

图 12-15　测量电容

第 6 步：用热风枪将故障电容器拆下，如图 12-16 所示。

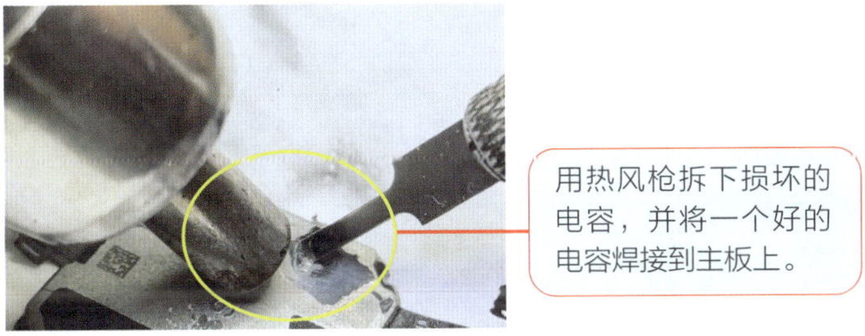

图 12-16　更换电容

第 7 步：安装手表，并进行测试，如图 12-17 所示。

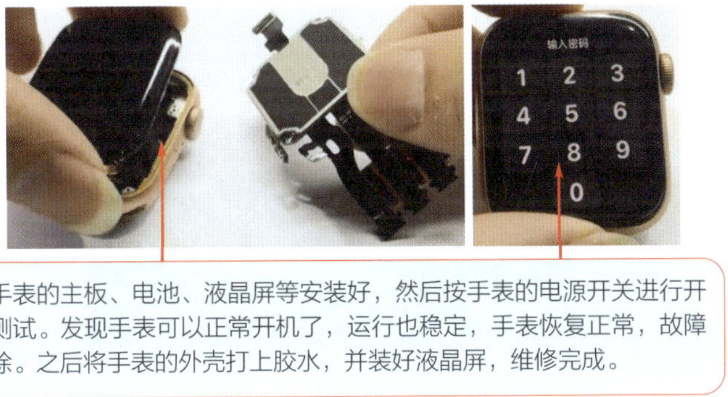

图 12-17　测试手表

12.4.2　智能手表黑屏不开机故障维修实战

一块小米智能手表开机及运行均正常，但无法充电。

此故障的维修方法如下。

第 1 步：将智能手表连接充电插座进行测试，如图 12-18 所示。

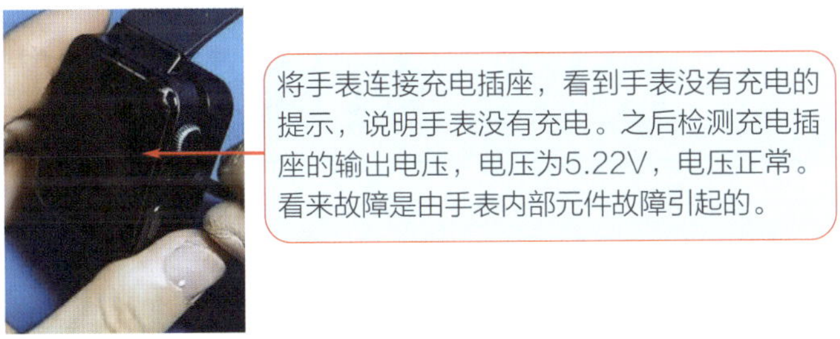

图 12-18　查看故障现象

第 2 步：拆开智能手表准备检查，如图 12-19 所示。

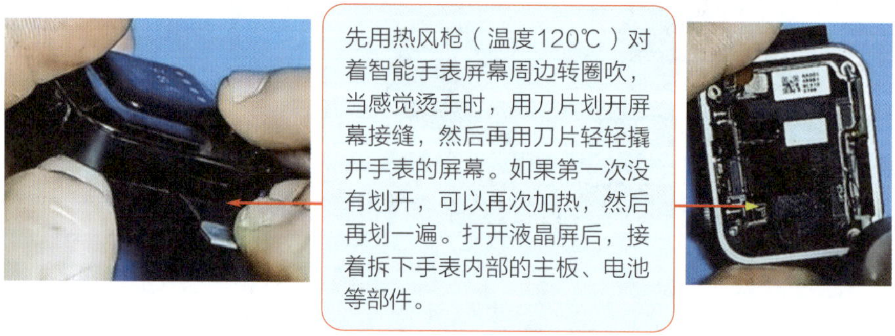

图 12-19　拆开手表

第 3 步：拆开手表后，检查连接充电装置的后盖及电路板，如图 12-20 所示。

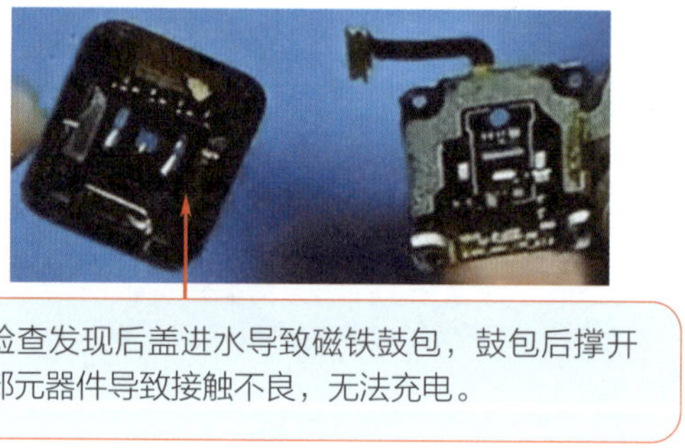

图 12-20　检查后盖

第 4 步：清理后盖，如图 12-21 所示。

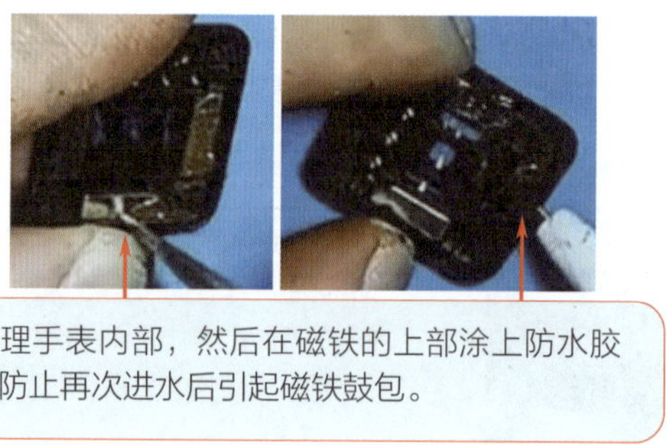

图 12-21　清理后盖

第 5 步：处理完故障后，接着安装主板和电池，如图 12-22 所示。

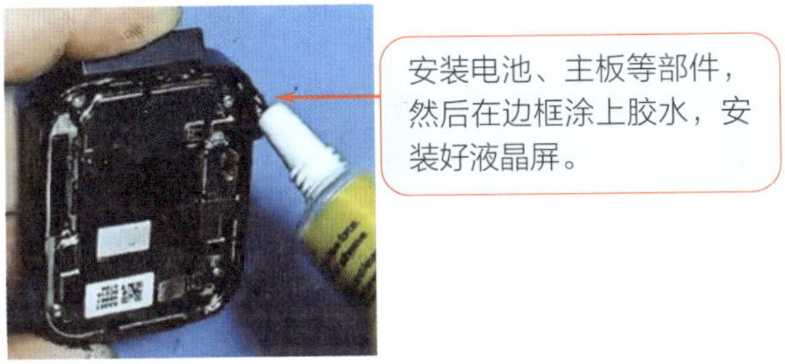

图 12-22　安装手表

第 6 步：清洁手表的外壳，擦掉溢出的胶水，然后进行充电测试，如图 12-23 所示。

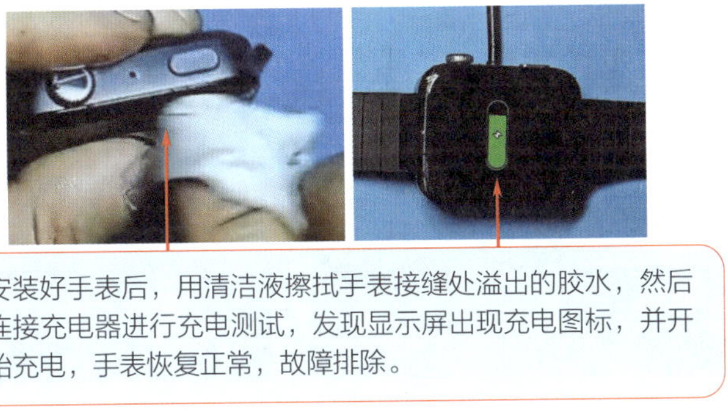

图 12-23　测试手表

12.4.3　智能手表不开机且充电时总重启故障维修实战

一块苹果智能手表无法开机，且连接充电座充电时，手表总是不断重启。此故障的维修方法如下。

第 1 步：查看智能手表的故障现象，如图 12-24 所示。

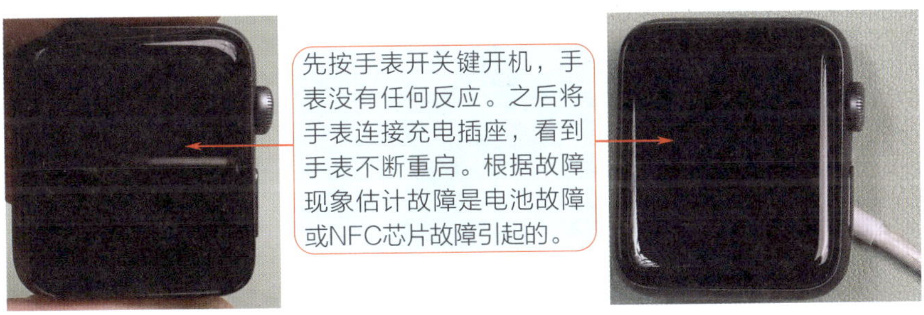

图 12-24　查看故障现象

第 2 步：拆开智能手表，准备检查，如图 12-25 所示。

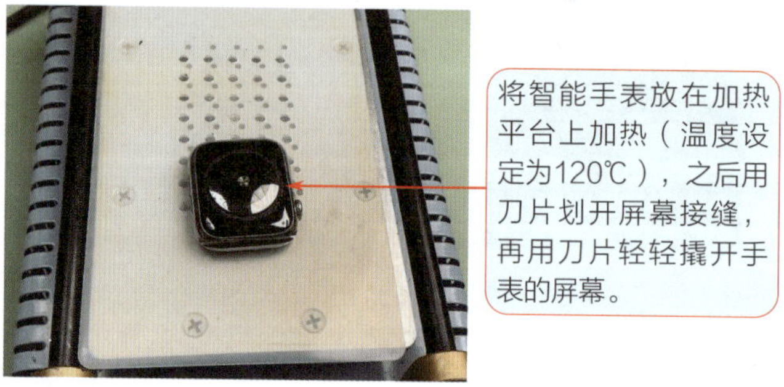

图 12-25 拆开智能手表

第 3 步：拆下电池进行测试，如图 12-26 所示。

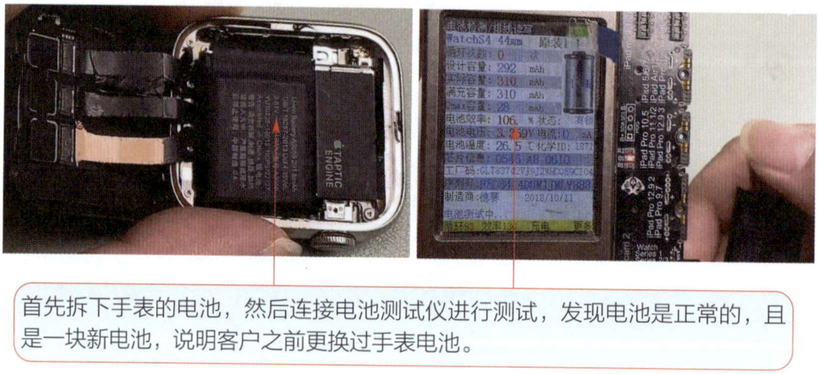

图 12-26 测试电池

第 4 步：由于 NFC 芯片故障会引起手表不断重启故障，因此在排除电池问题后，接着检查 NFC 芯片电路，如图 12-27 所示。

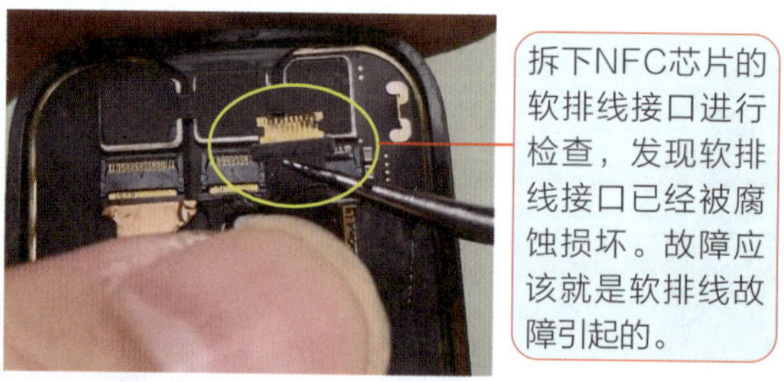

图 12-27 检查 NFC 芯片电路

第 5 步：用热风枪拆下软排线，如图 12-28 所示。

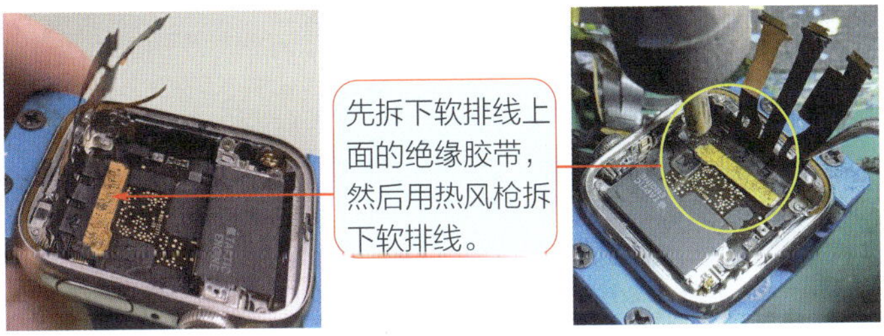

图 12-28　拆卸软排线

第 6 步：拆下软排线后，用电烙铁清理焊盘，并焊接新软排线，如图 12-29 所示。

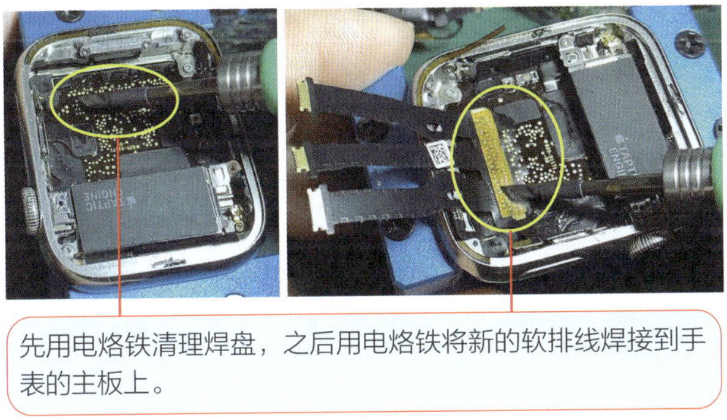

图 12-29　更换新软排线

第 7 步：换好软排线后，将智能手表安装好，然后进行测试，如图 12-30 所示。

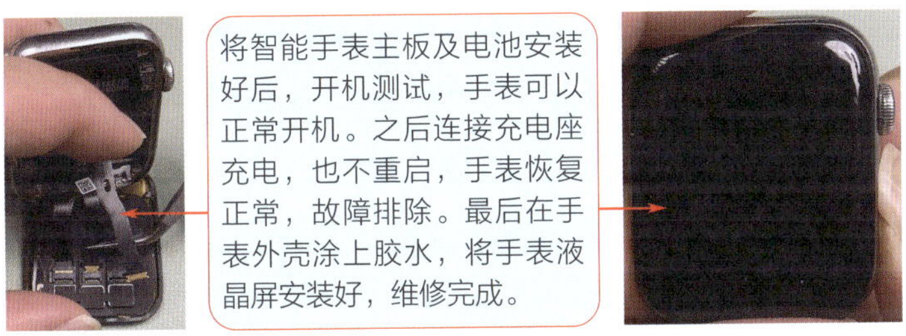

图 12-30　测试手表

12.4.4　智能手表不充电故障维修实战

一块华米智能手表无法充电也不开机。

此故障的维修方法如下。

第 1 步：查看手表的故障现象，如图 12-31 所示。

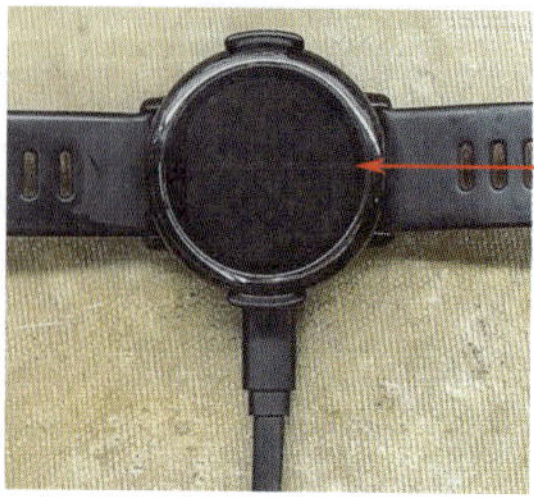

图 12-31　查看故障现象

第 2 步：检查电池充电座是否接触不良，如图 12-32 所示。

图 12-32　检查充电插座

第 3 步：拆开智能手表，准备检查，如图 12-33 所示。

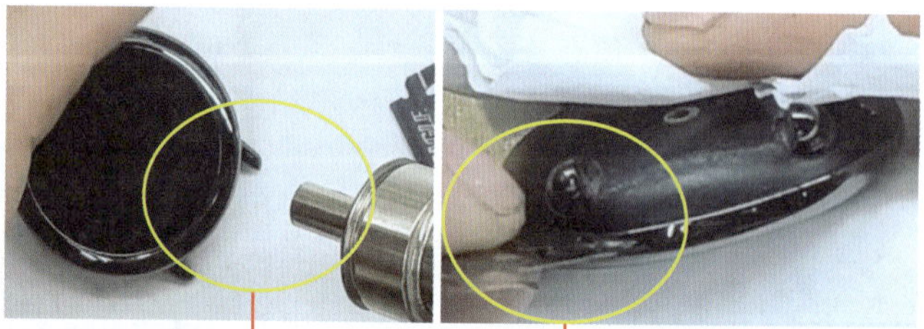

图 12-33　拆开手表

第 4 步：由于后盖的充电触点接触不良会导致无法充电的问题，因此先测量后盖充电触点是否正常，如图 12-34 所示。

第 5 步：检查电池的电压，如图 12-35 所示。

第 6 步：怀疑电池电压偏低导致主板充电电路保护，而无法正常充电，接下来给手表更换一块新电池，如图 12-36 所示。

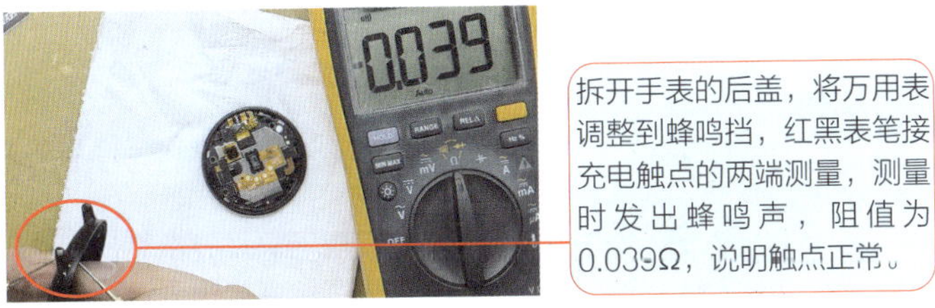

图 12-34 测量外壳充电触点

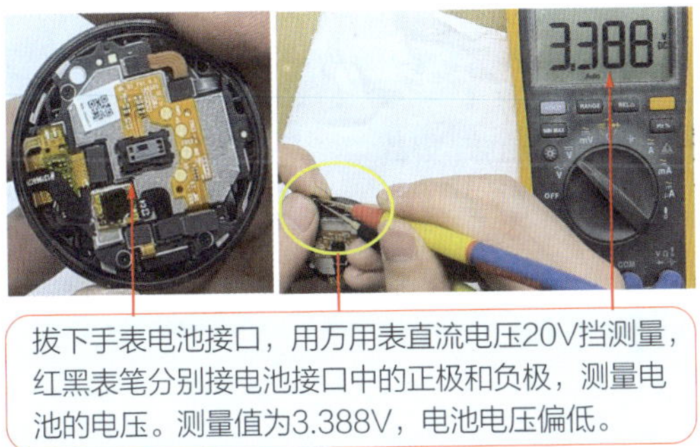

图 12-35 检查电池电压

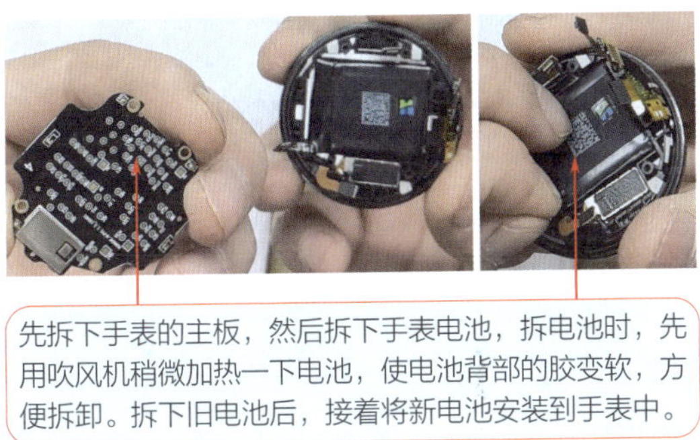

图 12-36 更换电池

第 7 步：用无水酒精清洁充电触点，如图 12-37 所示。

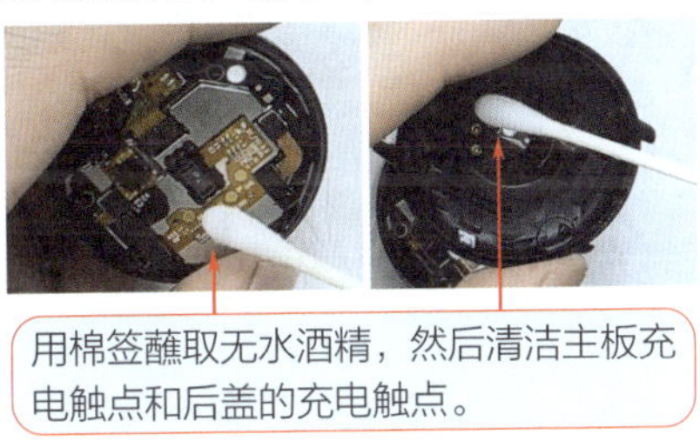

图 12-37 清洁充电触点

第 8 步：安装手表进行测试，如图 12-38 所示。

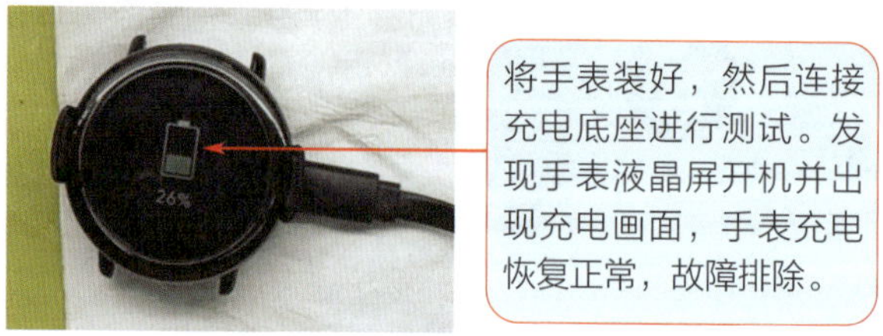

图 12-38　测试手表

12.4.5　智能手表按键失灵故障维修实战

一块苹果智能手表按键无法使用。

此故障的维修方法如下。

第 1 步：查看手表的故障现象，打开手表测试按键，按键确实无法使用，如图 12-39 所示。

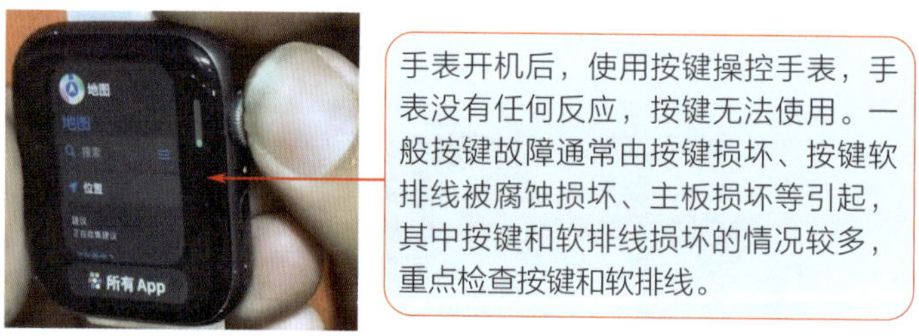

图 12-39　查看故障现象

第 2 步：拆开智能手表，准备检查，如图 12-40 所示。

图 12-40　拆开手表

第 3 步：拆开手表中的电池等部件，检查按键的软排线，如图 12-41 所示。

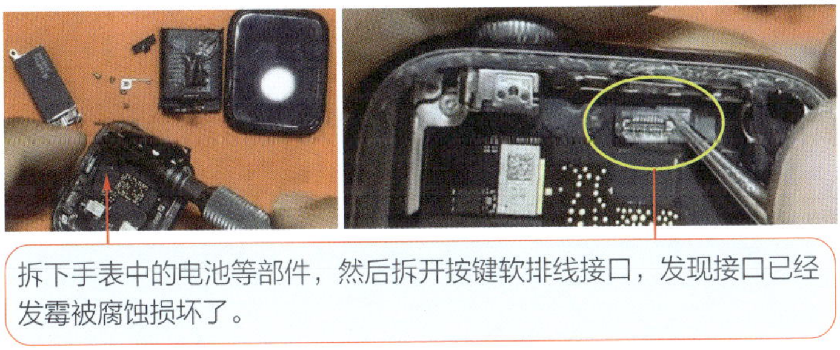

图 12-41　检查按键软排线接口

第 4 步：拆下按键软排线，如图 12-42 所示。

图 12-42　拆下软排线

第 5 步：更换新的软排线，如图 12-43 所示。

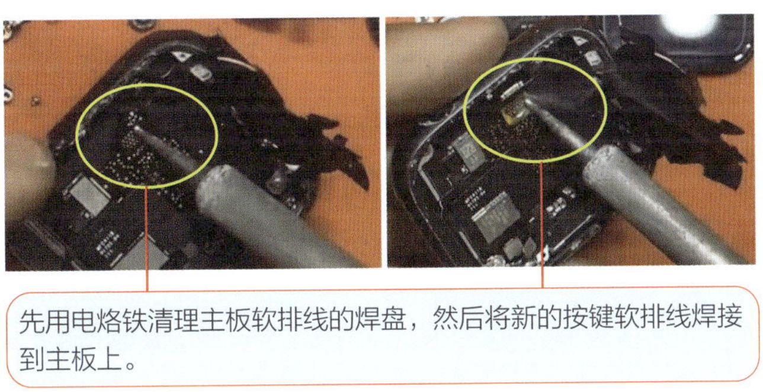

图 12-43　更换软排线

第 6 步：更换好软排线后，装机进行测试，如图 12-44 所示。

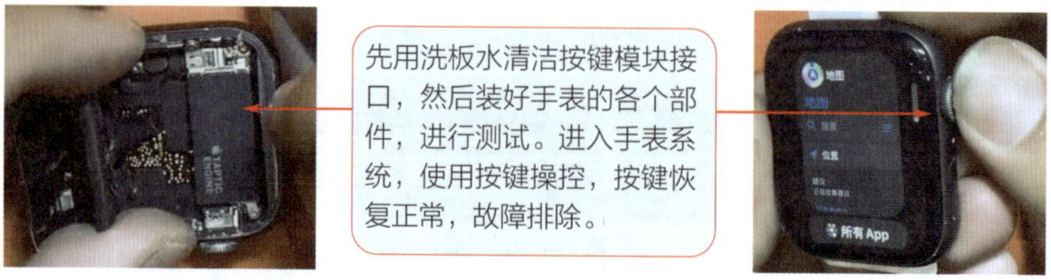

图 12-44　测试手表

12.4.6　智能手表触摸屏失灵故障维修实战

一块华为智能手表可以正常显示，但无法使用屏幕触控操作。

此故障的维修方法如下。

第 1 步：查看手表的故障现象，打开手表测试触摸屏，如图 12-45 所示。

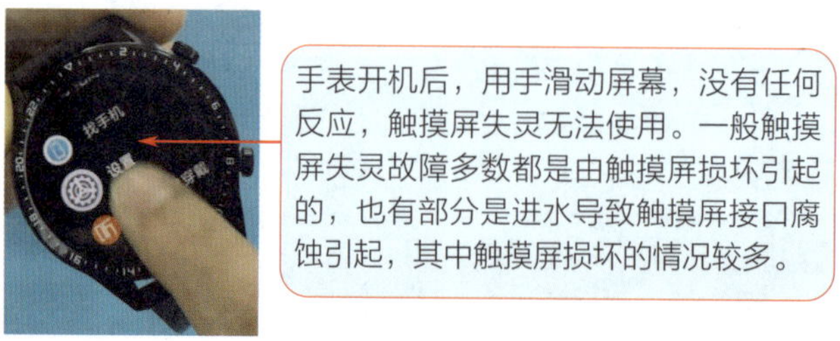

图 12-45　查看故障现象

第 2 步：拆开智能手表，试换触摸屏测试可以正常触摸操控，然后准备更换触摸屏。先拆下液晶屏外框，如图 12-46 所示。

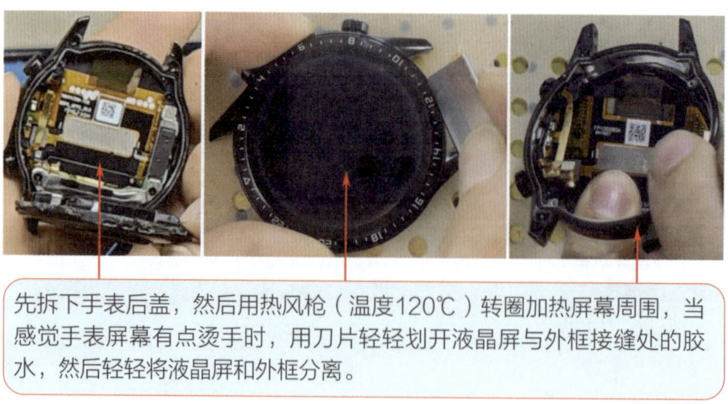

图 12-46　拆开手表分离液晶屏外框

第 3 步：用电烙铁拆下触摸屏的软排线，然后将液晶屏和触摸屏分离，如图

12-47 所示。

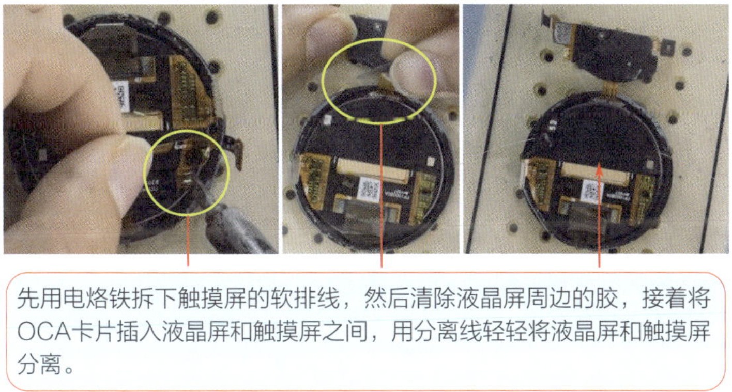

图 12-47　分离液晶屏和触摸屏

第 4 步：用卷胶机清除液晶屏上的胶，然后清洁液晶屏，如图 12-48 所示。

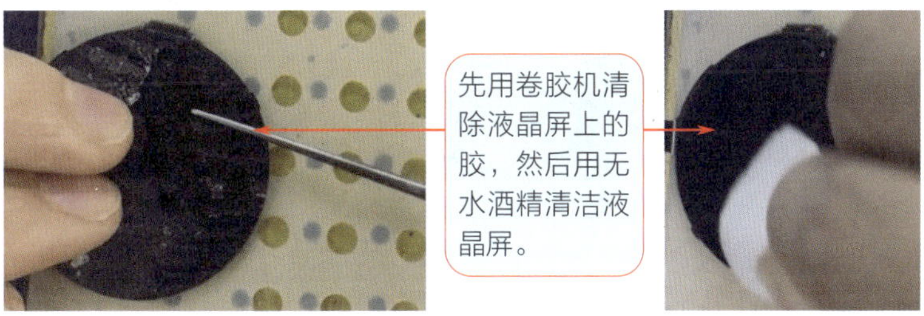

图 12-48　清洁液晶屏

第 5 步：将新的触摸屏与液晶屏粘合在一起，然后进行贴合处理，如图 12-49 所示。

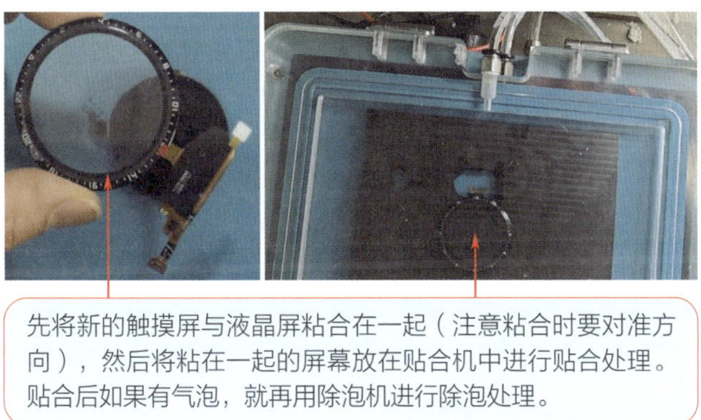

图 12-49　粘合液晶屏和触摸屏

第 6 步：清除液晶屏外框上的胶，然后涂上新的胶水，如图 12-50 所示。

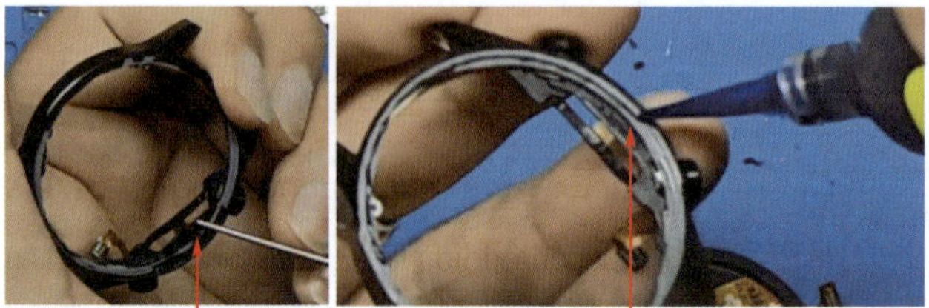

图 12-50　外壳涂上胶水

第 7 步：将处理后的屏幕与外壳粘在一起，并进行保压处理，如图 12-51 所示。

图 12-51　粘贴屏幕和外壳

第 8 步：将手表的电池等安装好，然后开机测试触摸屏，如图 12-52 所示。

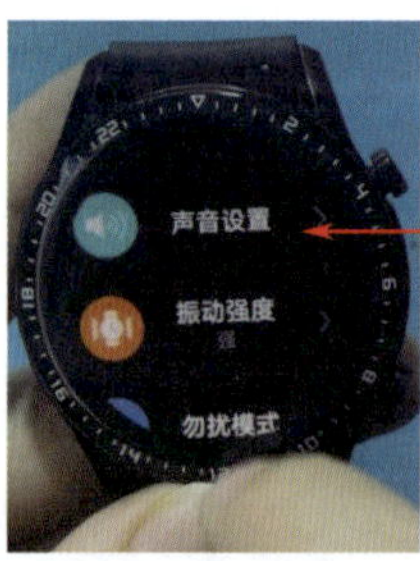

图 12-52　测试手表

12.4.7　智能手表不显示故障维修实战

一块苹果智能手表按开关键没有显示，且连接充电座充电时，手表也没有显示。

此故障的维修方法如下。

第 1 步：查看智能手表的故障现象，如图 12-53 所示。

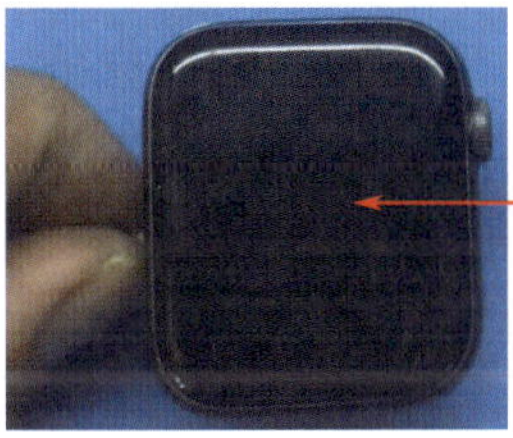

图 12-53　查看故障现象

第 2 步：拆开智能手表，准备检查，如图 12-54 所示。

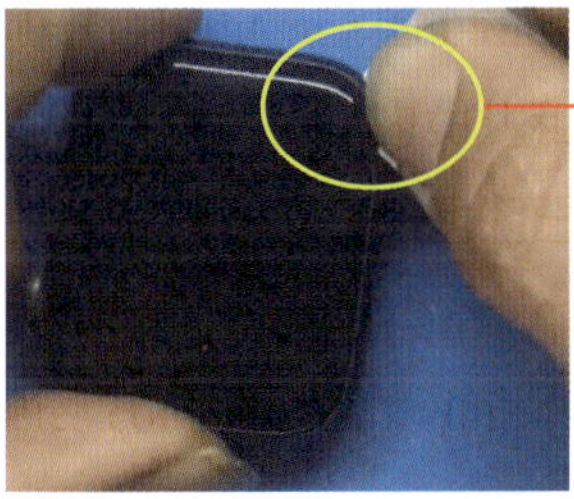

图 12-54　拆开智能手表

第 3 步：拆开液晶屏后，检查液晶屏接口，如图 12-55 所示。

图 12-55　检查液晶屏接口

第 4 步：清洁液晶屏接口和软排线接口，如图 12-56 所示。

第 5 步：清洁之后，装好液晶屏试机，如图 12-57 所示。

第 6 步：用一块好的液晶屏测试主板是否工作正常，如图 12-58 所示。

第 7 步：怀疑原先液晶屏的接口有腐蚀损坏，准备更换一个接口，如图 12-59 所示。

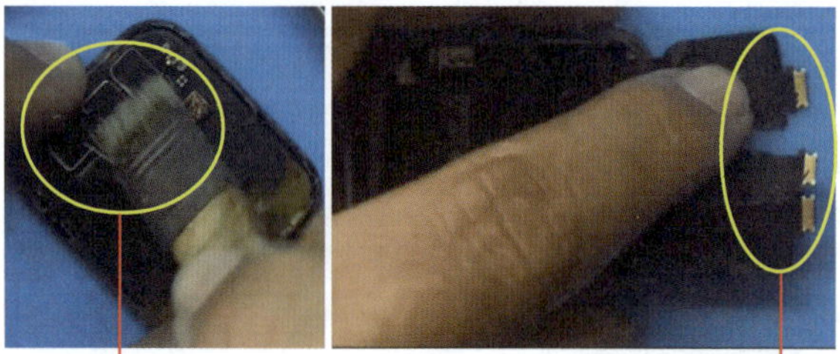

用刷子蘸取洗板水，刷洗液晶屏接口和软排线接口，之后用棉球蘸取洗板水进一步擦洗。

图 12-56　清洁接口

将液晶屏重新安装好，然后按手表开关键开机测试，发现液晶屏依旧没有任何显示。

图 12-57　测试液晶屏

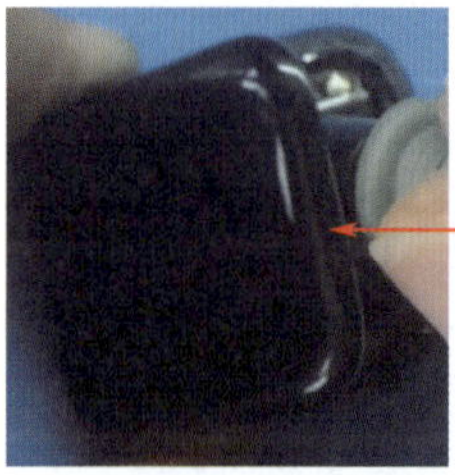

先拆下原先手表的液晶屏，之后将一块好的液晶屏安装到手表，进行测试。发现新换的液晶屏可以正常显示，说明主板工作正常，故障依旧在原先的液晶屏。

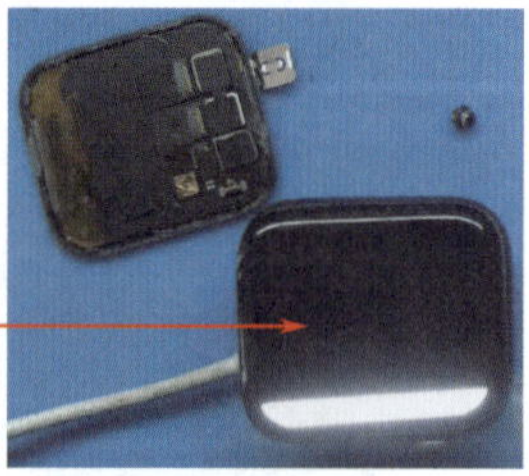

图 12-58　试换液晶屏

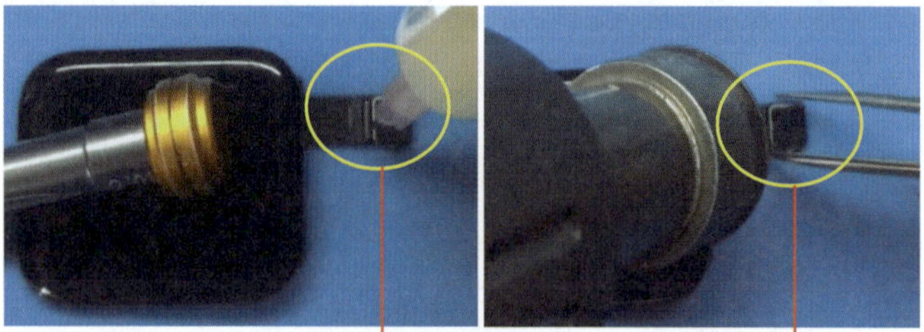

先在液晶屏接口上滴两滴焊油，然后用热风枪加热接口，将其拆下。

图 12-59　拆卸液晶屏接口

第 8 步：拆下接口之后，用电烙铁整理接口焊盘，然后将更换的接口焊接好，如图 12-60 所示。

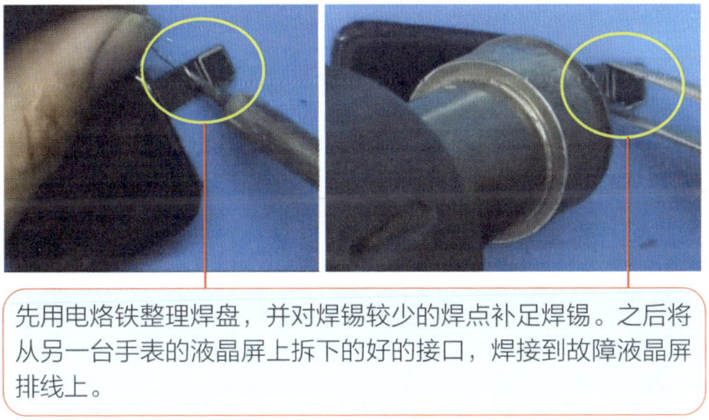

图 12-60　更换接口

第 9 步：更换好接口后，将液晶屏装到手表上进行测试，如图 12-61 所示。

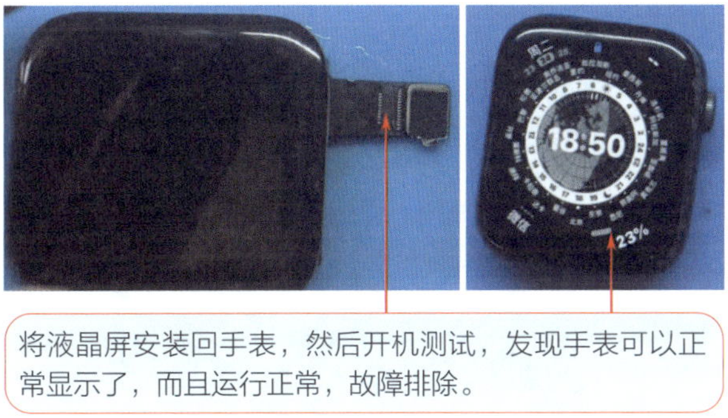

图 12-61　测试手表

第 13 章

图解智能手环故障维修实战

智能手环故障通常是由电池问题、进水受潮问题、液晶屏问题、触摸屏问题、主板电路问题等引起的。本章将详细讲解智能手环的故障检测点、维修流程图、维修诊断方法和维修实战案例。

13.1 智能手环故障检测点

在检修智能手环故障时，要重点检测手环中故障率较高的部件，这样可以快速找到故障原因。本节总结智能手环故障关键检测点，如图 13-1 所示。

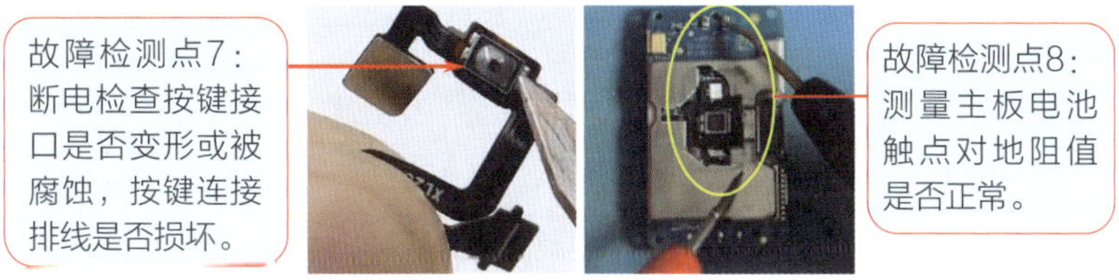

图 13-1　智能手环故障关键检测点

13.2 智能手环故障维修流程图

造成智能手环故障的原因较多，不过引起智能手环不同故障的原因可能就一个或两个（如接口腐蚀接触不良、充电触点脏污导致无法充电、液晶屏 / 触摸屏接口损坏导致无法显示或触控等），因此在检测智能手环故障时，需要按一定的检测步骤逐步进行检测。本节总结了智能手环故障维修流程图，供维修时参考。如图 13-2 所示为智能手环黑屏不显示故障维修流程图。

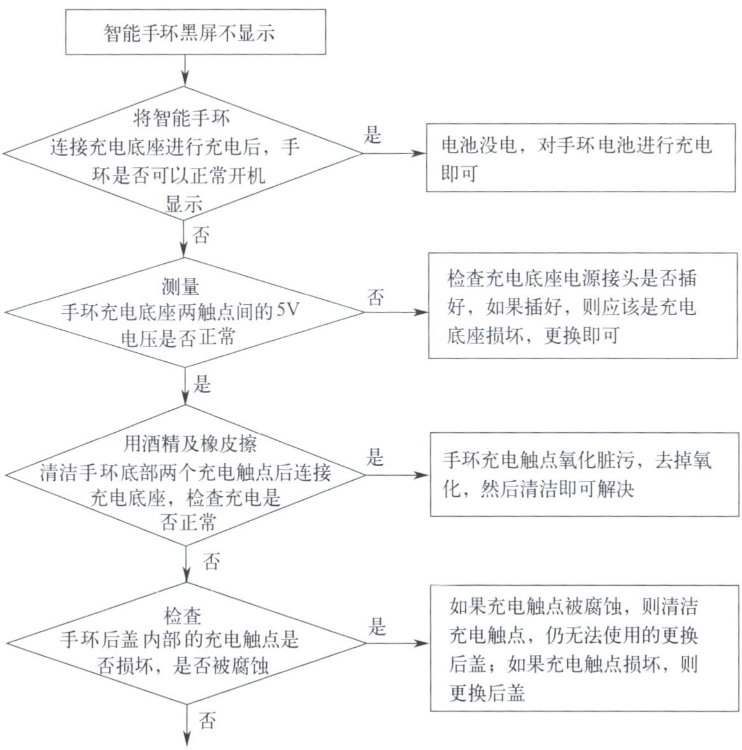

图 13-2

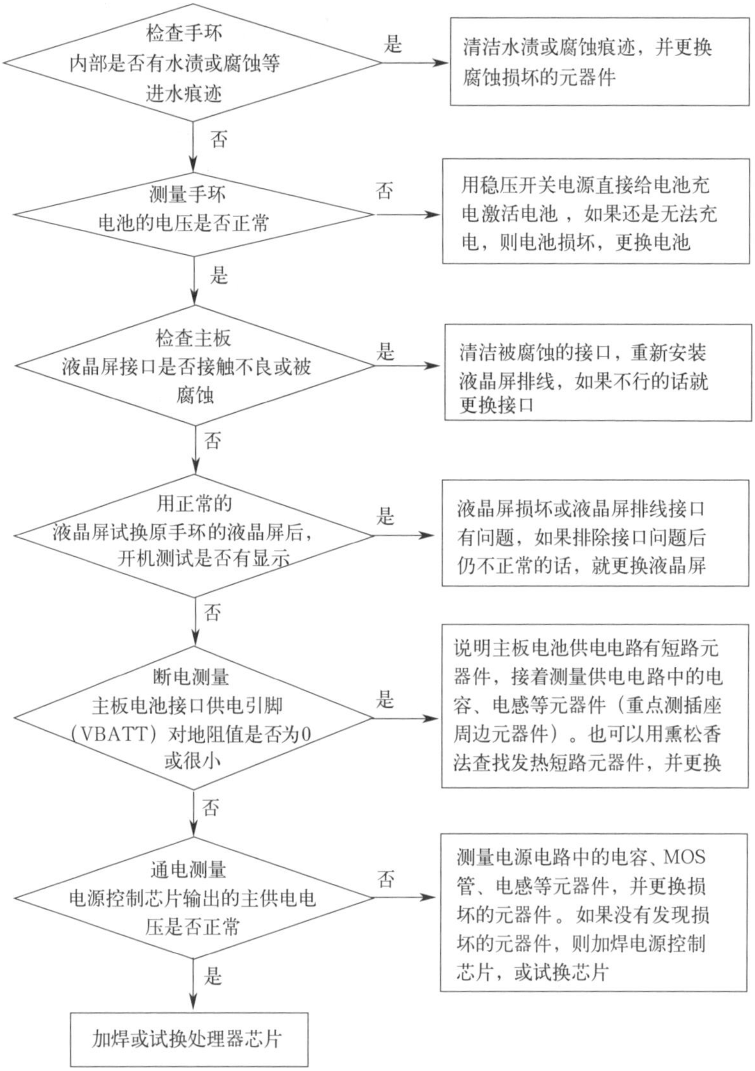

图 13-2　智能手环黑屏不显示故障检修流程图

13.3 快速诊断智能手环故障

智能手环常见故障包括不开机、黑屏不显示、触控失灵、无法充电等，本节将重点讲解智能手环故障维修方法。

智能手环故障可能由电池问题、电池排线问题、液晶屏问题、液晶屏排线问题、触摸屏问题、充电触点问题、主板电路问题等引起。而一般这些问题通常是由手环被摔、进水或汗液腐蚀等造成的。

在检测手环黑屏不显示故障时，按下面的方法步骤进行检测。

（1）向客户了解智能手环不开机不显示故障发生前，手环是否被摔过，以前是否戴着手环游泳或洗澡。如果有，就重点检查手环内部可能被摔坏、被腐蚀的元器件。

（2）给手环连接充电座充电，看看是否因为手环没电导致无法开机，如图 13-3 所示。

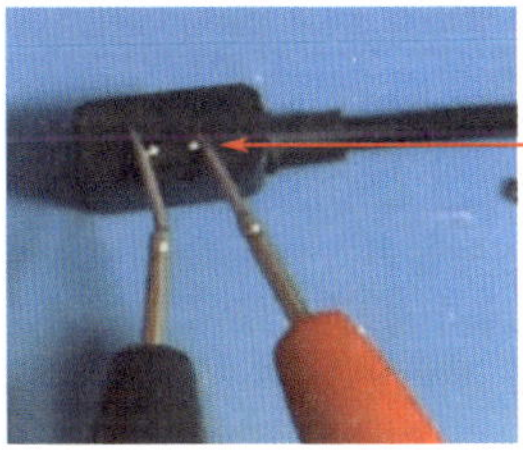

图 13-3　充电测试

（3）如果接上好的充电插座后，手环液晶屏依旧没有出现充电提示，那么接下来拆开手环检查电池，如图 13-4 所示。

图 13-4　检测电池

（4）如果电池电压正常（3.8V 左右），接着检查主板液晶屏接口及软排线是否正常，如图 13-5 所示。

图 13-5　检查液晶屏接口

（5）如果液晶屏的接口正常，那么接着检测液晶屏是否正常，如图 13-6 所示。

用一块好的液晶屏替换原手环的液晶屏，然后开机测试是否有显示。如果显示正常，则说明原液晶屏损坏，更换液晶屏即可；如果试换液晶屏后故障依旧，则可以暂时排除液晶屏故障问题。

图 13-6　检测液晶屏

（6）如果排除了液晶屏的问题，那么接下来检测主板电池接口针脚对地阻值是否正常，如图 13-7 所示。

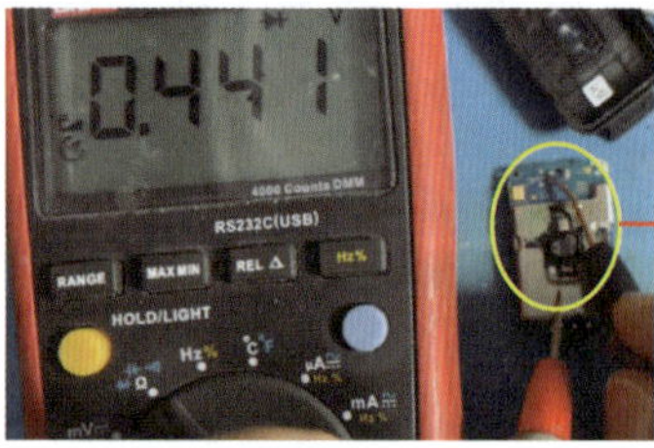

用万用表二极管挡测量，红表笔接地，黑表笔接主板电池接口针脚的正极。如果对地阻值为0或很小，说明主板电池供电电路有短路故障。接着测量供电电路中的电容、电感等元器件（重点测插座周边元器件）。也可以用熏松香法查找发热短路元器件，并更换。

图 13-7　测量电池供电电路

13.4 动手维修：智能手环故障检测维修实战案例

造成智能手环故障的原因有很多，前面已经做了分析，本节将通过几个典型实例来讲解智能手环故障的检测维修过程，帮助大家总结一些智能手环故障维修经验。

13.4.1　智能手环触摸操控失灵故障维修实战

一只智能手环可以正常显示，但屏幕触控操作失灵，无法触控。

此故障的维修方法如下。

第 1 步：查看手环的故障现象，打开手环测试触摸屏，如图 13-8 所示。

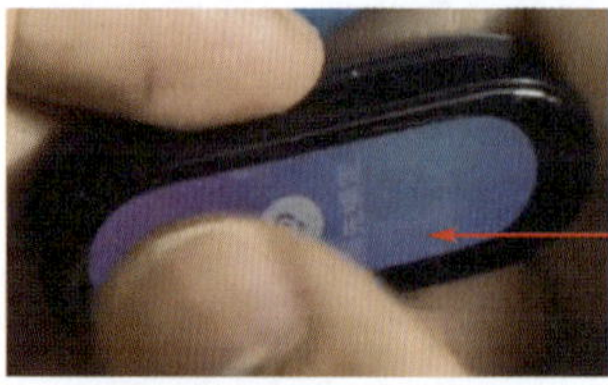

用手滑动手环的屏幕，没有任何反应，触摸屏失灵无法使用。一般触摸屏失灵故障多数都是由触摸屏接口腐蚀接触不良、触摸屏损坏引起的。

图 13-8　查看故障现象

第 2 步：拆开智能手环准备检查，如图 13-9 所示。

图 13-9　拆开手环

第 3 步：拆开手环之后，仔细检查手环内部是否有水渍或被腐蚀的地方，如图 13-10 所示。

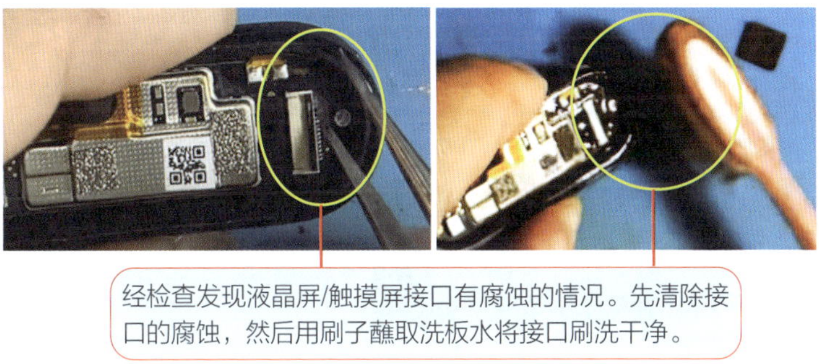

图 13-10　清洁接口

第 4 步：将手环装好，进行测试，如图 13-11 所示。

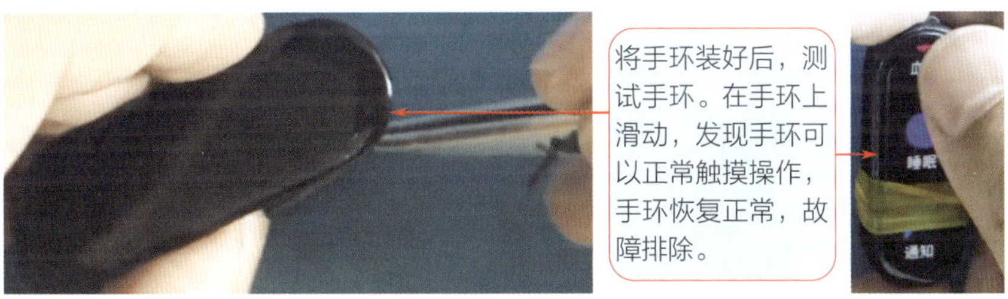

图 13-11　测试手环

13.4.2　智能手环黑屏不开机故障维修实战

一只智能手环无法开机，黑屏不显示。

此故障的维修方法如下。

第 1 步：将智能手环连接充电插座进行测试，如图 13-12 所示。

图 13-12　查看故障现象

第 2 步：拆开智能手环检查，如图 13-13 所示。

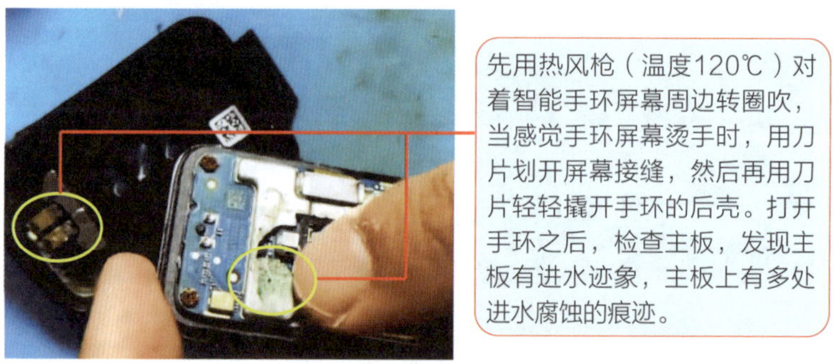

图 13-13　拆开手环

第 3 步：清洁手环内部元件，如图 13-14 所示。

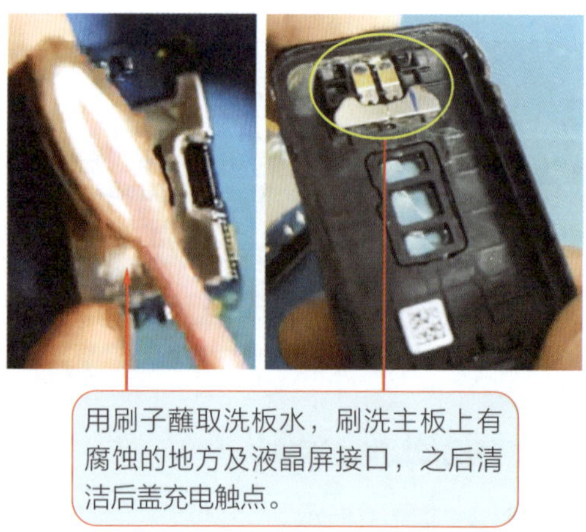

图 13-14　清洁手环

第 4 步：清洁完手环后，将手环安装好进行测试，如图 13-15 所示。

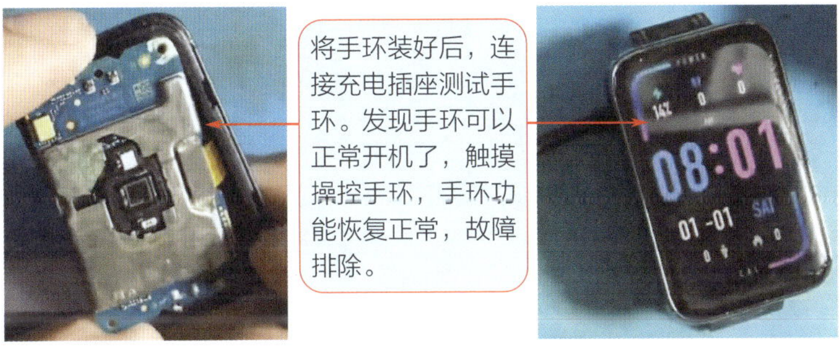

图 13-15 测试手环

13.4.3 智能手环不充电故障维修实战

一只智能手环无法充电也不开机。

此故障的维修方法如下。

第 1 步：查看手环故障现象，如图 13-16 所示。

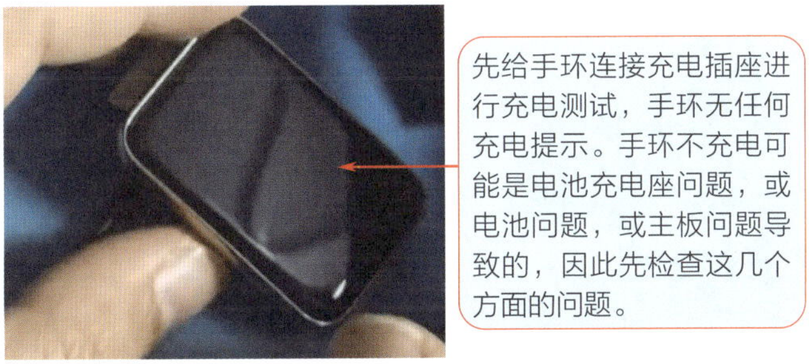

图 13-16 查看故障现象

第 2 步：检查手环充电座是否正常，如图 13-17 所示。

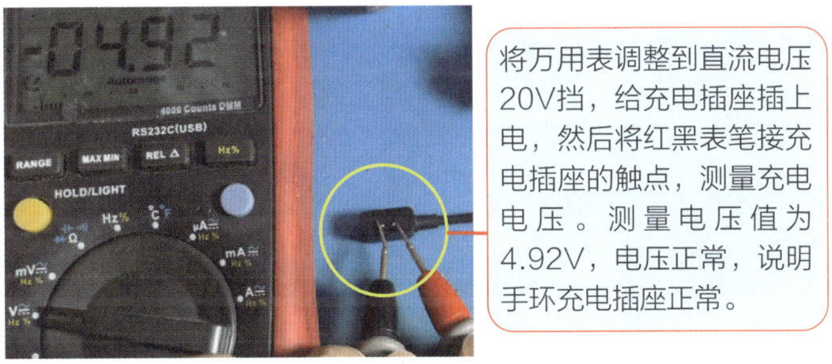

图 13-17 检查充电插座

第 3 步：拆开智能手环，准备检查，如图 13-18 所示。

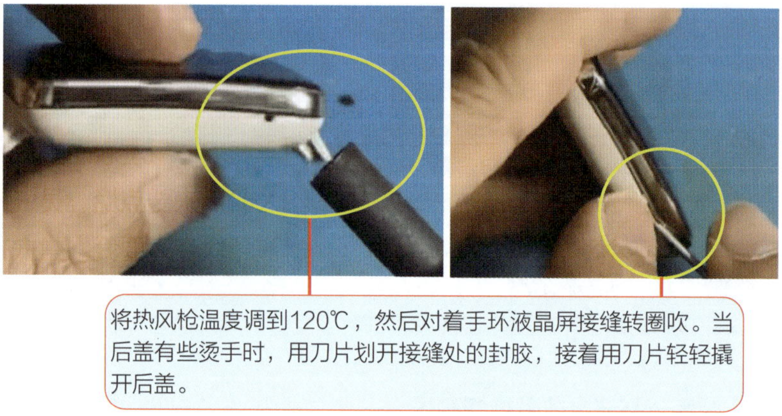

图 13-18　拆开手环

第 4 步：拆开手环后，检查手环内部的电路板、后盖等元件，如图 13-19 所示。

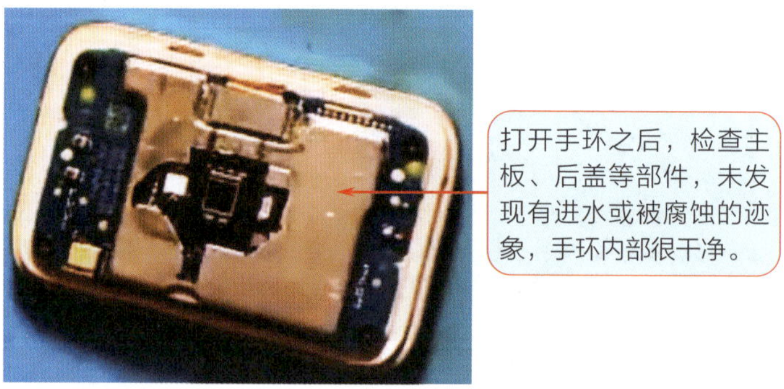

图 13-19　检查手环内部元件

第 5 步：由于手环内部没有进水或被腐蚀的情况，因此怀疑主板电路可能有问题。拆下主板进行检测，如图 13-20 所示。

图 13-20　检测主板电池供电针脚对地阻值

第 6 步：接下来检测主板电路，如图 13-21 所示。

图 13-21　测量主板电路

第 7 步：更换损坏的元器件，如图 13-22 所示。

图 13-22　更换损坏的电容器

第 8 步：安装手环，进行测试，如图 13-23 所示。

图 13-23　测试手环